金属空心构件先进冷成形技术

郭训忠 徐 勇 陶 杰 张士宏 著

科学出版社

北 京

内 容 简 介

　　本书系统阐述了金属空心构件先进冷成形技术的研究进展，通过对成形方法、成形技术和成形工艺的创新，实现了多种复杂空心构件的整体塑性成形。本书首先对金属管材冷推弯、薄壁管数控绕弯以及复杂空心构件三维自由弯曲等成形新技术进行系统论述；其次对管材旋压成形技术、超高压脉动液压成形技术、液压锻造成形技术以及内外高压复合成形技术等进行深入阐述，拓展传统液压成形技术的应用范围；此外，对多工步成形技术进行系统介绍，实现了多种空心构件塑性成形技术的有机结合，有效地突破了传统单一成形技术的局限，实现了系列复杂空心构件的整体制造。

　　本书可为从事塑性成形理论、技术与工艺研究的科研人员及工程技术人员提供参考。

图书在版编目（CIP）数据

　　金属空心构件先进冷成形技术/郭训忠等著. —北京：科学出版社，2019.7

　　ISBN 978-7-03-060183-4

　　Ⅰ. ①金… Ⅱ. ①郭… Ⅲ. ①金属压力加工－冷冲压－塑性变形 Ⅳ. ①TG386.3

　　中国版本图书馆 CIP 数据核字（2018）第 291016 号

责任编辑：李涪汁　曾佳佳/责任校对：杨聪敏
责任印制：赵　博/封面设计：许　瑞

科 学 出 版 社 出版

北京东黄城根北街 16 号
邮政编码：100717
http://www.sciencep.com

固安县铭成印刷有限公司印刷
科学出版社发行　各地新华书店经销

*

2019 年 7 月第 一 版　开本：720 × 1000　1/16
2025 年 4 月第三次印刷　印张：18 3/4　插页：4
字数：390 000

定价：99.00 元
（如有印装质量问题，我社负责调换）

序

近年来，航空航天、核能工程以及汽车工程等行业快速发展，对高性能轻量化金属空心构件的需求日益增多。传统制造技术由于自身的局限性，制约了部分复杂空心构件的高性能制造。采用先进成形技术实现空心构件的整体制造是一种重要的发展趋势。国外目前涌现出的各种先进成形技术在很多领域都获得了重要突破和实际工程应用。

《金属空心构件先进冷成形技术》一书作者郭训忠教授、徐勇副研究员、陶杰教授、张士宏研究员长期从事金属空心构件的塑性成形研究工作，尤其在空心构件的柔性成形装备及柔性介质方面的研究工作颇具特色。该专著基于作者以及所在团队近年来的研究成果撰写，很好地丰富和完善了国内复杂构件先进制造的内涵和技术体系。

该书对金属构件的先进弯曲成形技术、先进流体高压成形新技术以及综合成形技术进行了深入的研究，并在每一章中对成形技术原理、成形机理、工艺分析以及实际应用进行系统的阐述。该书主要内容反映了空心构件塑性成形技术研究的前沿和热点，内容新颖，具有很好的理论意义和工程价值。

应作者之邀，很高兴为该书作序。希望该书创新性的研究成果为同行研究人员提供一些有益的借鉴和启示。

中国工程院院士
浙江大学教授

2019 年 7 月

前　言

对于复杂空心构件的制造，传统的冷成形技术在成形极限、成形效率、综合制造成本等方面均有一定的局限性。金属空心构件的先进冷成形技术针对传统技术的不足，通过成形方法、成形技术和成形工艺的创新，实现了多种形式的复杂空心构件整体精确成形。本书涉及的新技术分别具有以下几类特点：柔性弯曲和渐进成形特征，例如，三维自由弯曲成形技术和变径管旋压成形技术不仅可以提高复杂空心构件的成形能力，还可以显著降低模具成本；具有柔性介质和多向加载成形特征，例如，脉动液压成形技术、液压锻造成形技术、内外高压复合成形技术以及冷推弯成形技术使多种异形空心构件的整体精确成形成为可能；具有多技术、多工步复合成形特征，可以有效突破单一成形技术的局限，实现系列复杂空心构件的有效制造及应用。

本书作者长期从事高性能空心构件先进塑性成形技术研究。近十年来，研发的金属空心构件成形关键技术及装备在航空航天器、核能工程以及汽车工程等领域中获得了重要应用。由于目前金属空心构件的成形技术发展迅速，近年来出现的部分先进塑性成形技术在现有的研究专著中未能得以系统体现，因此，为了满足研究人员和企业工程技术人员的需要，我们以自己团队近年来的研究结果为基础，撰写了本书。为了便于读者查阅，将我们在金属空心构件先进成形领域的部分代表性论文和专利列于各章之中。

本书的特点主要体现在：①内容新颖。对近年来国内外塑性加工领域广受关注的管材三维自由弯曲成形技术、管材脉动液压成形技术以及管材液压锻造成形技术等进行阐述。②学术性强。在介绍空心构件成形新技术及新工艺的同时，给出相关成形机理、变形规律以及缺陷调控等研究内容。③工程应用强。书中的实例大多来自实际工程应用。另外，本书针对典型复杂空心构件的具体形式，分别给出工艺分析、工艺仿真以及工艺试验结果等内容，可为企业工程技术人员开展工艺和模具开发提供有益的借鉴和启示。

本书第1章由郭训忠、徐勇撰写；第2章由刘海、郭训忠、张士宏撰写；第3章由林伟明、蒋兰芳、张树有、张飞、林姚辰撰写；第4章由郭训忠、陶杰、熊昊撰写；第5章由陶杰、李华冠、黎波撰写；第6章由徐勇、张士宏撰写；第7章由徐勇、夏亮亮、李经明撰写；第8章由徐勇、陈维晋、张士宏撰写；第9章由郭训忠、刘忠利、郭群撰写。全书由郭训忠负责统稿。徐勇、符学龙、骆心怡、沈一洲负责全书图表绘制、公式符号和文字的校对整理。参加图表绘制和参考文献整理工作的研究生有陈浩、李涛、王成、魏文斌、程旋等,在此一并致谢。

　　本书的顺利完成,还要感谢浙江金马逊机械有限公司、南京矢量成形机电科技有限公司、河南兴迪锻压设备制造有限公司、河南省流体压力成形智能装备工程技术研究中心、哈尔滨奔马科技有限公司等单位的大力支持和帮助。另外,特别感谢科学出版社李涪汁编辑在书稿编辑校对过程中付出的辛苦工作。

　　由于水平有限,书中难免存在不妥之处,恳请读者不吝指正。

作　者

2019 年 2 月

目　录

第1章 绪　　论

1.1　金属空心构件的应用背景

冷成形技术是制造高性能金属空心构件的重要方法，其优势明显：整体成形，流线连续分布；组织致密；强度高且质量轻，综合力学性能优越；成本低，易实现自动化高效制造。因此，采用冷成形技术制造的金属复杂空心构件在航空航天、核能、舰船、汽车、石化以及建筑等工程领域具有重要而广泛的应用。

在航空飞行器中，金属空心构件在液压管路、环控管路系统以及承载结构件上具有重要应用[1]，如图 1.1 所示。航空器因重量及空间的限制，一般无大尺寸空心构件，且主要形式为弯管、多通以及两者的组合。对于弯管，相对弯曲半径小，其可以有效利用空间，使组件的整体结构更加紧凑，同时有效降低管路系统重量。多通及其他组合形式的结构大多较为紧凑。

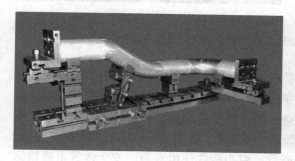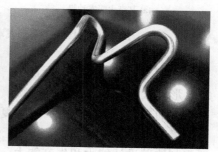

图 1.1　航空飞行器导管类构件[2]

在航空发动机中，大量采用了具有复杂走向的导管系统（图 1.2），承担燃油输送、滑油输送、空气传输及集束电气等任务[3]。由于需要考虑导管与导管间的关系、导管和发动机附件之间的最小距离以及发动机整体轮廓尺寸，导管形状较为复杂且结构较为紧凑。不仅如此，航空发动机上的部分导管还需要承受高温、高压以及振动应力。因此，为保证航空发动机的服役安全性乃至航空器的整体安全性，高性能、高可靠性导管的精确成形应该引起特别的重视。在火箭、导弹等的推进系统中，也大量采用了复杂导管，如图 1.3 所示。由于管路众多且设计上要求节省空间，不乏一些相对弯曲半径很小的弯管[5]，避免在有限的空间内管路相互干涉。

图 1.2 航空发动机复杂导管系统[4]

(a) 某型火箭发动机　　　　　　　　　　　　(b) 某型导弹发动机

图 1.3 美国某型火箭发动机及某型导弹发动机的复杂导管系统

　　在卫星及空间站等航天器中，热控系统以及生命保障系统所需的导管相互交织，形成大量空间曲线管路系统，穿行于设备间隙之间（图 1.4）。空间曲线管路系统中的导管空间跨度大、形状复杂、制造精度要求高，目前多采用分段加工整体焊接的方法进行生产，存在加工烦琐、误差大、效率低、焊接处易破裂等问题，严重制约着设计能力和生产能力；而且，空心构件使用寿命、安全性等重要指标难以保证，明显增加了航天器的安全风险。一旦导管出现严重截面椭圆化、泄漏等问题将导致装备动力来源不稳定，严重时甚至可能导致整个航天器瘫痪。

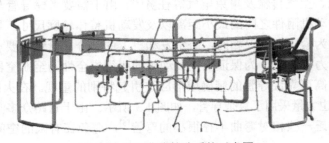

图 1.4 空间曲线管路系统示意图

在核能工程中，高性能弯管、多通、异径管等空心构件主要用于核岛回路管道系统、蒸汽发生器传热管、冷凝水供水管路、沸水堆强迫循环回路等关键位置，对于提高核能工程管路系统的柔性、稳定性和安全性具有重要意义[6]。在汽车工程中，空心构件的使用量增长迅速，在副车架、悬臂梁、前指梁、纵梁以及排气系统中，整体构件逐步代替了传统的焊件或铸件[7, 8]，在保证零件精度、承载强度及安全性的同时，有效实现了车体整体减重。另外，复杂空心构件在舰船、石化、建筑等重要领域皆有重要的应用，在介质输送、有效承载甚至艺术表现方面发挥了不可替代的作用。

1.2 金属空心构件的主要分类

根据典型的几何特征，采用塑性成形技术制造的金属空心构件主要分为以下几类：弯曲类空心构件、多通类空心构件、变截面回转体类空心构件以及具有混合几何特征的复杂空心构件。对金属空心构件根据几何特征实施有效分类是有意义的，并对实际成形工艺的制定具有重要的指导作用。不同类型的空心构件，可选取的成形工艺具有很大的区别。

1.2.1 弯曲类空心构件

弯曲类空心构件包括两大类。其一，截面沿轴线不发生变化的构件。该类构件所占的比例较大。在该类构件中，轴线可以为平面弯曲形式或空间弯曲形式；轴线的弯曲半径既有可能是连续变化的，也有可能是稳定圆弧与直线相切的；弯曲件的截面既可以是圆形截面，又可以是异形截面。从现有的成形技术来看，轴线为空间弯曲形式、弯曲半径连续变化的异形截面弯曲件成形难度最大，若采用常规的数控绕弯成形技术，则需要多套异形弯曲模才能成形且成形效率较低。图 1.5 为圆形截面弯曲件的空间弯曲形式。其二，截面沿轴线连续变化的弯曲类空心构件，如图 1.6（a）所示。该类构件所占比例虽然不大，但在一些特殊场合依然具有重要应用。

图 1.6（b）为一类具有极小相对弯曲半径的弯曲类构件，对于提高空间利用率具有重要的作用，但是成形难度大，单一的弯曲成形或胀形很难直接加工出此类空心构件，需要采用同时具有胀形和弯曲特征的液压剪切成形技术加以成形，在成形过程中需要严格控制压力加载路径，以避免起皱和截面严重畸变。

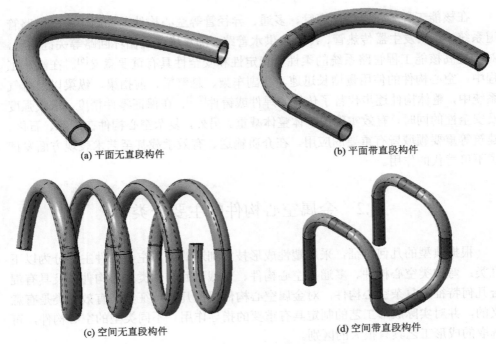

(a) 平面无直段构件　　　　　　　　　　　　(b) 平面带直段构件

(c) 空间无直段构件　　　　　　　　　　　　(d) 空间带直段构件

图 1.5　圆形截面弯曲件的空间弯曲形式

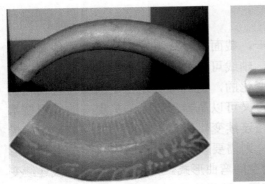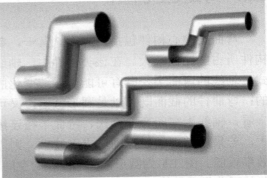

(a) 美国INTERLAKEN公　　　　　　　　　(b) 日本SANGO公司制造的
司制造的变截面弯曲构件　　　　　　　　　极小相对弯曲半径构件[9]

图 1.6　特殊弯曲类空心构件

1.2.2　多通类空心构件

对于常规的多通类 T 形[10-12]、Y 形[13]、X 形[14]等空心构件，通过单一工序的液压胀形可以直接成形（实际成形过程中，需要严格控制内压和轴向补料的匹配关系，以控制整体壁厚均匀性及支管高度）；而对于相对复杂的异形多通类空心构件（图 1.7），通常多采用先弯再胀或先胀再弯的综合成形技术，才能实现支管高度及局部过度减薄的控制。

图 1.7　异形多通类空心构件[15]

1.2.3　变截面回转体类空心构件

图 1.8 是轴线为直线但截面沿轴线变化的一类空心构件。该类空心构件轴向典型位置的截面尺寸不同。若采用常规的液压胀形技术，则需要多道次轴向补料，同时要严格控制内压加载路径。但细端位置的过度增厚以及膨胀位置的过度减薄依然难以有效控制。此类空心构件宜采用旋压缩径成形或将旋压成形与内高压成形相结合的方式，能够大大降低成形难度，且显著改善壁厚均匀性[16]。

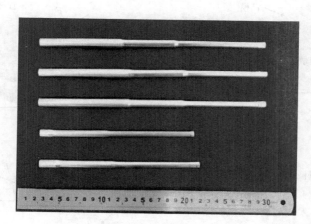

图 1.8　变截面回转体类空心构件

1.2.4　具有混合几何特征的复杂空心构件

具有混合几何特征的复杂空心构件具体表现为：轴线为三维空间曲线；异形截面；截面沿轴线不断变化；局部小尺寸特征，如小过渡圆角半径、小凸台；小的相对弯曲半径。上述复杂特征决定了此类空心构件的制造具有很高的难度。单一冷成形工艺已经很难实现复杂构件的精确制造。实际成形过程中，需将多种冷成形工艺综合，如弯曲+胀形、旋压+胀形、旋压+弯曲以及弯曲+预成形+胀形等[17]。图 1.9 为具有混合几何特征的副车架横梁及纵梁空心构件。

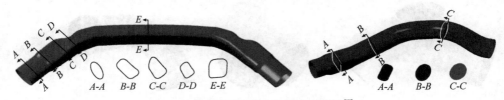

图 1.9　副车架横梁及纵梁空心构件[7]

1.3　金属空心构件的主要冷成形技术

1.3.1　常见冷弯曲成形技术

　　金属空心构件的冷弯曲成形技术主要包括数控绕弯[18-20]、压弯[21, 22]、滚弯、拉弯[23]等，如图 1.10 所示。尽管现有的弯管技术有多种选择，但是成形时的应力状态不同，导致能够成形的最小相对弯曲半径具有明显差异。

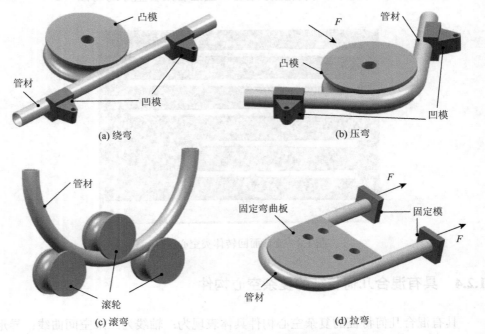

(a) 绕弯　　　　　　　　　　　(b) 压弯

(c) 滚弯　　　　　　　　　　　(d) 拉弯

图 1.10　金属空心构件常见冷弯曲成形技术示意图

图 1.11 给出了不同弯曲成形技术对应的最小相对弯曲半径, 可以看出, 当最小相对弯曲半径＜1.5mm 时, 上述弯曲成形技术是无法实现弯管成形的。冷推弯成形是一种重要的弯曲成形技术, 如图 1.12 所示, 在轴向推力和尾部摩擦力的综合作用下, 管材的外部减薄受到抑制, 同时由于芯棒与模具保持严格的间隙, 弯曲段内侧增厚弯曲受到控制。因此, 对于合适壁厚的金属管材而言, 最小弯曲半径可以接近 0.8R。

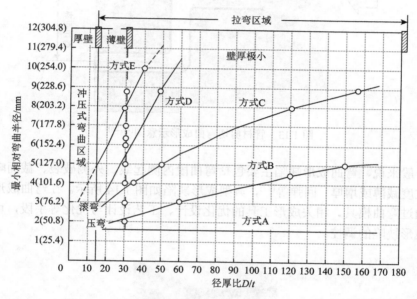

图 1.11　不同弯曲成形技术对应的最小相对弯曲半径[24]

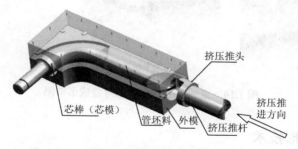

图 1.12　金属空心构件冷推弯成形技术示意图

图 1.13 为管材剪切弯曲成形示意图。剪切成形可以实现极小相对弯曲半径的成形, 但是在成形过程中容易发生起皱、小圆角处破裂等情况, 成形的工艺窗口相对较窄。剪切弯曲成形时, 管坯内部的支撑形式是非常关键的因素, 可以采用

聚氨酯橡胶作为支撑，也可以采用液压作为有效支撑；轴向进给距离和内压的匹配关系（加载路径）直接影响最终的成形质量。

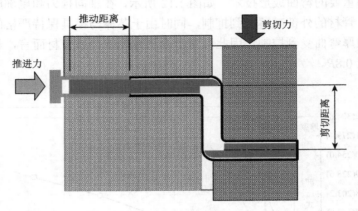

图 1.13 管材剪切弯曲成形示意图[25, 26]

　　一般来说，弯曲成形缺陷主要包括弯曲段内侧起皱、外侧破裂、截面畸变、局部过度减薄或增厚、回弹等[27]，典型成形缺陷如图 1.14 所示。在弯曲成形过程中，通过弯曲模具、相关成形工具的优化设计、工艺设计与优化等手段，可最终实现成形缺陷的调控。

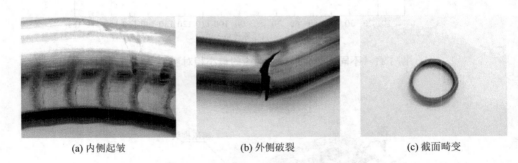

　　(a) 内侧起皱　　　　　　　　(b) 外侧破裂　　　　　　　　(c) 截面畸变

图 1.14 金属空心构件典型弯曲成形缺陷

1.3.2 液压胀形技术

　　金属空心构件的液压胀形是指将液体介质充入金属管坯的内部，产生高压，由轴向冲头对管坯的两端密封，并且施加轴向推力进行补料，两者配合作用使管坯产生塑性变形，最终与模具型腔内壁贴合，得到形状与精度均符合技术要求的空心零件[28]，其原理如图 1.15 所示。

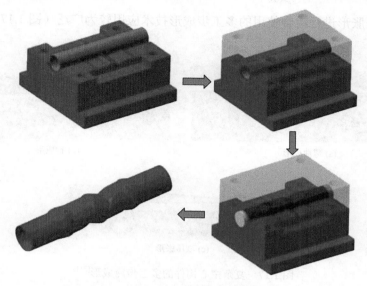

图 1.15　金属空心构件的液压胀形原理

液压胀形技术具有以下优势[29]：①成形压力高，工业生产压力一般可达到 400MPa，有时甚至高达 1000MPa；②工艺参数可控，内压与轴向位移可按给定加载曲线实现计算机闭环控制，超高压力和位移控制精度高；③制造的零件形状复杂且尺寸精度高。影响空心构件的液压胀形效果的因素比较多，主要包括：材料力学性能参数；工艺力加载曲线，包括管内压力与时间的关系、左右两端轴向进给与时间的关系；管材润滑条件以及模具结构等方面。液压胀形主要缺陷包括：过度减薄甚至开裂；补料过度导致起皱、壁厚分布不均匀、多通类空心构件支管高度不够、零件表面拉伤等，典型成形缺陷如图 1.16 所示。在液压胀形过程中，主要通过控制成形加载路径、摩擦条件、模具几何优化设计等关键因素实施缺陷的调控与防治。

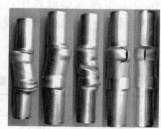

起皱　　屈曲　　破裂

图 1.16　金属空心构件液压
胀形典型缺陷[30]

1.3.3　多工步冷成形技术

对于轴线形式为平面或空间曲线、截面沿轴线不断变化的三维复杂空心构件，单一的成形技术是难以顺利成形的。采用多工步冷成形技术，对不同的工艺实施组合，可以制造复杂的空心构件。从实际工程应用的角度来看，将弯曲成形、预成形及液压胀形进行组合使用的多工步成形技术应用较为广泛（图 1.17）。

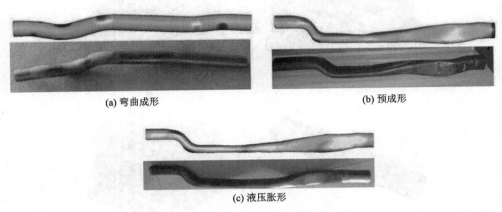

(a) 弯曲成形　　　　　　　　　　　　　　　(b) 预成形

(c) 液压胀形

图 1.17　复杂空心构件的多工步冷成形[31]

在多工步冷成形中，预弯工步较为关键。金属管材经弯曲成形后，弯曲段外侧壁厚将出现明显的减薄，在最终胀形工序过程中易出现局部开裂的现象。如果采用带有轴向推进的绕弯成形、自由弯曲成形或推弯成形，弯曲件的外侧壁厚减薄将得到明显抑制，在最终胀形工序过程中将不易出现局部开裂。因此，在多工步冷成形过程中，如何将几种不同的成形工艺实施最佳组合，是非常关键的问题。就目前技术发展趋势来看，复杂空心构件的典型多工步冷成形技术组合如表 1.1 所示。

表 1.1　复杂空心构件的典型多工步冷成形技术组合

第一工步	第二工步	第三工步	零件特征
绕弯成形	预成形	液压胀形	变截面；具有多个弯曲段；轴线为三维曲线的复杂空心构件
自由弯曲成形	预成形	液压胀形	变截面；轴线为三维曲线的复杂空心构件；局部减薄严格控制
推弯成形	液压胀形	—	变截面；单个弯曲段；局部减薄严格控制
旋压缩径成形	液压胀形	—	变截面；局部大膨胀量；局部减薄严格控制
旋压缩径成形	自由弯曲成形	—	圆截面；轴线为三维曲线的复杂空心构件
管材渐进成形	自由弯曲成形	—	连续压痕；轴线为三维曲线的复杂空心构件

图 1.18 为复杂空心构件多工步冷成形过程中的主要缺陷，包括破裂和起皱。在自由弯曲成形阶段弯曲段内侧容易出现起皱；在预成形阶段，上模压下量过大导致材料严重堆积起皱；在液压胀形阶段，零件端部也容易发生起皱现象，主要

原因为内高压成形初期，冲头进给量过大，内压不足，管坯的周向方向膨胀量小不足以弥补材料的补充量，导致管坯端部材料迅速堆积，后续内高压整形阶段也无法将其展开。另外，在液压胀形阶段中，零件的局部弯曲内侧也容易起皱，其主要原因是内高压成形时材料流动困难，堆积在弯曲段内侧。

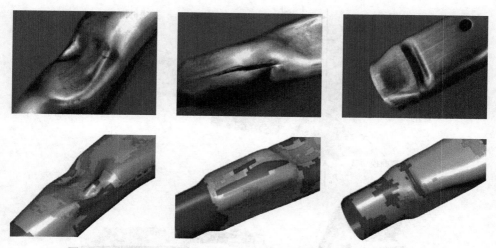

图 1.18　复杂空心构件多工步冷成形过程中的主要缺陷：破裂和起皱

复杂空心构件在多工步冷成形中，破裂缺陷一般发生在自由弯曲阶段和液压胀形阶段。弯曲成形时，弯管外侧容易拉裂；在液压胀形阶段，由于弯曲成形造成的过度减薄在胀形过程中容易破裂。另外，若液压胀形阶段补料不及时或局部胀形量过大，也容易出现破裂缺陷[32]。

1.4　金属空心构件成形新技术

近年来，随着理论和试验研究工作的不断深入，在传统成形技术基础上，发展了一些新的空心构件先进成形技术。这些新成形技术突破了传统成形技术的局限，解决了很多类复杂空心构件精确制造的难题。

1.4.1　柔性弯曲成形新技术

传统弯曲成形技术对于制造多个不同弯曲半径或连续弯曲的三维弯管难度较大甚至无法成形，另外，模具成本较高。而柔性弯曲成形技术及装备的出现，降低了三维复杂金属弯管的成形难度，技术特征表现为：数控系统控制与管坯直接作用的成形工具的运动轨迹，使管坯产生连续弯曲变形。

图 1.19 为典型的柔性弯曲成形技术原理示意图。采用柔性弯曲成形技术，轴线为三维空间曲线、无直段过渡的连续弯曲复杂弯管成形相对容易。图 1.20 为三维自由弯曲技术制造的复杂弯曲零件，具有多个不同弯曲半径、无直段过渡的连续弯曲、轴线为三维空间曲线等典型复杂的几何特征[33, 34]。

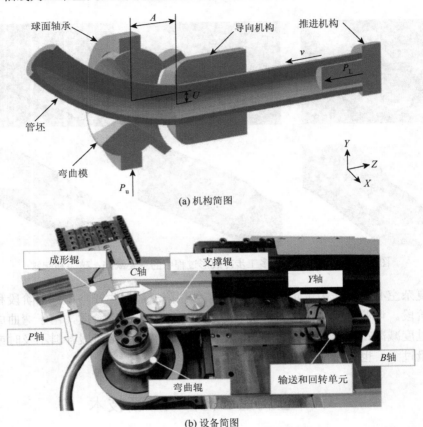

(a) 机构简图

(b) 设备简图

图 1.19　典型柔性弯曲成形技术原理示意图[35]

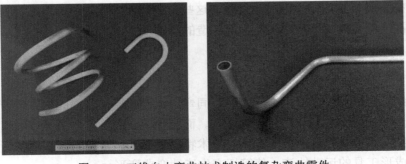

图 1.20　三维自由弯曲技术制造的复杂弯曲零件

1.4.2　液压成形新技术

　　脉动液压成形是通过间歇性、规律性地控制内压与补料，提高材料流动性，减小局部过度减薄以提高成形极限的一种先进管材成形技术，能够显著提高管材的成形能力和成形质量[36]。在金属管材的胀形过程中，由于内压做周期性波动，管坯与模具之间发生连续的接触—分离—接触，可有效改善润滑条件，提高轴向进给量。另外，脉动加载方式还可以改变变形集中区的应力状态，从而消除管材胀形过程中出现的有害起皱等缺陷。图 1.21 为常规压力加载路径与脉动加载路径下的不同成形效果。从图 1.21 中可以看出，脉动液压成形技术可以提高成形极限，消除三通支管易出现的过度减薄甚至破裂的现象。

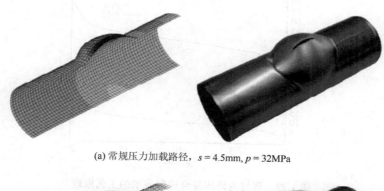

(a) 常规压力加载路径，$s = 4.5\text{mm}, p = 32\text{MPa}$

(b) 脉动加载路径，$s = 15\text{mm}, p = 64\text{MPa}$

图 1.21　常规压力加载路径与脉动加载路径下的不同成形效果[37]

　　管材内外压复合成形技术的工艺原理如图 1.22 所示。首先将管坯放入模具，将冲头装入管坯中并进行密封；向管坯内、外表面同时注入高压液体，并使管坯内部的压力大于外表面压力，形成可控的压力差；利用液压缸推动冲头轴向进给实现补料，同时在内、外液压的压差作用下使管坯产生局部大变形；最后排出高压液体，获得局部大变形空心件。通过控制管坯内外压力差改善管坯局部胀形时的应力状态，使胀形过程能够充分进行，提高其胀形极限。在管坯外表面注入的液压油，能很好地改善管坯外表面与模具型腔之间的润滑，实现了有效轴向补料。内外压复合成形技术既可用于成形局部大膨胀量的空心件，又可用于带有间隙的双金属复合管件的整体成形。

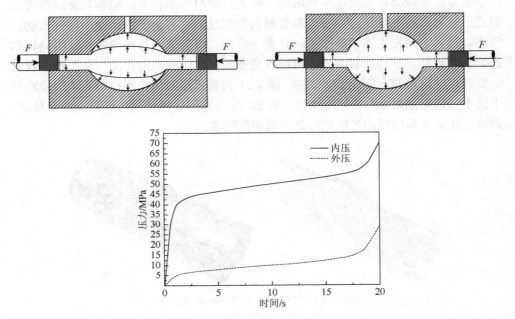

图 1.22　管材内外压复合成形技术的工艺原理

　　按照成形管坯分类，管材液压锻造技术可分为厚壁管液压锻造技术和薄壁管液压锻造技术。若按成形方向分类，可分为径向液压锻造技术、轴向液压锻造技术以及周向液压锻造技术（图 1.23）。目前国内外很多学者主要关注厚壁空心零件的液压锻造[38]，取得了很好的成形效果。实质上，厚壁管材的液压锻造主要利用金属厚壁管坯在轴向挤压过程中，内腔体积缩小，挤压内部液体造成升压，进而形成支管[39]，是一种自增压或被动增压过程。例如，大尺寸厚壁三通管的液压成形，为降低增压器的昂贵成本，可以采用这种方法。但是必须看到，传统液压锻造技术若针对厚壁管的径向成形，显然是有局限性的。此外，对于周向截面复杂的零件，轴向液压锻造很难实现成形。金属管材的径向液压锻造，径向压力来自模具合模所产生的压力。利用径向液压锻造的成形方式，在锻造模具设计合理以及预成形坯料性能达标的前提下，可简单快捷地实现复杂截面空心构件的整体成形。

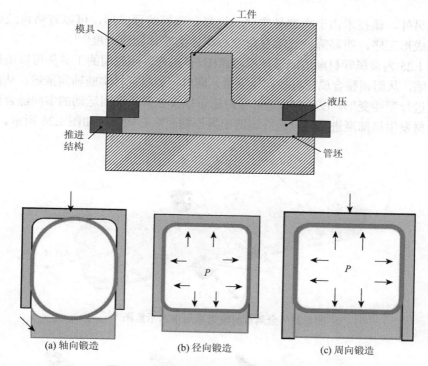

(a) 轴向锻造   (b) 径向锻造   (c) 周向锻造

图 1.23 金属管材液压锻造装备及分类[40]

1.4.3 渐进成形新技术

金属管材渐进成形技术原理及成形装备如图 1.24 所示。该技术将金属管材局部旋压技术与多辊自由弯曲成形技术结合，实现三维空间轴线、变截面复杂弯管的整体塑性成形。该技术若是与液压胀形技术结合，壁厚的减薄可以获得更好的

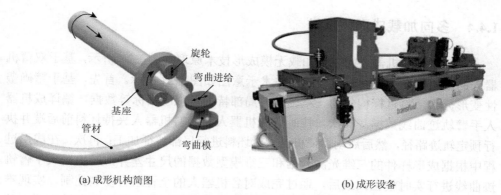

(a) 成形机构简图   (b) 成形设备

图 1.24 金属管材渐进成形技术原理及成形装备[41]

控制。另外，该技术由于很容易实现三维复杂弯管的预成形，可以省略传统绕弯后的预成形工序，明显降低三维复杂空心构件的整体制造难度[42]。

图1.25为金属管材渐进成形技术示意图。作用在管坯表面的工具头可以沿径向实现伸缩，从而调整金属管材径向压下量。同时，金属管材实施轴向推进，从而在轴向上进行塑性变形。在轴向推进、径向压下以及工具头圆周运动的多向综合作用下，管材发生局部渐进变形，最终制造出异形截面空心构件，如图1.26所示。

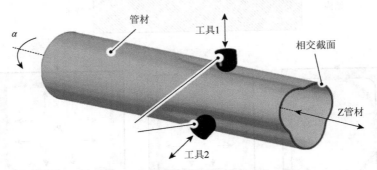

图1.25　金属管材渐进成形技术示意图[43]

图1.26　由渐进成形技术制造的异形截面空心构件[44]

1.4.4　多向加载成形新技术

基于串并联机器人的多向加载无模成形技术原理如图1.27所示，基于双臂机器人的空心构件轴向扭转无模成形技术示意图如图1.28所示。首先，基于精确塑性变形分析，将目标构件的三维轴线、局部特征及强度指标等数据，编译成机器人手臂轨迹曲线数据；其次，控制弯曲机器人及送料机器人夹持坯料前后端并执行预定轨迹路径，然后启动特征机器人对坯料进行局部特征加工；再次，在成形过程中根据成形样件的三维光测数据和三维模型数据的尺寸差异，对机器人手臂轨迹曲线进行实时校正；最后，通过完成对各机器人的全程组合协调控制，实现难变形材料在多向加载及多场耦合条件下的定向均匀流动及连续均匀塑性变形，并实现三维复杂构件弯段与局部特征点空间相对位置的定向矢量控制，最终实现复杂空心构件的整体精确无模成形。

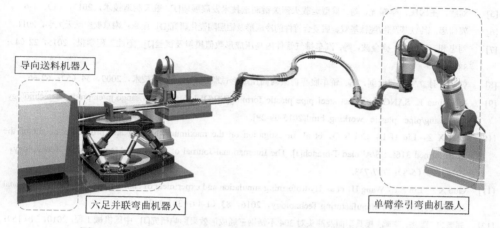

图 1.27　基于串并联机器人的多向加载无模成形技术原理示意图

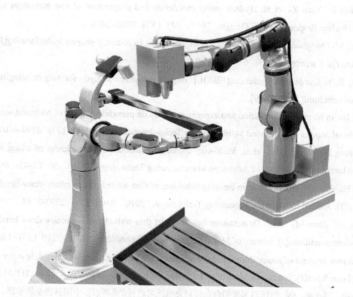

图 1.28　基于双臂机器人的空心构件轴向扭转无模成形技术示意图

参 考 文 献

[1] 韩志仁, 吕彦盈, 刘宝明, 等. 飞机焊接导管数字化制造技术研究[J]. 航空制造技术, 2017, 527（8）: 95-98.

[2] 白雪山. 导管数字化制造技术在某新型飞机研制中的应用[J]. 航空制造技术, 2014, 458（14）: 83-85.

[3] 罗敏. 航空发动机外部管路工装数字化设计[J]. 航空制造技术, 2015, 485 (15): 8-21.

[4] 孙博, 邱明星, 田静, 等. 航空发动机用钛合金外部管路设计及工艺研究[J]. 航空制造技术, 2015, 493 (z2): 24-128.

[5] 刘欣, 王国庆, 李曙光, 等. 重型运载火箭关键制造技术发展展望[J]. 航天制造技术, 2013, (1): 1-6.

[6] 郭训忠. 铝/铁基及铝/纯钛基双金属复合管件的冷成形及铝层陶瓷化研究[D]. 南京: 南京航空航天大学, 2011.

[7] 刘忠利, 郭训忠, 徐金波, 等. 汽车排气管件内高压成形数值模拟及试验[J]. 塑性工程学报, 2015, 22 (4): 88-92.

[8] 韩聪, 孙立宁, 苑世剑, 等. 轿车底盘前梁内高压成形试验研究[J]. 锻压技术, 2009, 34 (5): 62-66.

[9] Miyashita L. SANGO product steel pipe plastic forming[EB/OL]. http://www.sango.jp/en/products_technology/processing/pipe_ plastic_ working. html[2015-09-29].

[10] Guo X Z, Liu H B, Cui S Q, et al. Investigation on the maximum thinning and protrusion height of the hydroformed 316L SS/Al clad T-branch[J]. The International Journal of Advanced Manufacturing Technology, 2014, 73 (5-8): 727-733.

[11] Guo X Z, Liu Z L, Wang H, et al. Hydroforming simulation and experiment of clad T-shapes[J]. The International Journal of Advanced Manufacturing Technology, 2016, 83 (1-4): 381-387.

[12] 郭训忠, 陶杰, 李鸣. 模具型面及冲头对 304 不锈钢三通成形效果影响研究[J]. 中国机械工程, 2010, 21 (15): 1875-1878.

[13] Guo X Z, Tao J, Yuan Z, et al. Hydroforming simulation and preparation of low activation martensitic steel Y-shapes[J]. Nuclear Engineering and Design, 2011, 241 (8): 2802-2806.

[14] Kadkhodayan M, Moghadam A E. Optimization of load paths in X-and Y-shaped hydroforming[J]. International Journal of Material Forming, 2013, 6 (1): 75-91.

[15] Salzgitter M. Seite wurde nicht gefunden[EB/OL]. http://www.salzgitter-hydroforming.de/salzgitter/en/produkte/abgaskomponenten.html[2016-10-29].

[16] Guo X Z, Li B, Jin K, et al. A simulation and experiment study on paraxial spinning of Ni-based superalloy tube[J]. The International Journal of Advanced Manufacturing Technology, 2017, 93 (9-12): 4399-4407.

[17] Liu Z L, Wang H, Wang L A, et al. Multi-step forming simulation and experiment of swing arms for torsion beam[J]. The International Journal of Advanced Manufacturing Technology, 2016, 85 (1-4): 405-414.

[18] Yang H, Li H, Zhan M. Friction role in bending behaviors of thin-walled tube in rotary-draw-bending under small bending radii[J]. Journal of Materials Processing Technology, 2010, 210 (15): 2273-2284.

[19] Li H, Yang H, Zhan M, et al. Deformation behaviors of thin-walled tube in rotary draw bending under push assistant loading conditions[J]. Journal of Materials Processing Technology, 2010, 210 (1): 143-158.

[20] Wen T. On a new concept of rotary draw bend-die adaptable for bending tubes with multiple outer diameters under non-mandrel condition[J]. Journal of Materials Processing Technology, 2014, 214 (2): 311-317.

[21] 宋鹏, 王小松, 徐永超, 等. 内压对薄壁铝合金管材充液压弯过程的影响[J]. 中国有色金属学报, 2011, 21 (2): 311-317.

[22] 刘芷丽, 詹梅, 杨合, 等. 圆管压扁-压弯连续变形过程有限元模型的建立及截面畸变研究[J]. 塑性工程学报, 2008, 15 (5): 101-107.

[23] Miller J E, Kyriakides S, Bastard A H. On bend-stretch forming of aluminum extruded tubes—I: Experiments[J]. International Journal of Mechanical Sciences, 2001, 43 (5): 1283-1317.

[24] Gregory Miller. Tube Forming Processes: A Comprehensive Guide[M]. Dearborn, Michigan: Society of Manufacturing

Engineers，2003.

[25] Goodarzi M，Kuboki T，Murata M. Effect of initial thickness on shear bending process of circular tubes[J]. Journal of Materials Processing Technology，2007，191（1-3）：136-140.

[26] Goodarzi M，Kuboki T，Murata M. Deformation analysis for the shear bending process of circular tubes[J]. Journal of Materials Processing Technology，2005，162：492-497.

[27] 董菲菲. 薄壁钢圆管绕弯成形工艺的有限元数值模拟研究[D]. 长沙：湖南大学，2012.

[28] Koç M. Hydroforming for Advanced Manufacturing[M]. Cambridge：Woodhead Publishing Limited，2008.

[29] 苑世剑. 现代液压成形技术[M]. 北京：国防工业出版社，2009.

[30] 郭群，陶杰，靳凯，等. 空心双拐曲轴加载路径优化与成形规律[J]. 精密成形工程，2016，8（6）：38-43.

[31] 刘忠利，任建军，陶杰，等. 汽车底盘纵梁多工步成形数值模拟及试验[J]. 塑性工程学报，2015，22（5）：57-62.

[32] 刘忠利. 汽车扭力梁纵臂多工步成形数值模拟及试验研究[D]. 南京：南京航空航天大学，2016.

[33] Guo X Z，Xiong H，Li H，et al. Forming characteristics of tube free-bending with small bending radii based on a new spherical connection[J]. International Journal of Machine Tools and Manufacture，2018，133：72-84.

[34] Guo X Z，Ma Y N，Chen W L，et al. Simulation and experimental research of the free bending process of a spatial tube[J]. Journal of Materials Processing Technology，2018，255：137-149.

[35] Groth S，Engel B，Langhammer K. Algorithm for the quantitative description of freeform bend tubes produced by the three-roll-push-bending process[J]. Production Engineering，2018，12（3-4）：517-524.

[36] 张士宏，徐勇，程明，等. 脉动液压成形技术与设备[J]. 机械工程学报，2013，49（24）：1-6.

[37] Loh-mousavi M，Mori K，Hayashi K，et al. 3-D finite element simulation of pulsating T-shape hydroforming of tubes[J]. Key Engineering Materials，2007，340：353-358.

[38] Alzahrani B，Ngaile G. Preliminary investigation of the process capabilities of hydroforging[J]. Materials，2016，9（1）：40.

[39] Alzahrani B，Ngaile G. Analytical and numerical modeling of thick tube hydroforging[J]. Procedia Engineering，2014，81：2223-2229.

[40] Chu G N，Chen G，Lin Y L，et al. Tube hydro-forging-a method to manufacture hollow component with varied cross-section perimeters[J]. Journal of Materials Processing Technology，2019，265：150-157.

[41] Staupendahl D，Tekkaya A E，Hudovernik M. Flexible and Cost-effective Innovative Manufacturing of Complex 3D-bent Tubes and Profiles Made of High-strength Steels for Automotive Lightweight Structures（ProTuBend）[M]. Brussels，Belgium：60 Springer Berlin Heidelberg，2015.

[42] Nazari E，Staupendah D，Löbbe C，et al. Bending moment in incremental tube forming[J]. International Journal of Material Forming，2018，163：311-320.

[43] Grzancic G，Becker C，Hermes M，et al. Innovative machine design for incremental profile forming[J]. Key Engineering Materials，2014，622-623：413-419.

[44] Grzancic G，Becker C，Hermes M. Incremental Profile Forming[M]//Tekkaya A E，Homberg W，Brosius A. 60 Excellent Inventions in Metal Forming. Berlin：Springer Vieweg，2015.

第 2 章　金属管材冷推弯成形技术

金属管材冷推弯成形技术因其受力和变形特点，对于成形小弯曲半径弯管以及双金属弯管具有突出的优势。辅之以必要的填充和芯棒技术，冷推弯成形技术的应用领域被大大拓展，能够成形出极小弯曲半径、超薄壁的弯管零件。这些小弯曲半径和超薄壁的弯管构件在航空航天、核电、石油化工等领域具有重要而广泛的应用[1, 2]。采用冷推弯成形技术整体成形的小弯曲半径、超薄壁的弯管主要具备的优势包括：①引入了附加轴向压应力，明显改善了壁厚减薄；②截面畸变相对较小；③相对弯曲半径较小，结构紧凑，可有效提高空间利用率[3, 4]。

2.1　金属管材冷推弯成形技术原理

金属管材冷推弯成形技术是在普通液压机或曲柄压力机上借助弯管装置对管坯进行推弯的工艺方法，即利用金属的塑性，在常温状态下将直管坯轴向压入带有弯曲型腔的型模中，从而形成弯管。冷推弯管成形工艺装置及工作示意图如图 2.1 所示。

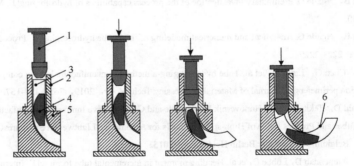

图 2.1　冷推弯管成形工艺装置及工作示意图

1. 凸模；2. 导套；3. 管件毛坯；4. 芯棒；5. 凹模；6. 弯曲管件

金属管材冷推弯装置主要由凸模、导套、芯棒、凹模组成。推弯时把管件毛坯放在导向套中定位后，冲头轴向推进，对管坯端口施加轴向推力，强迫管坯进入弯曲型腔，从而产生弯曲变形[5]。管坯在弯曲过程中，除受弯曲力矩作用外，还受轴向推力和与轴向推力方向相反的摩擦力作用。在这样的受力条件下弯管，可使弯曲中性层向弯管外侧偏移，有利于减少弯曲外侧的壁厚减薄量，从而保证管件的成形质量[6]。在冷推弯变形过程中，管坯弯曲变形的弯矩主要由凹模型腔的约束力提供，这种约束力以面力形式梯度地分布在弯曲变形区的管材外表面上，这种受力特点使管材弯曲变形区应力分布均匀性好，变形更趋均匀一致。因此，冷推弯成形技术所能成形的零件最小弯曲半径 $R/D \leqslant 1$。同时，冷推弯成形技术有利于降低管材弯曲的截面畸变率[6, 7]。在常规弯曲成形过程中，管材在弯矩作用下，内侧受压应力、外侧受拉应力，管材处于受力不均匀状态，在弯曲加工过程中易发生横截面畸变而成为近似椭圆形[8]。这一方面引起截面积的减小，从而增大了流体流动的阻力，另一方面也影响了弯管在管路系统中的效果。冷推弯成形技术由于弯曲型腔内表面对管坯具有约束作用，可以防止管坯横断面形状发生变化，有利于降低截面畸变率（图 2.2）。采用冷推弯成形技术制造的管坯截面畸变率通常 $\leqslant 3\% \sim 5\%$。

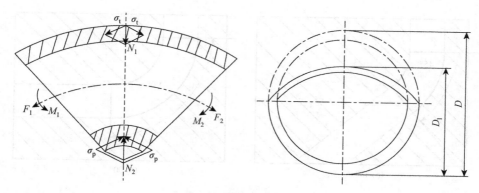

图 2.2　管材截面畸变示意图

管材冷推弯成形后的零件力学性能较好[9]。管材冷推弯成形过程中由于推挤力的作用，作用在弯管两端外侧圆弧上的压力与管坯成形时管坯外侧所受的拉应力相抵消，因此，冷推弯成形技术可以减少或避免外弧侧壁厚的减薄，冷推弯成形后的弯管壁厚减薄率通常 $<10\%$，从而提高了弯管的承压能力或寿命。一般而言，冷推弯轴向推力的存在增大了弯曲内侧的压应力，加剧了弯曲弧段内侧壁的增厚或起皱倾向。若辅之以必要的填充和芯棒技术，则能很好地避免起皱问题，改善工艺性能。管材冷推弯成形技术可实现弯曲角的连续变化[10]，冷推弯过程中，改变弯曲模与导管的相对位置即可改变弯曲角，从而实现管坯的弯曲半径与弯曲角连续变化；冷推弯成形效率高[11]，通过一次冷弯工序即可最终成形；工艺稳定，利于大批量生产；同时，冷推弯工艺的模具结构简单，曲率一致性好。冷推弯成形技术可用于多种材料弯管的成形过程，如不锈钢、碳钢、铜合金、铝合金等。在铝/不锈钢、铝/纯铁、铝/纯钛等复合管坯的弯曲成形过程中，冷推弯成形技术

也得到广泛的应用。对于复合管坯的推弯成形过程，由于复合管坯的组分材料塑性变形能力不同，两种金属的变形协调性差，弯曲成形难度大，界面常出现开裂甚至完全分层，在推进速度过大时会加剧内、外层金属间变形不协调程度，增加界面间的剪切应力，对应位置易出现开裂或分层[12]。因此，推弯成形过程中应首先确定双金属复合管推弯成形的界面结合强度临界值，其次研究轴向推进速度对界面最大剪应力以及复合弯管壁厚分布的影响，并最终确保界面不开裂条件下的推进速度。

管材冷推弯成形技术还可适用于多种角度的管材弯曲过程，弯曲角度可实现15°～120°，甚至可达到180°，其中45°、90°及180°三种角度的弯管最为常见。在实际生产时，可根据工程需要制造60°等非常规角度的弯管。部分典型的冷推弯曲模腔如图2.3所示。

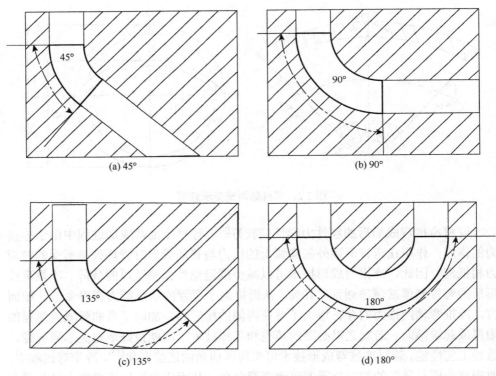

(a) 45° (b) 90°

(c) 135° (d) 180°

图2.3　部分典型的冷推弯曲模腔

2.2　金属管材冷推弯成形机理

管材冷推弯成形技术利用金属的塑性，在常温状态下将直管坯轴向压入带有弯曲型腔的模具中形成弯曲。冷推弯装置主要由冲头、导套、芯棒和凹模组成。推弯时把管坯放在导向套中定位后，冲头下行，对管坯端口施加轴向推力，使管坯进入弯曲型腔，从而产生弯曲变形。管坯在推杆作用下沿着弯曲型腔运动，如图 2.4 所示。弯曲过程中，管坯除受弯曲力矩作用外，还受到轴向推力 P_T 和与轴向推力方向相反的摩擦力 P_F 作用。

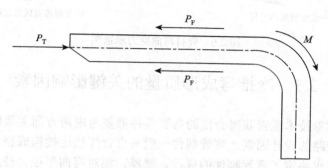

图 2.4　管坯推弯过程受力图

成形过程中的轴向推力主要用于管坯的成形以及克服管坯与模具内表面之间的摩擦力。管坯在弯曲成形过程中，随着推杆运动距离的增大，变形程度也随之增大。在管坯没有进入型腔弯曲段时，管坯仅发生弹性变形，此时管坯的变形规律遵从胡克定律。随着管坯逐渐进入模具弯曲段，管坯的变形也逐渐由弹性变形转变成塑性变形。管坯推弯成形过程与一般弯曲过程不同。如图 2.5 所示，推弯成形过程由于轴向推力和摩擦力的作用，零件轴向引起附加的压应力，压应力作用在弯管两端的外侧圆弧上，与管坯弯曲成形时外侧圆弧所受的拉应力相抵消，使弯曲中性层向外侧移动（图 2.6），这有利于减小外侧的壁厚减薄量，从而提高弯管的承载能力和使用寿命。

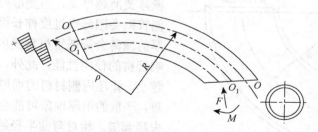

图 2.5　冷推弯时零件弯曲区的轴向应力分布

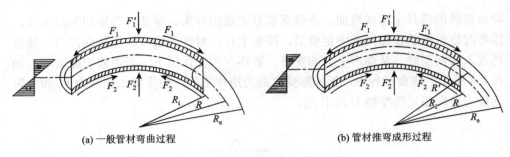

(a) 一般管材弯曲过程　　　　　　　　(b) 管材推弯成形过程

图 2.6　管材弯曲受力示意图

2.3　冷推弯成形质量的关键影响因素

冷推弯成形技术能否获得合格的弯管零件需要考虑两方面主要因素：一是弯管制件服役管路的设计因素。弯管制件一般与直管焊接连接构成整条管路，整条管路的服役要求决定了弯管制件的直径、壁厚、相对弯曲半径、径厚比等几何尺寸参数，这些服役要求设计参数决定了弯管制件冷推弯成形的工艺难度。二是冷推弯成形的工艺参数，如凹模型腔摩擦系数、管坯形状、填充和芯棒技术等，这些参数显著影响成形质量。

2.3.1　几何参数

（1）相对弯曲半径。管材壁厚的变化与其弯曲变形程度有关，管材的弯曲变形程度取决于相对弯曲半径 R/D（其中，D 为管材外径；R 为弯管中性层半径，如图 2.7 所示）。相对弯曲半径 R/D 是衡量管材弯曲时外侧拉应力能否引起开裂的主要参数。相对弯曲半径越小，表明弯曲变形程度越大，因此中性层外侧纤维单位长度的伸长量就越大。成形管外侧管材壁厚变薄越严重，当变形程度过大时，外侧管壁会因纤维过度伸长而破裂。管材壁厚的减薄会降低管材承受内压的能力，影响管材的使用性能。此外，相对弯曲半径越小，管坯内侧材料的增厚现象也会越严重，严重的增厚现象可能会导致管坯内侧失稳起皱。相对弯曲半径越小，管坯截面的畸变程度通常也会增加。因此，为了保证冷推弯成形的管坯质量，必须控制相对弯曲半径的大小。

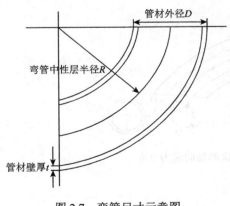

图 2.7　弯管尺寸示意图

（2）径厚比。管坯的径厚比与相对弯曲半径一样，对管坯推弯成形后的质量具有很大的影响。径厚比通常的计算公式为 D/t（其中 t 为管材壁厚，D 为管材外径）。径厚比 D/t 对管材推弯成形后弯管的质量有很大的影响。在其他条件相同时，管坯的径厚比越小，成形后弯管的椭圆度越小，即随着管坯相对厚度的增加，成形后弯管的椭圆度会逐渐减小。这是由于随着管坯相对壁厚的增加，推弯成形过程中会有更多的材料流动补充到模具型腔中，受剪切区的径向收缩程度会减小，因而其椭圆度也会相应地减小；径厚比越小，推弯过程中所需要的正压力会相应呈增大趋势。这是由于径厚比越小，管坯的变形程度会越大，变形抗力也会越大，所需要的正压力也随之增大，这不仅提高了对设备的要求，而且管坯与模具内表面之间容易由于摩擦力过大而在管坯表面出现划伤。因此，对于径厚比较小的管坯成形过程，多采用温、热推弯的方法降低其变形抗力。在其他条件相同时，管材的径厚比越大，即相对壁厚越小，管坯在弯曲变形过程中弯曲变形程度越大，管坯外侧纤维的单位伸长量越大，管坯外侧会因过度拉长而破裂；相对壁厚越小时，若其相对弯曲半径较小，容易出现管坯内侧起皱的缺陷。对于大径厚比管坯的推弯成形过程可以通过采用较大相对弯曲半径，管坯内部加芯棒等方法防止管坯外部破裂、内部起皱等缺陷产生，得到成形质量较高的弯管。

（3）管坯形状。由于管坯几何形状对冷推弯成形过程中的材料流动具有重要影响，因此对最终的弯管成形缺陷、壁厚分布、成形力也具有重要的影响。另外，管坯形状还关系到材料利用率[13]。对于同一尺寸规格的弯管零件，梯形下料方式和弧形下料方式存在各自的优缺点。弧形下料方式节约管坯原材料，且推进成的弯管端口更加平整，推弯过程中弯管的受力更加均匀，推弯制备的弯管成形质量更好。但弧形下料方式工艺过程比较复杂，耗费时间长，降低了实际生产过程的生产效率。梯形下料方式相比于弧形下料方式更加浪费管坯材料且推弯成形后的弯管质量较差。但梯形下料方式的下料过程比较简单，排样较为规整，生产效率较高。梯形下料方式制备的弯管质量在合格范围内且其具备下料工艺简单、生产效率高等优点，因此目前工业生产中大多采用梯形下料方式，如图 2.8 所示。

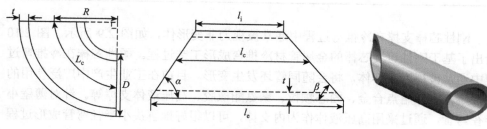

图 2.8　冷推弯成形管管坯料下料形状示意图

2.3.2　关键工艺参数

从工程实践来看，实际影响金属管材冷推弯成形质量的最关键的因素主要为两大类，其一是管坯内支撑形式；其二是摩擦条件。对于一些特殊零件如超薄壁弯管或具有层状结构的金属复合弯管，管坯内支撑形式和管坯表面摩擦条件则更为关键。

1）管坯内支撑形式

管材冷推弯过程中为避免横截面椭圆形畸变和起皱等成形缺陷，改善工艺性能，需采用内支撑，具体参考芯棒形式和填充技术。芯棒形式可分为刚性芯棒和柔性芯棒[14]。填充技术根据填充物种类可分为高压液体填充、颗粒物质填充和低熔点合金填充。不同的芯棒形式和填充技术具备各自的优势及缺陷，如表 2.1 所示。

表 2.1　不同芯棒形式和填充技术的优势及缺陷

内支撑形式		具备的优势	存在的缺陷
芯棒形式	刚性芯棒　牛角芯棒	①推弯过程中管坯的贴模性较好 ②能对冷推弯过程中的截面畸变起到很好的限制作用 ③提高弯管的尺寸精度	不适合于两端带有直端的弯管推弯成形
	柔性芯棒　聚氨酯橡胶	①具有较高的弹性模量 ②易于加工	①容易出现内应力不够，导致管坯弯曲段出现内凹的缺陷 ②推弯后不易取出
填充技术	低熔点合金	①填充性最好，容易浇铸和脱模 ②内压较高，有效防止管坯弯曲段的截面畸变 ③防止局部高应力区的产生，提高了表面品质	采用低熔点合金生产的效率较低，其应用受到限制
	颗粒物质	①易于充满整个型腔 ②具有很好的形状适应性，能很好地贴合管壁 ③减小填充物与管坯内壁间摩擦，提高表面品质 ④减小冲头轴向推进成形力	对于弯管内壁的损伤比较严重，而内表面的整形比较困难，压痕在后期难以消除
	高压液体	①液压力能均匀地分布在管材内侧 ②很大程度上减少冷推弯过程中的截面畸变缺陷	密封难度较大

刚性芯棒支撑在冷推弯过程中通常被视为非变形体，如图 2.9 所示。图 2.10 给出了基于刚性可旋芯棒的金属管材冷推弯成形工艺过程。柔性芯棒在冷推弯过程中通常被视为变形体，将会随同管坯发生变形。目前在工业生产中广泛使用的柔性芯棒有低熔点合金、固态颗粒、聚氨酯橡胶、高压液体支撑等。针对薄壁小半径弯管，通过采用高压液体作为内支撑，可以很好地解决小半径弯管成形过程中外壁减薄以及断裂等问题。

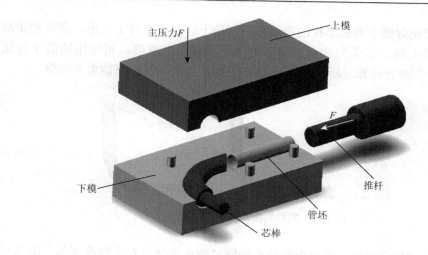

图 2.9　管材冷推弯刚性芯棒及模具

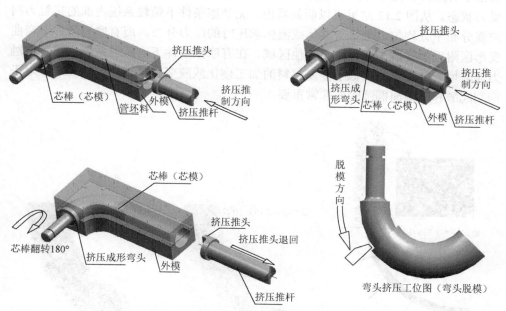

图 2.10　基于刚性可旋芯棒的金属管材冷推弯成形工艺过程

　　管材冷推弯工艺中采用填充物以抑制弯曲内侧失稳起皱，减轻横截面椭圆形畸变，获取高精度、高质量的弯管接头，方便后续的焊接工序，构成整条管路。其中，液体填充和低熔点合金填充属于连续介质填充，有限元方法和连续介质力学解析可以获得工程满意的结果。颗粒物质属于离散介质，其许多特性有异于连续介质，作为填充物应用于管材冷推弯工艺中具有许多不同寻常的改善效果，尤其在大口径超薄壁小弯曲半径的弯管接头制备上。在冷推弯工艺中，颗粒物质填料发生弯曲变形，其受力和变形特点对工艺实施至关重要，可采用离散单元法（DEM）[15, 16]进行计算分析。图 2.11 给出了颗粒物质填料的离散单元模型。

图 2.11　颗粒物质填料的离散单元模型

随着管材弯曲变形，管材内部填充的颗粒物质也随之发生弯曲变形。图 2.12 给出了有摩擦和无摩擦两种条件下，管材内部填充的颗粒物质发生弯曲变形时的受力状态。从图 2.12 结果可以明显看出，无摩擦条件下颗粒系统内部的接触力网宏观分布十分均匀，类似于液体或流体承压时的压力分布，而有摩擦条件下弯曲变形区附近的接触力明显高于其他区域。在有摩擦条件下，颗粒系统变形区接触力显著增大的现象，类似于金属材料的加工硬化或应变硬化现象，这种现象对于抑制起皱和横截面椭圆畸变非常重要。

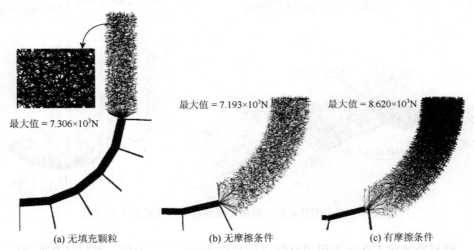

(a) 无填充颗粒　　　　　　　(b) 无摩擦条件　　　　　　　(c) 有摩擦条件

图 2.12　管材内部填充的颗粒物质发生弯曲变形时的受力状态[17]

图 2.13 为不同的芯棒形式对应的最大壁厚差柱状图。从图中可以看出，采用空推方式壁厚差值最大；采用刚性芯棒作为内支撑对应的最大壁厚差最小；采用低熔点合金对应的最大壁厚差介于上述两者之间。

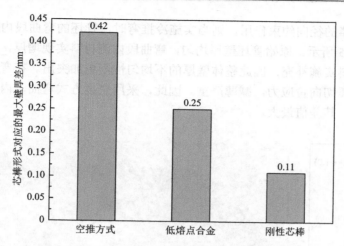

图 2.13　不同的芯棒形式对应的最大壁厚差柱状图

　　图 2.14 为推弯过程中使用刚性芯棒时，管坯与模具型腔的接触状态。当使用刚性芯棒时，管坯贴模效果较好，说明材料在流动过程中紧贴模具变形。采用了刚性芯棒，其本身的变形相对于管坯来说可忽略不计，因此弯曲模与芯棒间隙值视为恒定值，当弯曲段内侧管坯与刚性芯棒接触时，其径向增厚受到限制，最大壁厚值则为外模与芯棒之间的间隙值。当弯曲段内侧材料逐渐充满外模与芯棒间的间隙时，在摩擦系数一定的情况下，管坯与内层刚性芯棒及外模型腔之间的摩擦力将逐渐增大，将对推杆存在较大的反作用力。由于此反推力的存在，材料在外弧处的受力状态有了明显改善。当反推力较小时，外弧位置主要受到拉应力导致减薄，当在两端外弧边的尖角上施加一个外部推力和反向的摩擦力时，减小弯曲段外弧的外弧拉应力甚至转变为压应力状态，外弧的减薄可以减轻，甚至完全消除，最终使复合管管坯的壁厚相对较为均匀。

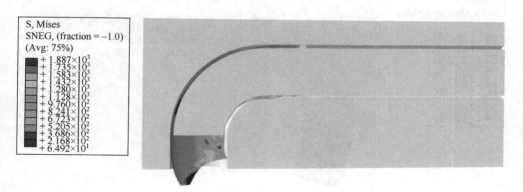

图 2.14　采用刚性芯棒时管坯与模具型腔的接触状态

若无芯棒的径向约束作用，则当实施冷推弯时，管坯的弯曲段内侧将很快增厚，如图 2.15 所示。原始管坯壁厚均匀，弯曲段内侧材料实现增厚，则必然有附近区域的材料实施补充，因此整体壁厚的不均匀性则更加突出。在弯曲段外侧，材料受到外弧切向拉应力，减薄严重。因此，采用空推方式弯曲，内壁增厚与外壁减薄明显，其差值最大。

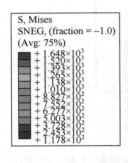

图 2.15　无芯棒冷推弯成形过程示意图

采用低熔点合金作为芯棒的成形过程如图 2.16 所示。将低熔点合金浇入管坯后，相当于两层金属同时变形。在弯曲过程中，由于低熔点合金流动性较好，在弯曲过程中，尤其是在管坯的尾部（远离推杆的一端）低熔点合金易部分挤出，从而导致内部压力减小，一旦内压减小，则减小约束管坯弯曲段内侧径向向内增厚的作用，造成弯曲段内侧的轻微增厚。尽管如此，采用低熔点合金形式作为柔性的内支撑芯棒，对于提高管坯的壁厚均匀性还是具有明显作用的。

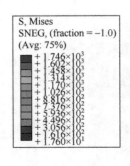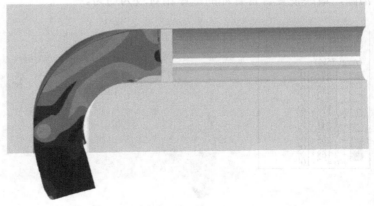

图 2.16　采用低熔点合金作为芯棒的成形过程示意图

2）摩擦条件

管坯与冷推弯模具之间的摩擦条件会直接影响管坯在变形过程中的材料流动，继而影响壁厚分布或复合弯管的界面结合情况。图 2.17 描述了不同摩擦条件下的内弧、外弧及中部环向截面的厚度分布情况。从图 2.17 可以看出，虽然摩擦系数 μ 不同，但厚度分布趋势接近。在弯管推进成形中，外侧因受拉应力区域较广，很多部位处于减薄状态，而这些减薄区域会在实际的服役环境中失效，因此必须严格控制此区域的最大减薄状况。从图 2.17 还可以看出，外弧与推杆接触的部位增厚较大，这是推杆推进过程中，在接触部位和邻近接触区域材料堆积严重造成的。随着弧长的增加，厚度逐渐减小，厚度降到最低的区域处于弯管外侧的中后部，减薄最为严重。随着弧长的进一步增加，厚度又慢慢增大，到弯管的尾部，弧长反而出现增厚现象。这是由于材料在尾部受到的摩擦力较大再一次造成材料局部堆积的现象。内弧在与推杆接触的部位同样发生了减薄，而非管材弯曲

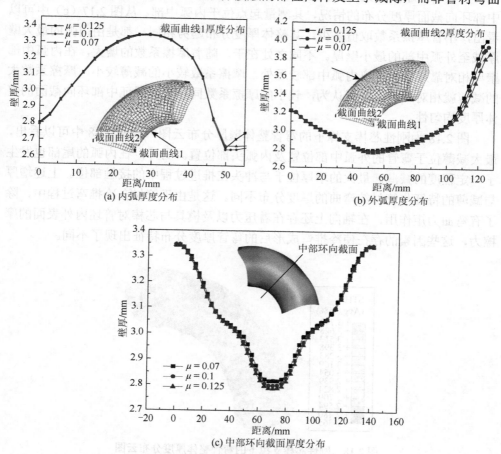

(a) 内弧厚度分布

(b) 外弧厚度分布

(c) 中部环向截面厚度分布

图 2.17　弯管厚度分布和摩擦系数的关系图

理论所阐述的增厚。在尾部也因摩擦力过大，使尾部的材料向中间流动，从而造成局部减薄。但是对于内弧的大部分弧长，存在增厚的现象。

在管材的弯曲成形过程中，芯棒与模具对管材的摩擦作用对成形效果影响很大，可以通过在芯棒与管坯之间加入润滑剂来减少摩擦作用的方法来控制管材的过分变薄。随着芯棒与管材摩擦系数的增加，从测量起点即弯管尾部开始到接近内弧中点处，内弧最大厚度增加。摩擦系数为 0.07 时，内弧整体壁厚分布最为均匀，如图 2.17（a）所示。从摩擦系数对外弧厚度分布的影响来看，随着摩擦系数的增大，受摩擦系数影响较小的部位是外弧的中下部，不同的摩擦系数对应的壁厚都比较接近，但是在外弧中上部及头部出现了较大的差别。随着摩擦系数的增大，外弧头部增厚明显。这是由过大的摩擦系数使外弧材料在流动过程中向头部堆积引起的。不同摩擦系数下对应的最大、最小壁厚差也是不同的。图 2.17（b）说明了较小的摩擦系数同样使壁厚分布更加均匀。图 2.17（c）说明了不锈钢弯管中部环向截面厚度分布的情况，其测量起点位于内弧中部。从图 2.17（c）中可以看出，不管摩擦系数取值多少，其整体厚度分布趋势相同，都是由内弧的最大壁厚减至外弧中部的最小壁厚。不同之处在于，随着摩擦系数的增大，在内弧中部壁厚相对靠近，而距离内弧中部较远处，摩擦系数较小的减薄较小，摩擦系数大的减薄就相对严重。分析认为，较小的摩擦系数同样可以保证中部环向截面的整体厚度均匀性。

图 2.18 为刚性芯棒支撑下的弯管整体壁厚分布云图。从图 2.18 中可以看出，最大减薄位于弯管的外弧中部位置及内弧头部位置。另外，在内弧的尾部也发生了一定程度的减薄。最大的增厚位于与冲头在推进过程中的接触部位。上述增厚与减薄的特征与管材纯弯曲的厚度分布不同。这是由于管材在冷推弯过程中，除了有弯曲力矩作用，在轴向上还存在着压力以及模具与芯棒对管坯内外表面的摩擦力，这些因素的存在使冷推弯成形后的弯管厚度分布特征出现了不同。

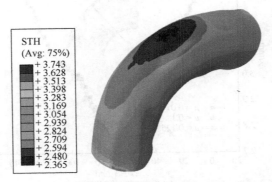

图 2.18　刚性芯棒支撑下的弯管整体厚度分布云图

　　图 2.19 是弯管典型部位环向厚度分布情况[18]。从图中可以看出，截面曲线 2 与截面曲线 3，即中部与尾部位置的环向厚度分布趋势较为接近，距离内弧中点位置越远，壁厚不断减小，最终在外弧部位取得最小值。但是从整体壁厚分布趋势来看，尾部环向壁厚均匀，相差不大。相反地，中部环向壁厚差值较大。至于截面曲线 1，即头部环向壁厚分布趋势明显不同于中部及尾部，在内弧处取得最小值，这是由于推进过程中与芯棒间的强烈摩擦引起的减薄。随着距离的增加，壁厚值增大，在远离内弧 40mm 处取得最大值，随着距离的进一步增大，出现了壁厚减小的趋势。

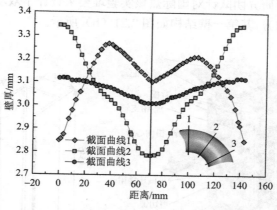

图 2.19　弯管典型部位环向厚度分布情况

　　从图 2.20（a）弯管应力分布云图可以看出：弯管与冲头接触部位应力值较大，中部外侧所受应力较小；对于塑性应变来说，其最大值约为 0.63，最小的值分布在外弧部分，最小值约为 0.024，其整体应变分布如图 3.20（b）所示。

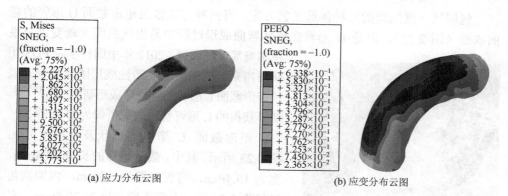

(a) 应力分布云图　　　　　　　　　(b) 应变分布云图

图 2.20　弯管应力应变分布云图

2.4 金属管材冷推弯成形技术应用

2.4.1 矩形截面 L 形管件冷推弯成形

聚变堆包层结构复杂，服役环境恶劣，对制造技术的要求较高。包层第一壁作为包层结构直接面向高温等离子体的部分，所处的环境最为恶劣，需承载 14MeV 中子辐照、高热流密度能量的沉积，且内部流道结构复杂。中国科学院核能安全技术研究所研究团队针对国际热核实验堆要求设计了双功能液态锂铅包层模块（DFLL-TBM），其第一壁结构如图 2.21（b）所示。

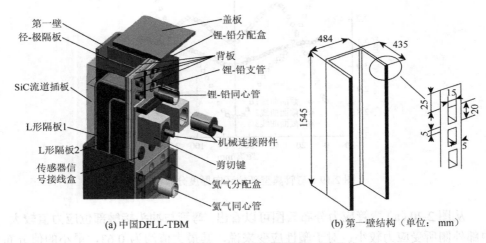

（a）中国DFLL-TBM　　　　　　　　　（b）第一壁结构（单位：mm）

图 2.21　中国 DFLL-TBM 及其第一壁结构

包层第一壁制造的三种候选工艺方案，有两种方案涉及矩形截面 U 形管的弯曲成形（图 2.22）。但是 U 形管在整体弯曲成形过程中易出现截面大畸变以及脱模困难等实际难题，2012 年中国科学院 FDS 团队与南京航空航天大学塑性成形团队联合开展了矩形截面 L 形管的冷推弯成形研究工作[19, 20]。基于获得的 L 形弯管，进而拼焊为 U 形管。

矩形截面 L 形弯管形状及几何尺寸如图 2.23 所示，其中，截面矩形的长为 24.4mm，宽为 19.4mm，弯管壁厚为 2.2mm，内侧倒角半径为 2.2mm，上端直段长度为 30.5mm，右端直段长度为 127.5mm。

图 2.22　第一壁 U 形管阵列[21]

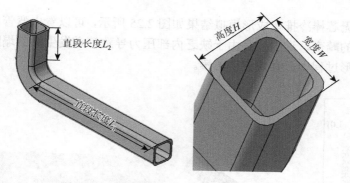

图 2.23　矩形截面 L 形弯管形状及几何尺寸

矩形管截面尺寸为 24.4mm×19.4mm×2.2mm，弯曲角为 90°，弯曲模半径为 35mm，其他模拟参数如表 2.2 所示。在图 2.24 中，弯管的中心线长度计算为 200mm。考虑到机床余量，管坯的实际长度增加到 250mm。在管材冷推弯成形过程中，如果使用芯棒，则芯棒在内壁上施加力，可以消除诸如起皱和裂纹之类的缺陷。考虑到实际的成形工况，最好用柔性芯棒填充管坯。图 2.24（a）为冷推弯成形的弯曲模尺寸。在图 2.24（b）中，1 指弯曲模，2 为成形后的管坯，3 指冲头。在冷推弯成形试验之前，首先将下模放置在工作台上，然后用卧式液压缸推动矩形冲头并对应调整下模位置，以保证弯曲过程中推力的平衡，直至下模位置调整好，并在工作台上将其完全固定。

表 2.2　矩形管模拟参数

序号	弯曲速度/(rad/s)	摩擦系数	芯棒与管材之间间隙/mm	芯棒
1	0.9	0.03	0.1	无
2	0.9	0.03	0.1	聚氨酯橡胶
3	0.9	0.03	0.1	低熔点合金

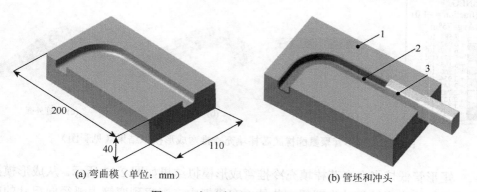

(a) 弯曲模（单位：mm）　　　　　　　　　(b) 管坯和冲头

图 2.24　矩形管冷推弯成形模具

矩形管无芯棒冷推弯成形模拟结果如图 2.25 所示，可以看出弯管内弧和外弧发生了严重的畸变，这主要是由于缺乏内部压力导致管道发生局部塌陷。因此，在冷推弯成形过程中，必须应用芯棒。

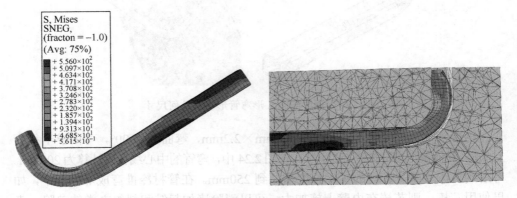

图 2.25　矩形管无芯棒冷推弯成形模拟结果

矩形管聚氨酯橡胶芯棒填充冷推弯成形模拟结果如图 2.26 所示，管材弯曲过程中，变形主要集中在弯管的外侧和内侧。从图 2.26 中可以看出，零件已基本成形完毕，整个弯管均产生明显应力，其中有一个应力较大的区域，集中在弯管的内弧处，如图 2.26（b）所示。弯管内弧处是整个变形过程中变形程度最大的地方，克服的变形阻力也最大。因此，在此处出现应力集中，由弯管部分向四周呈辐射状逐渐减小。另外，从图 2.26（c）中可以看出，弯曲段外侧出现了明显的凹陷，主要是冷推弯成形过程中，内压不足及周向补料困难引起的明显截面畸变。

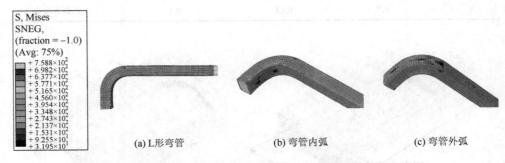

(a) L形弯管　　　　　　　(b) 弯管内弧　　　　　　　(c) 弯管外弧

图 2.26　矩形管聚氨酯橡胶芯棒填充冷推弯成形模拟结果（见彩图）

矩形管低熔点合金芯棒填充冷推弯成形模拟结果如图 2.27 所示。从成形模拟结果可知，成形结果较为理想。此外，在模拟中未观察到弯管内弧径向尺寸的明显波动。从图 2.27 中可以看出，弯管弯曲的部分并未出现内凹等缺陷，弯管部分基本与模具内腔是贴合的。

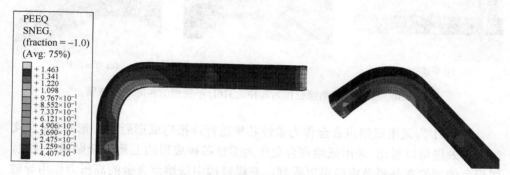

图 2.27 矩形管低熔点合金芯棒填充冷推弯成形模拟结果

在实际成形中，考虑到聚氨酯橡胶具有良好的弹性，如果聚氨酯橡胶不受轴向力，可能会造成内腔压力不够，因此最后对管坯的尾部进行了焊接封口，并且加长了聚氨酯橡胶芯棒的长度，在管坯头部露出了 30mm 左右的芯棒，冲头直接挤压芯棒带动管料成形。但是实际成形的效果并不理想，如图 2.28 所示，推进过程中零件已经出现了内凹现象，在合模继续推进的过程中，焊接位置出现了分离，如图 2.29 所示。在冷推弯成形过程中，用聚氨酯橡胶作为填充物对弯管内壁承受的压力在径向和轴向分布不均匀，造成实际成形效果不好。

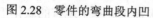

图 2.28 零件的弯曲段内凹　　　　图 2.29 聚氨酯橡胶填充的冷推弯成形

图 2.30 为采用聚氨酯橡胶作为芯棒，316L 不锈钢的实际成形结果。从图 2.30 中可以看出，该弯管成形效果不理想。成形后的弯管在弯曲段内弧段出现较大的内凹变形；外弧也有轻微的内凹产生，另外，聚氨酯橡胶芯棒不易从弯管处取出。该方法成形效果及最后的脱芯都受到了限制。

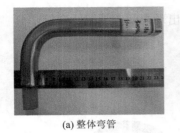  

(a) 整体弯管　　　　　　　(b) 弯曲段内侧　　　　　　(c) 弯曲段外侧

图 2.30　采用聚氨酯橡胶作为芯棒，316L 不锈钢的实际成形结果

图 2.31 为采用低熔点合金作为柔性芯棒进行冷推弯成形后的 L 形弯管。从实际成形效果可以看出，采用低熔点合金作为柔性芯棒成形的 L 形弯管贴模性优良，成形后的弯管在外弧及内弧可以看到，充模过程中低熔点合金的高压力作用导致的分模线压痕，说明在冷推弯过程中，材料贴模效果较好。图 2.31（b）为沿轴向对剖的弯管，图 2.31（c）为弯管的弯曲段内侧。从图 2.31 中可以看出，弯管的外形尺寸与规定尺寸相比，完全达到设计要求。采用低熔点合金芯棒对矩形管进行冷推弯成形，产生的内压较高，尤其是弯曲段的高内压有效防止了矩形截面的畸变。从图 2.31（c）可以看出，成形后的弯管内表面质量高，无明显划痕或者压痕。分析认为，采用低熔点合金不会导致局部大应力，从而降低内表面质量。

 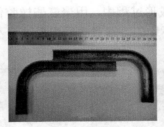 

(a) 弯管　　　　　　　　(b) 弯管剖件　　　　　　(c) 弯曲段内侧

图 2.31　采用低熔点合金作为柔性芯棒进行冷推弯成形后的 L 形弯管

2.4.2　双金属复合管冷推弯成形

核聚变工程对于金属-氧化铝陶瓷结构具有重大需求。基于现有的氧化铝涂层制备技术的缺陷，南京航空航天大学塑性成形研究团队提出了采用爆炸复合工艺制备，具有高质量冶金结合的双金属复合管坯料，对带有铝覆层的双金属复合管坯进行室温塑性成形，从而制备出具有复杂曲面的、带有纯铝覆层的双金属复合弯管；然后对纯铝层进行陶瓷化处理，从而在弯管的内表面制备出原位生成的氧化铝涂层，可以满足电绝缘、耐磨损、耐腐蚀的具体需求；最终为氧化铝陶瓷涂层的实际应用提

供了有效的解决方法[22, 23]。其中，双金属弯曲管件的冷推弯成形是关键环节之一。

图 2.32 为铝-316L 不锈钢双金属复合弯管几何尺寸。双层管坯利用 CAD 软件进行几何建模后，导入有限元软件进行六面体划分，然后再进行材料属性、边界条件等的设置。图 2.33 为其冷推弯成形有限元模型。内、外层管坯作为变形体，相互的接触方式为柔性体-柔性体，外层变形体与成形模具之间、双层变形体与冲头之间采用 Touching 接触方式，在有限元模型中通过面转换形成有效接触对。

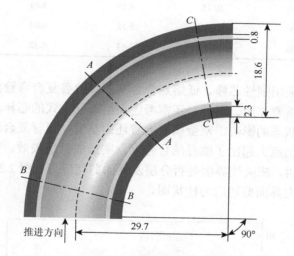

图 2.32　铝-316L 不锈钢双金属复合弯管几何尺寸（单位：mm）

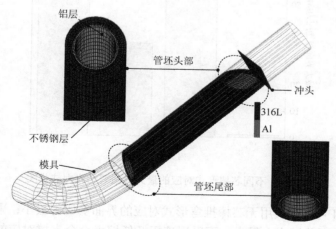

图 2.33　铝-316L 不锈钢双金属复合弯管冷推弯成形有限元模型

在有限元模型中，采用了不同的内支撑形式。1#为无芯形式；2#为刚性芯棒支撑；3#为低熔点合金支撑；4#为液压支撑。表 2.3 为不同芯棒形式下的典型截面椭圆度。从表 2.3 中可知，采用刚性芯棒支撑的三处典型截面椭圆度最小，分别为 4.39%、5.35% 及 3.44%；采用低熔点合金支撑的三处典型截面椭圆度次之，分别为 5.89%、6.84% 及 4.32%。

表 2.3　不同芯棒形式下的典型截面椭圆度

不同芯棒形式	1#	2#	3#	4#
A-A 截面椭圆度/%	10.25	4.39	5.89	6.08
B-B 截面椭圆度/%	15.74	5.35	6.84	7.66
C-C 截面椭圆度/%	9.97	3.44	4.32	5.92

如前所述，采用刚性芯棒、低熔点合金支撑对改善复合弯管的壁厚均匀性和截面椭圆度具有重要作用。另外，还需考虑采用不同形式的芯棒对界面最大剪切应力和界面结合状态的影响。双金属复合管坯由基管、覆管复合而成，在推弯过程中，若界面剪切应力超出了临界结合强度，则造成分层失效。因此，对于双金属零件的塑性来讲，应关注界面是否分层及界面剪切应力。图 2.34 为采用不同芯棒形式对应的最大界面剪切应力柱状图。

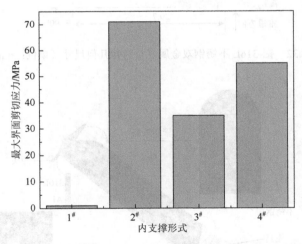

图 2.34　不同芯棒形式对应的最大界面剪切应力柱状图

从图 2.34 可知，采用无芯棒推弯形式对应的界面剪应力最小；采用刚性芯棒支撑对应的界面剪切应力最大，而采用液压及低熔点合金支撑对应的界面剪切应力次之。采用无芯棒推弯时，与模具型腔直接接触的是双金属复合管的不锈钢层基管，采用爆炸复合，铝层与基管间属冶金结合，结合强度高，因此在弯曲成形过程中，铝层随着不锈钢层共同变形，不锈钢层带动铝层相继产生变形，其中在铝钢结合界面上产生等应变变形。此外，由于铝层的塑性优于不锈钢层，所以整体变形较为顺利。在推弯成形中，不锈钢层与模具型腔产生一定程度的摩擦，对于厚度方向上的流动速度，呈现出一定的差异，尤其在结合界面上产生一定的界面剪切。但由于是无芯棒推弯，双金属管的基管与型腔间接触面积较小，所以摩擦力相对较小，对应的剪切力较小，且主要位置发生在与冲头接触的复合管坯头部，如图 2.35 所示。当采用刚性芯棒时，复合管坯弯曲段内侧材料将逐渐充满刚性芯棒与外模型腔间的间隙，如前所述，由于摩擦力较大，复合管坯的外弧也将逐渐填充间隙。在推弯过程中，冲头与不锈钢层管坯尖端接触，则冲头作用力主要作用于外层基管。而外模型腔与刚性芯棒间的间隙被双金属管填充，其中内侧铝层与芯棒接触并且由于铝层较软，与芯棒间的摩擦系数较大，且方向与冲头推进的方向相反，造成较大的界面剪切。

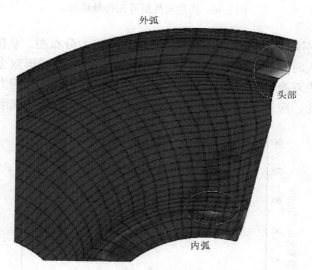

图 2.35　无芯棒推弯的最大界面剪切应力位置

从图 2.36（a）所示的界面接触状态看，在使用刚性芯棒时，内层与外层在诸多局部区域出现了分层。从图 2.36（b）所示的界面接触状态来看，采用低熔点合金形式的柔性芯棒推弯成形后，外层基管与内层铝覆管之间没有出现分层。用低熔点合金作为柔性芯棒时，界面剪切应力相对较小。与刚性芯棒相比，低熔点合金作为随动芯棒与双金属管坯同步运动，芯棒与管坯之间无相对滑动，因此剪切应力值较小。另外，由于低熔点合金的力学性能不同于铝层及不锈钢层，在弯曲成形过程中，复合弯管的尾部存在部分挤出，所以不同材料的变形速率不同也导致了材料在界面上的剪切应力不同。铝-316L 不锈钢复合弯管若采用液压形式的芯棒，液压将垂直于单元面法线方向均匀作用于内层铝上，并将压力经过不锈钢基管传递到外模型腔上。在内压力作用下，外模与不锈钢基层将形成强烈的剪切摩擦，因此铝-316L 双金属复合管坯在整体推弯过程中，界面剪切应力较大。但由于最大界面剪切应力小于临界剪切强度，所以界面没有出现分层现象，如图 2.36（c）所示，表明铝层与钢层界面结合良好。

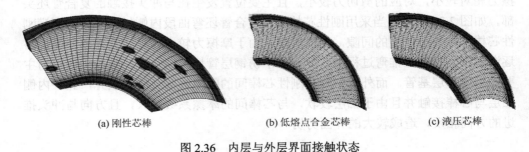

(a) 刚性芯棒　　　　　　　　(b) 低熔点合金芯棒　　　　　　　(c) 液压芯棒

图 2.36　内层与外层界面接触状态

图 2.37 为不同摩擦系数对应的最大界面剪切应力分布图。从图 2.37 中可知，当摩擦系数增大时，最大界面剪切应力不断增大，因此从成形双金属复合弯管方面来看，需考虑双金属复合管坯在推弯成形过程中的界面剪切应力不应超过临界剪切强度。因此，应选择相对较小的摩擦系数进行复合弯管的成形。

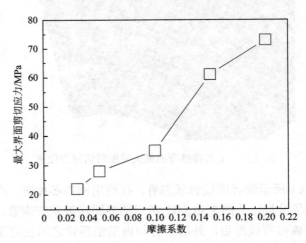

图 2.37　不同摩擦系数对应的最大界面剪切应力曲线图

在双金属管坯表面喷涂润滑剂后装入冷推弯模具，开动水平缸逐渐与冲头接触，在冲头的作用下双金属管坯沿轴向被逐渐推入模具，冲头运动一定距离后停止向前推进。图 2.38 为采用低熔点合金作为柔性芯棒的铝-纯铁、铝-316L 不锈钢双金属复合弯管冷推弯成形后的实物照片。从图 2.38 中可知，复合弯管在冷推弯成形后截面椭圆度均较小，小于 5.7%；推弯成形后在界面上无分层，说明推弯成形后结合良好，成形质量较高。

图 2.38　采用低熔点合金作为柔性芯棒的铝-纯铁、铝-316L 不锈钢双金属复合弯管
冷推弯成形后的实物照片

2.4.3　超薄壁小弯曲半径弯管冷推弯成形

为实现轻量化、增大空间利用率，航天器使用的管路直径一般大于 50mm，相对壁厚一般小于 0.02，弯管接头相对弯曲半径一般小于 2。如此尺寸规格的管材在弯曲变形过程中发生断裂、起皱、回弹和横截面椭圆形畸变的倾向性更大，需要克服的工艺问题难度更大。同等壁厚条件下，相对壁厚 t/D 越小，管材外直径越大，同样的弯曲半径 R 下管材弯曲变形量越大。因此，相对壁厚 $t/D < 0.01$ 的超薄壁管材与一般薄壁管材（相对壁厚 $t/D < 0.1$），断裂、起皱、回弹、横截面椭圆形畸变等弯曲成形缺陷很难克服。为了避免管材断裂，首先，如绕弯、拉弯等加大弯曲外侧壁拉伸变形的成形工艺不可取；其次，为了避免弯曲内侧壁失稳起皱，需要尽量避免管材轴向受压；再次，弯曲回弹需要可预测以准确补偿；最后，超薄壁管材弯曲成形时，横截面的椭圆形畸变较严重，必须在型腔内部施加填料予以支撑。针对上述问题，采用颗粒物质填充冷推弯成形实现大口径、超薄壁、小弯曲半径管材弯曲成形，工艺如图 2.39 所示。

将原始管材置于模具直线段型腔中，管材内部填充颗粒介质，颗粒介质与管材之间由高分子材料制成的软管隔开，以防止颗粒介质在管材内表面形成压痕。颗粒介质下端由大滚珠密封，以防止管材内部填充的珠体泄漏，大滚珠另一端由液压系统提供阻塞压力。弯曲变形过程中，凸模下行，推动颗粒填料和管材进入模具弯曲型腔，从而实现薄壁管材的弯曲变形，图 2.39（b）给出了成形后工艺示意图。颗粒介质辅助薄壁管材推弯工艺中，薄壁管件的成形需要采用有限单元法（FEM）模拟分析，而颗粒介质的变形需要采用离散单元法数值计算。本章采用有限单元法和离散单元法的耦合模型分析预测推弯工艺中成形力的变化、成形件的壁厚分布以及起皱缺陷等。DEM-FEM 耦合过程如图 2.40 所示。

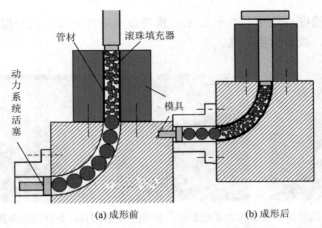

图 2.39　颗粒物质填充大口径、超薄壁、小弯曲半径管材弯曲成形工艺示意图

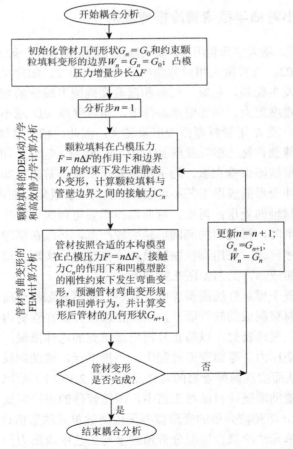

图 2.40　颗粒物质填充大口径、超薄壁、不锈钢管冷推弯成形 DEM-FEM 耦合过程流程图

利用 DEM-FEM 耦合模型预测了 1Cr18Ni9Ti 薄壁弯管成形件的起皱缺陷,如图 2.41 所示。图 2.41 中显示了 0.98mm、1.58mm 和 2.08mm 三种不同直径的颗粒物质填料对薄壁管件起皱缺陷的影响。

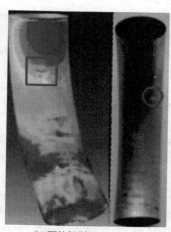
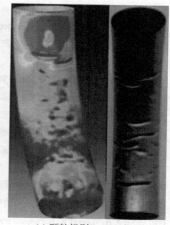

(a) 颗粒级别 d = 0.98mm　　　　　　(b) 颗粒级别 d = 1.58mm　　　　　　(c) 颗粒级别 d = 2.08mm

图 2.41　基于 DEM-FEM 耦合模型的预测结果与试验对比（见彩图）

图 2.42 给出了颗粒物质填充不锈钢薄壁管材冷推弯工艺的试验件。试验件基本克服了薄壁管弯曲变形时面临的成形缺陷:内侧壁失稳起皱,外侧壁减薄破裂等,还克服了横截面椭圆形畸变。颗粒物质填充不锈钢薄壁管材冷推弯工艺实现了薄壁弯管接头的整体成形,完善了目前薄壁弯管接头的成形工艺,在金属塑性加工领域具有很好的应用前景。

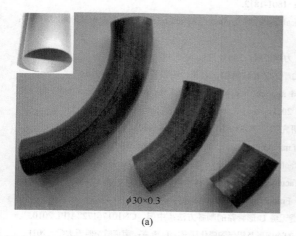
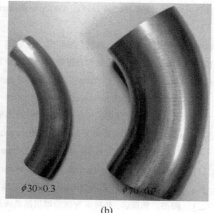

$\phi 30 \times 0.3$　　　　　　　　$\phi 30 \times 0.3$　　　$\phi 70 \times 0.7$

(a)　　　　　　　　　　　　　　　　(b)

图 2.42　颗粒物质填充不锈钢薄壁管材冷推弯工艺试验件（单位:mm）

参 考 文 献

[1]   Zeng Y S，Li Z Q. Experimental research on the tube push-bending process [J]. Journal of Materials Processing Technology，2002，122（2-3）：237-240.

[2]   Xiao X T，Liao Y J，Sun Y S，et al. Study on varying curvature push-bending technique of rectangular section tube[J]. Journal of Materials Processing technology，2007，187-188：476-479.

[3]   郭训忠，陶杰，刘红兵，等. 聚变堆用 CLAM 钢管件冷推弯成形数值模拟及试验研究[J]. 核科学与工程，2010，30（2）：115-121.

[4]   Baudin S，Ray P，MacDonald B J，et al. Development of a novel method of tube bending using finite element simulation [J]. Journal of Materials Processing Technology，2004，153-154：128-133.

[5]   罗时荣. 薄壁管变曲率推弯工艺的研究[D]. 广州：广东工业大学，2009.

[6]   刘劲松，张兴华，刘海，等. 薄壁钢管内胀推弯成形数值模拟及试验研究[J]. 锻压技术，2012，37（2）：63-67.

[7]   郝静，张旭，吉卫喜，等. 芯棒对薄壁 TA2 钛管冷推弯曲成形影响的研究[J]. 锻压技术，2015，40（11）：40-47.

[8]   曹俊. 数值模拟技术在管材推弯成形中的应用[D]. 合肥：合肥工业大学，2009.

[9]   曾元松，李志强. 铝合金小弯曲半径管内压推弯成形过程的数值模拟[J]. 塑性工程学报，2003，10（2）：14-17.

[10]   Xu X B，Luo H R. Numerical simulation analysis of the cold bending forming technology based on DEFORM [J]. Advanced Materials Research，2012，490-495：3353-3357.

[11]   张旭. 钛管冷推弯曲成形数值模拟及工艺参数优化研究[D]. 无锡：江南大学，2015.

[12]   郭训忠，陶杰，唐巧生，等. TA1-Al 双金属复合管冷推弯模拟及试验[J]. 中国有色金属学报，2012，22（4）：1053-1062.

[13]   Oh I Y，Han S W，Woo Y Y，et al. Tubular blank design to fabricate an elbow tube by a push-bending process [J]. Journal of Materials Processing Technology，2018，260：112-122.

[14]   Kami A，Dariani B M. Prediction of wrinkling in thin-walled tube push-bending process using artificial neural network and finite element method[J]. Proceedings of the Institution of Mechanical Engineers，Part B：Journal of Engineering Manufacture，2011，225（10）：1801-1812.

[15]   Cundall P A，Strack O D L. A discrete numerical model for granular assemblies[J]. Geotechnique，2008，29（30）：331-336.

[16]   刘凯欣，高凌天. 离散元法研究的评述[J]. 力学进展，2003，33（4）：483-490.

[17]   刘海. 密集颗粒系统微观接触力计算的静力学方法及应用[D]. 北京：中国科学院大学，2016.

[18]   Guo X Z，Tao J，Yuan Z. Effects of rigid mandrel and lubrication on the process of elbow parts by cold push-bending [J]. Advanced Science Letters，2011，4：1-5.

[19]   黄波. 聚变堆包层用低活化钢管类件成形研究[D]. 北京：中国科学院大学，2012.

[20]   Guo Q，Ma F Y，Guo X Z，et al. Influence of mandrel on the forming quality of bending L-shaped hollow parts[J]. The International Journal of Advanced Manufacturing Technology，2018，95（9-12）：4513-4522.

[21]   Th. Salmon，F. Le Vagueres. Blanket manufacturing techniques-first wall hiping with open channels [R]. Annual Report of the Association EURATOM-CEA，France：Fusion Technology，2005.

[22]   陶杰，郭训忠. 热核聚变试验用防氚渗透无缝 U 形管路的制备方法：中国，CN101761722A[P]. 2010.

[23]   郭训忠. 铝/铁基及铝/纯钛基双金属复合管件的冷成形及铝层陶瓷化研究[D]. 南京：南京航空航天大学，2011.

第3章 薄壁管数控绕弯成形技术

数控弯管技术是将弯管工艺、伺服驱动和数控技术相结合而发展起来的一种先进制造技术。数控绕弯是目前金属管材弯曲的主流技术之一，既可以实现常规"直段+弯段"的弯曲构件成形，又可实现三维连续变曲率弯曲构件的成形，广泛用于航空航天器、核能工程、石油化工、汽车等管路系统的制造中。该技术主要根据矢量理论对金属管材的弯曲过程进行数字化控制，进而实现空心构件的精确成形。相对于传统弯曲技术，数控绕弯可以有效提高多种金属管材甚至是难变形材料管材的成形精度、成形质量和成形效率，降低复杂弯曲构件的研制成本[1-4]。本章主要介绍数控绕弯的成形工艺原理、常见成形缺陷、关键工艺参数与典型工程应用。

3.1 数控绕弯成形工艺及设备原理

管材数控绕弯成形原理如图 3.1 所示。弯曲模被固定在机床的主轴上，机床的主轴带动弯曲模一起转动，管坯在起弯位置时首先被夹紧块紧紧地束缚在弯曲模上，夹紧块一直处于管坯起弯位置的前端，将其紧固在镶块上，并牵引管坯随着弯曲模转动，从而达到贴模运动的目的。在管坯内侧和弯曲模的切点附近装有防皱块，在一定程度上起到减轻管坯起皱的作用。

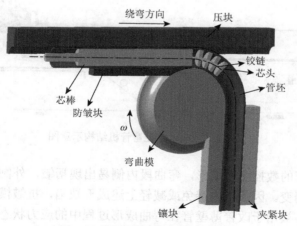

图 3.1 管材数控绕弯成形原理图

数控绕弯分为无芯模绕弯和有芯模绕弯。无芯模绕弯适用范围窄，管材的成形质量较差；有芯模绕弯在无芯模绕弯基础上，增加内部芯棒支撑和压块联动等手段，使管件的成形质量和成形效率都有较大程度的提高[5, 6]。另外，通过对芯头结构的设计优化，还可以进一步提高薄壁管材的成形极限[7]。

与常规弯曲技术相比，数控绕弯在工艺参数、机床参数、模具参数、管件几何参数等方面的综合协调控制难度明显增大，成形过程中易出现起皱、拉裂、截面畸变等缺陷。因此，对于薄壁管材的弯曲，需要在数控弯管机上设计抗皱模组装置、辅推装置、正推装置等辅助机构和基于数据库技术的模具库、机床参数库、加工参数库、补偿数据库等来保证其绕弯成形质量。

目前，先进数控绕弯设备多采用全电动多轴结构。由于所有运动机构均采用伺服电机驱动控制，所以具备动态响应时间短、重复定位精度高、连续稳定工作可靠性好等显著的技术优势。图 3.2 为全电动数控弯管机结构示意图，所有运动机构均由伺服电机驱动控制，总共有 11 个伺服轴，分别为 Y 轴（送料，驱动送料小车沿轴向做前后往返直线运动）、B 轴（旋转，驱动送料小车沿周向做旋转运动）、C 轴（弯曲，驱动弯曲机构沿主轴做旋转运动）、X 轴（横移换模，调整轮模与管件水平方向上的距离）、Z_1 轴（上下换模，调整管件竖直方向上的位置）、Z_2 轴（抽芯换模，驱动抽芯装置在竖直方向上的位置）、Z_3 轴（托料，撑托管件，避免头部下垂，保证管件与成形模对中）、U_1 轴（辅推，辅助推动管件与轮模弯曲同步）、U_2 轴（抽芯，弯管结束时自动抽出芯棒）、V_1 轴（主夹，驱动夹模夹紧和松开管件）、V_2 轴（辅夹，驱动导模压紧和松开管件）。全电动数控弯管机的模层可根据实际需求来设计单层结构或多层结构，图 3.3（a）、（b）、（c）分别为单层模、两层模和三层模结构。

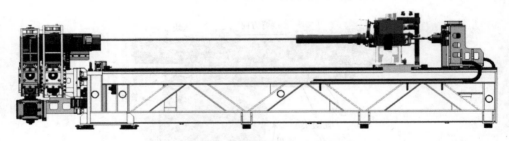

图 3.2　全电动数控弯管机结构示意图

对于薄壁管的数控绕弯成形，弯曲段内侧易出现褶皱，外侧易出现断裂，弯头易出现截面畸变。因此，为避免或减轻上述成形缺陷，抗皱模组机构、辅推机构、正推机构等被用于改善薄壁管在弯曲成形过程中的应力状态，以实现薄壁管的抗皱保形以及微减薄精确成形。

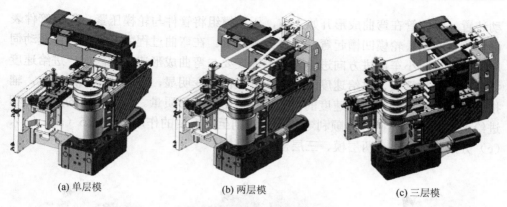

(a) 单层模　　　　　　(b) 两层模　　　　　　　(c) 三层模

图 3.3　全电动数控弯管机模层结构（见彩图）

1）抗皱模组机构

抗皱模组机构是专门针对薄壁管弯曲起皱而设计的抗皱机构，特别是对于防止超薄壁管弯曲区域的失稳起皱起到不可替代的作用，其直接关系到弯管的成形质量。全电动多层模数控弯管设备的抗皱模组机构是按照三层模结构设计的模组，分别采用机械限位滑槽和丝杆摇把进行前后左右移动以调整抗皱板与轮模的位置，抗皱立柱支持调整抗皱模组与管件的轴向夹角。抗皱板作为易损件，与管件和轮模保持相对滑动摩擦运动，在弯曲成形过程中应力主要集中于抗皱板舌形端部受挤压位置，该处往往磨损最快。金属管在弯曲成形过程中材料本身会产生塑性流动，导致抗皱板受力呈条纹状。因此，为了保证弯管成形质量，在达到一定弯管数量后需要更换新的抗皱板。图 3.4（a）、（b）、（c）分别是薄壁管数控绕弯设备采用的单层模、两层模、三层模抗皱模组机构。

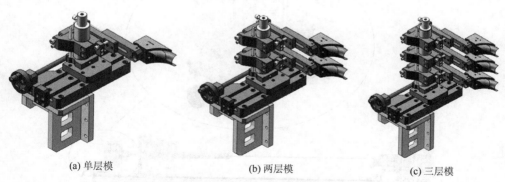

(a) 单层模　　　　　　　(b) 两层模　　　　　　　(c) 三层模

图 3.4　薄壁管数控绕弯设备采用的抗皱模组机构

2）辅推机构

辅推机构本质上是在压力模组基础上增加与薄壁管弯曲速度相匹配的进给驱

动装置。薄壁管在弯曲成形开始之前，压力模组将管件与轮模压紧，保证管件表面与压模凹槽、轮模凹槽起弯点位置紧密贴合。在弯曲过程中，辅推装置驱动伺服电机沿送料小车前进方向进给。进给速度要与弯曲成形速度相匹配，进给速度太快容易产生褶皱，进给速度太慢则弯管截面畸变明显，同时壁厚减薄严重，辅推机构的进给速度与弯曲速度的不匹配均会影响成形质量。辅推机构的压紧力和进给速度对实现薄壁管的顺利弯曲成形起到至关重要的作用。图 3.5（a）、（b）、（c）分别是单层模、两层模、三层模辅推机构。

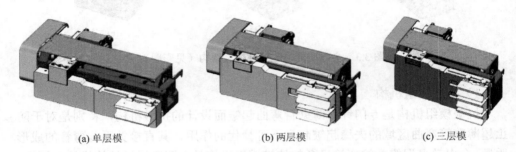

(a) 单层模　　　　　　　　(b) 两层模　　　　　　　　(c) 三层模

图 3.5　薄壁管数控绕弯设备的辅推机构

3）正推机构

正推机构又称正强推机构，如图 3.6 所示。该机构的功能主要是通过沿轴向施加一定载荷，使管坯中性层外移并改变管坯弯曲变形区域的应力状态达到预期

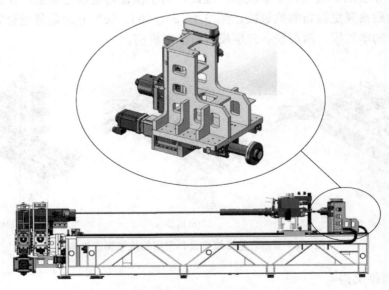

图 3.6　薄壁管数控绕弯设备的正推机构示意图

的成形效果[8, 9]。薄壁管在弯曲时容易产生不均匀形变：在弯曲成形时，弯曲段外侧受拉发生减薄或拉裂，弯曲段内侧受压发生增厚或起皱。正强推机构通过对管坯施加一定的轴向载荷，将弯曲段外侧受拉的应力状态转化为压应力状态或抵消一部分拉应力，可达到改善壁厚减薄的效果。通过与其他抗皱措施的综合使用，缓解由应力集中引发的不均匀变形与失稳，解决弯曲段内侧起皱的问题。

目前，国内外典型数控绕弯成形设备如图 3.7 所示。一般来说，该设备的核心部分为数控系统，主要为基于数据库技术的多功能集成系统，内嵌有模具库、机床参数库、加工参数库、补偿数据库等先进模块，根据管材规格和弯曲半径，可自动匹配模具参数以及进行回弹和延伸补偿。

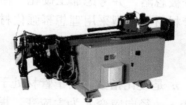

(a) TRANSFLUID数控弯管机　　　(b) EATON-LEONARD数控弯管机　　　(c) KING-MAZON数控弯管机

图 3.7　国内外典型数控绕弯成形设备

3.2　金属管材数控绕弯的应力应变

金属管材在数控绕弯过程中横截面受到剪力作用，受力状态与金属材料纯弯曲不同，其弯曲变形过程比较复杂，弯曲时受多种因素耦合影响，绕弯过程中管材的应力应变状态及变形几何关系如图 3.8 所示。

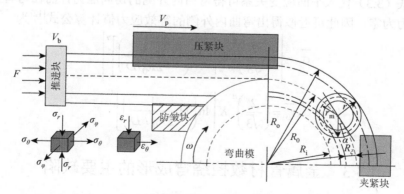

图 3.8　数控绕弯过程中管材的应力应变状态及变形几何关系[10]

　　如前所述，金属管材绕弯成形初始时刻，管材轴向通过导模和防皱块，并且前端固定在夹模和弯曲模之间。弯曲过程中，管材以一定的速度轴向送进，夹模和弯曲模以相同角速度绕主轴转动并带动管材贴模弯曲成形。在管材数控绕弯过程中，管材轴向送进端与导模和防皱板之间产生滑动摩擦，使弯管弯曲外侧的切向拉应力增大。正推机构在弯曲过程中对管端施加了压缩载荷 F。轴向压缩载荷改变了管材弯曲过程中的应力应变场，减小了弯管弯曲外侧的拉应力，管材弯曲外侧的壁厚减薄得到抑制，但同时也增加了弯曲内侧增厚起皱的可能性。为简化模型，相关假设如下：①忽略管材和模具之间的摩擦；②在变形前垂直于管材中心轴的平面，变形后仍与轴垂直；③管材的壁厚与管的长度和半径比值小，因此忽略横向剪切变形；④假设管材数控弯曲处于平面应变状态，因此周向应变 $\varepsilon_\varphi=0$；⑤材料不可压缩，弹性应变被忽略，并考虑加工硬化。由于管材的变形量较大，线弹性的过程并不明显，管材材料模型采用理想幂强化材料模型，管材应力与应变关系如下：

$$\bar{\sigma} = K\bar{\varepsilon}_s^n \tag{3.1}$$

式中，K 是管材强化指数；n 是硬化指数。由于管材处于平面应变状态，周向应变 $\varepsilon_\varphi=0$，认为弯曲切向应变 ε_θ、径向应变 ε_r 为主应变，根据体积不可压缩条件有 $\varepsilon_\theta=-\varepsilon_r$，基于 Hencky 塑性变形理论[11]，周向主应力 σ_φ、切向主应力 σ_θ 和径向主应力 σ_r 之间具有以下关系：

$$\sigma_\varphi = \frac{\sigma_\theta + \sigma_r}{2} \tag{3.2}$$

　　将平面应变状态的应力应变关系代入理想幂强化材料模型的本构模型中可得

$$\sigma_\theta - \sigma_\rho = \pm\left(\frac{2}{\sqrt{3}}\right)^{1+n} K\left(\pm\ln\frac{\rho}{R_\xi}\right)^n \tag{3.3}$$

　　将式（3.3）代入平面应变关系可得弯曲内外侧的切向应力，而在弯管外表层径向应力为零，因此可近似得出弯曲内外侧的等效应力值计算公式[12]为

$$\overline{\sigma_i} = \left|-\left(\frac{2}{\sqrt{3}}\right)^n K\left[-\ln\left(1-\frac{1}{2R_0/D}\right)\right]^n\right| \tag{3.4}$$

$$\overline{\sigma_o} = \left(\frac{2}{\sqrt{3}}\right)^n K\left[\ln\left(1+\frac{1}{2R_0/D}\right)\right]^n \tag{3.5}$$

3.3　金属管材数控绕弯成形的主要缺陷

　　金属管材尤其是大径厚比、小弯曲半径薄壁管的绕弯成形过程受管材微观组

织、力学性能、设备参数、模具及工艺参数的影响显著，弯曲工艺涉及材料非线性、接触非线性、几何非线性等问题，使薄壁管在弯曲成形过程中易出现管壁减薄及拉裂、横截面扁化畸变、管壁增厚及起皱等缺陷（图 3.9），这些缺陷不同程度地影响弯管产品质量及其使用性能[3]。

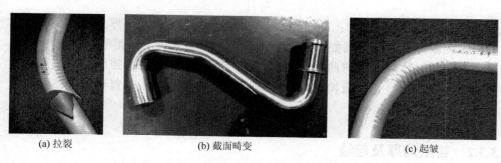

　　　(a) 拉裂　　　　　　　　　　(b) 截面畸变　　　　　　　　　(c) 起皱

图 3.9　薄壁管数控绕弯成形过程中的主要缺陷

3.3.1　管壁减薄及拉裂

　　金属管材在绕弯成形过程中，管壁沿弯曲外凸侧切线方向受拉应力作用而伸长。根据体积不变原理，需要由管壁壁厚减薄和横截面周向收缩来补偿。弯管弯曲段外侧，其切向拉伸最长，需要管壁壁厚方向材料的补偿量最大。因此，弯管最大壁厚减薄量产生在弯曲段外弧，如图 3.10 所示。当伸长量超过材料极限伸长率且不能给予相应补偿时，弯曲段外侧将产生拉裂现象。

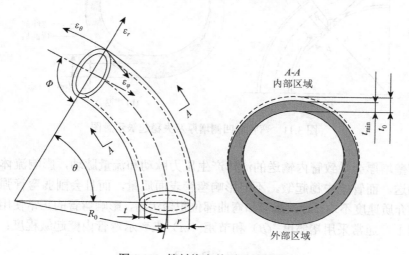

图 3.10　管材绕弯外弧受拉减薄

弯管壁厚减薄，直接影响弯管的服役性能，制约弯管的使用，而管壁减薄严重时将产生拉裂报废。弯管外侧减薄量（δ）通常用管材弯曲前后壁厚的变化量来表示，即

$$\delta = \frac{t_0 - t_{\min}}{t_0} \times 100\% \tag{3.6}$$

式中，t_0 为导管公称壁厚；$t_{\min}$ 为管材弯曲成形后外侧最小壁厚。各使用行业均有相应的减薄量指标，例如，航空液压系统导管要求管材减薄量控制在 15%以下。在确定材质规格、弯曲变形条件下，一般可通过优化数控绕弯的模具结构如采用辅推机构、正推机构等，提高薄壁弯管成形质量，改善弯管外凸侧过度减薄或拉裂。

3.3.2　管壁增厚及起皱

金属管材绕弯过程中，弯曲段内侧因受切向压应力作用沿弯曲方向收缩，过剩管壁材料难以沿横截面周向流动扩散，导致管壁壁厚增加。弯管最内侧曲率半径最小，切向收缩量最大，壁厚增厚最为严重，如图 3.11 所示。当管材弯曲压缩导致材料堆积过剩无法扩散，且超过管壁厚向均匀容纳能力时，管壁内凹侧发生失稳起皱。

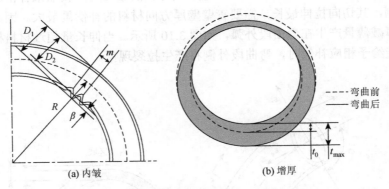

图 3.11　弯管内凹侧增厚及失稳起皱示意图

管壁增厚会导致管内输送的流体产生压力脉动和流量脉动，影响流体介质的稳定输送。而管壁失稳起皱，不但影响弯管表面质量，而且会削弱弯管强度，造成流动介质速度不均，导致涡流和弯曲部位积聚污垢，影响弯管的正常使用[13]。工程应用上，通常采用褶皱度（β）和节距（m）来表示弯管内壁起皱程度：

$$\beta = D_1 - D_2 \tag{3.7}$$

式中，D_1 为管材弯曲起皱波峰的直径；D_2 为管材弯曲起皱波谷的直径。

目前，减小弯管内凹侧管壁增厚起皱的有效措施是采用抗皱模组机构，选择合适尺寸的芯棒，调整管坯与防皱块的间隙和压模的压紧力，使防皱块对管坯起到有效支撑防皱作用。

3.3.3　横截面扁化畸变

弯管横截面扁化畸变是原始横截面形状失稳变形的结果。如图 3.12 所示，在外加弯矩作用下，弯曲段外侧材料受切向拉应力作用，合力指向弯曲中心，弯管内侧受切向压应力作用，合力方向背离弯曲中心。在该外加载荷作用下，弯曲段外侧管壁在管坯绕弯过程中变薄并沿弯曲平面向弯曲中心方向移动，横截面外轮廓扁化，严重时甚至凹陷塌瘪。而内侧在弯曲成形时管材始终受到轮模凹槽的约束，外形基本保持为圆弧状，内侧畸变主要由内侧管壁增厚引起。

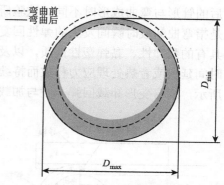

图 3.12　管材弯曲成形截面畸变示意图

弯管横截面扁化畸变，一方面引起横截面积减小，增大流动阻力；另一方面影响弯管的强度、刚度等机械性能，对弯管的外观质量也有一定影响[14]。由于管材弯曲成形横截面扁化畸变近似为椭圆，通常采用椭圆度（φ）表示管材弯曲成形横截面扁化畸变程度：

$$\varphi = \frac{D_{max} - D_{min}}{D_0} \times 100\% \qquad (3.8)$$

式中，D_0 为管材弯曲前的原始外径；D_{max} 为管材弯曲后横截面最大外径；D_{min} 为管材弯曲后横截面最小外径。各弯管使用行业均有相应的椭圆度指标限制弯管横截面扁化畸变，例如，航空标准中规定，对于用作高压用途的弯管横截面扁化畸变不超过 5%，对于用作低、中压用途的弯管横截面扁化畸变不超过 8%。薄壁管由于壁厚薄、刚性低，小弯曲半径绕弯成形易发生外表面扁化塌陷，生产中常用球窝式或链接式柔性芯棒，根据弯曲角度、弯曲半径，适当增减芯球个数，对弯管内外表面起有效支撑作用，可防止薄壁管绕弯成形横截面扁化畸变。

3.3.4　弯曲回弹

　　管材弯曲回弹是一种不可避免的金属弹塑性变形现象。西北工业大学杨合教授团队对金属管材数控绕弯后的回弹开展了系统深入的研究工作，相关研究结果对回弹调控具有重要的指导作用[15-17]。管件弯曲成形过程中，弯曲管坯受到外力或弯矩的作用发生变形，应变中性层（切向长度与原始管坯长度相等）外、内侧在弯曲切线方向发生不同的拉、压变形。弯曲变形结束时，外凸侧切向拉长的管壁产生缩短的弹性回复，内侧切向压缩的管壁则产生伸长的弹性回复，导致卸载后的管形与弯曲成形时不同。试验研究发现，弯管卸载回弹包含两部分：一部分是指弯曲卸载时瞬间发生的弹性回复，称为瞬时回弹；另一部分是因材料自身所具有的黏弹性、黏弹塑性性质，以及由残余应力和残余应变构成的部分变形将随时间延长或者热处理应力释放而持续发生的弹性回复，称为滞后回弹[18]。如图 3.13所示，绕弯变形卸载回弹一般与加载变形相反，主要表现在弯曲成形中心角 α 减

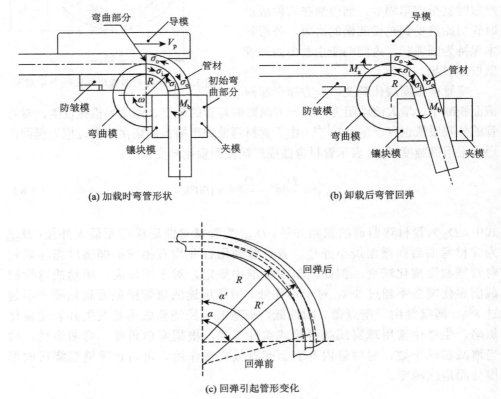

(a) 加载时弯管形状　　　　　　　　　　　　(b) 卸载后弯管回弹

(c) 回弹引起管形变化

图 3.13　管材绕弯成形示意图

小和弯曲半径 R 增大。弯管的回弹量通常用弯管的曲率变化量（ΔK）和角度变化量（$\Delta \alpha$）来表示，即

$$\Delta K = 1/R - 1/R', \quad \Delta \alpha = \alpha - \alpha'$$

式中，R 为卸载前弯管中性层弯曲半径；R' 为卸载后弯管中性层弯曲半径；α 为卸载前弯管的弯曲角；α' 为卸载后弯管的弯曲角。

薄壁管绕弯回弹会降低管件的几何形状精度，影响与其他部件的连接、密封性能及产品内部结构的紧凑性，存在应力装配等问题，为后续弯管的服役埋下安全隐患。过大回弹量需要进行矫形甚至报废，造成材料、工时和制造成本的浪费。目前，国内外学者采用理论解析、试验研究和有限元数值模拟对管材弯曲回弹进行了大量的研究。针对管材的弯曲回弹规律提出了一系列的回弹控制方法，主要为过弯法和模具补偿法。

3.3.5　表面缺陷

薄壁管绕弯成形在镶块、夹紧块、弯曲模、压紧块、防皱块以及芯棒等多重模具的约束下弯曲成形。弯曲过程中，压紧块、夹紧块、镶块、弯曲模与管材之间相对静止形成静摩擦，防皱块、芯棒与管材之间相对运动形成滑动摩擦。模具表面粗糙度以及模具与管材之间的相对位置直接影响管材表面质量。当绕弯成形时，应使弯模镶块与夹紧块、压紧块与防皱块保持同心状态，如果镶块与夹紧块之间发生错位，会使夹持端管坯产生表面压痕；而压紧块与防皱块位置错动时，会使整个弯曲管端产生表面划痕。当采用有芯模弯管时，如果硬度较高的芯棒表面不圆滑或润滑剂涂覆不均，弯曲时与管坯内壁摩擦过大会使弯管内表面产生划痕。这种弯管内壁划痕将直接影响弯管的使用寿命，因此需要对芯棒进行整形，表面进行精细打磨。

3.4　金属管材数控绕弯成形关键工艺参数

3.4.1　模具对管坯的作用力

金属管坯与模具之间的摩擦力会改变管坯绕弯成形时的应力大小及变化规律，从而影响产品的最终成形质量[19]。导模与管坯以相同的速度同向运动，导模与管坯之间的摩擦力会提供给管坯一个向前的轴向推力。导模与管坯之间的摩擦对于弯管的壁厚变化及横截面扁化畸变有重要影响。防皱模、芯棒与管坯之间，在绕弯成形过程中存在相对滑动，摩擦类型为动摩擦。防皱模、芯棒与管坯之间的摩擦越大，管坯成形过程中的金属流动越受影响，不利于管坯的弯曲成形，且

零件的表面质量差；摩擦力太小则会出现相对滑动现象。导模能够压紧管坯，防止管坯在弯曲过程中翘起；通过压力的传递，使芯棒和弯曲模、防皱模一起将管坯压紧，防止管坯在弯曲过程中直线段内侧起皱。当导模压力太大时，管坯与芯棒、弯曲模、防皱模之间摩擦力增大，阻碍金属流动，弯管的壁厚减薄严重甚至出现破裂；当导模压力太小时，管坯和模具之间会产生相对滑动现象，管坯在弯曲过程中容易产生褶皱。另外，助推装置有时需要对管坯施加轴向助推力，合适的助推力能够改善金属的流动，提高绕弯管坯的质量。助推力过小则对金属的流动提高作用不大，弯曲过程中弯管处补料不及时导致壁厚减薄严重甚至破裂；而轴向助推力过大、补料过多或局部堆积严重，则管坯容易出现起皱现象。

3.4.2　管坯与模具的间隙

管坯和模具间的间隙对金属管材的数控绕弯成形质量，如截面畸变率、壁厚分布、起皱破裂都具有较大的影响[20]。以弯曲模与管材间隙为例，分别取间隙$c=0\text{mm}$、$c=0.05\text{mm}$、$c=0.10\text{mm}$、$c=0.15\text{mm}$、$c=0.20\text{mm}$。对弯曲模拟结果（图 3.14）每隔 20° 进行划分，计算每个角度处的椭圆度，用椭圆度对弯管的截面畸变情况进行描述。从图 3.15 中可以看出弯管端部截面畸变不明显，主要的截面畸变集中在 40°～60°。当 $c=0.15\text{mm}$ 时，弯管的截面畸变率最小；当 $c=0\text{mm}$ 时，弯管的截面畸变率最大。随着弯曲模与管材间隙的增大，弯管的截面畸变率也逐渐增大。当弯曲模与管材间隙增大时，管材外凸侧的最大周向拉应力与最大切向拉应力的比值先减小后增大，管材的最大周向拉应力明显减小，周向压应变增加较大，管材的截面畸变程度增加。在弯曲过程中，因为弯曲模与管材之间存在间隙使变形金属约束减小，所以材料会沿长轴方向流动，以至于弯管横截面的长轴变化率增加[21]。

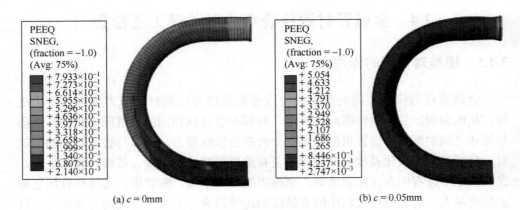

(a) $c=0\text{mm}$　　　　　　　　　　　　　　(b) $c=0.05\text{mm}$

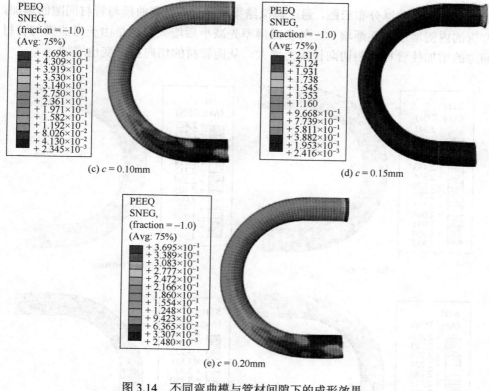

(c) $c = 0.10$mm

(d) $c = 0.15$mm

(e) $c = 0.20$mm

图 3.14　不同弯曲模与管材间隙下的成形效果

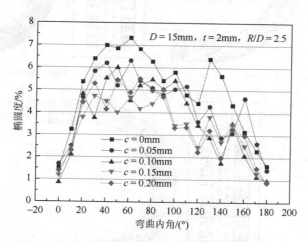

图 3.15　不同弯曲模与管材间隙下的弯管截面椭圆度

　　在数控绕弯的过程中，弯管会发生外壁减薄和内壁增厚的情况。不同的弯曲模与管材间隙也对弯管的壁厚减薄与增厚有很大的影响。图 3.16 为不同弯曲模与管材间隙下的壁厚分布云图。通过模拟结果发现，随着弯曲模与管材间隙的增加，弯管的内侧增厚率逐渐增大，外侧减薄率先减小后增大。这是由于弯曲模与管材间隙的增加使管材外侧切向拉应力增大，从而管材的切向拉应变也增加。

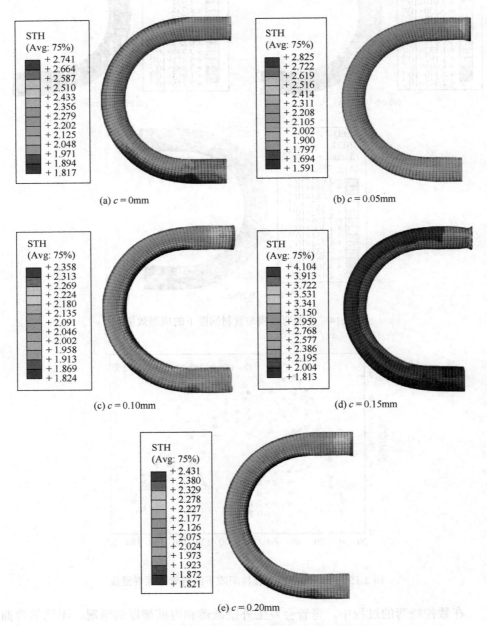

图 3.16　不同弯曲模与管材间隙下的壁厚分布云图

通过模拟结果可知，当 c=0.05mm 时，弯管的壁厚减薄率最大为 8.65%；弯曲模与管材间隙不同时，取 c=0mm、c=0.05mm、c=0.10mm、c=0.15mm、c=0.20mm，弯管的平均截面减薄率为 8.1%。弯管的壁厚增厚率随着弯曲模与管材间隙的增大而增大，平均壁厚增厚率为 27.4%。由此可见，在数控绕弯时，弯管的增厚情况比减薄情况更加明显。另外，随着模具和管坯间的间隙增大，起皱的可能性明显增加。虽然较小的间隙可以降低弯管的截面畸变，但是当模具和管坯间的间隙过小时，材料正常流动受阻，从而会引起管坯的破裂。综合上述因素，当弯曲模与管材间隙为 0.10mm 时，弯管成形的综合质量较好。金属管材数控绕弯成形时，芯棒/芯球与管坯之间的间隙对成形质量也具有明显的影响，具体作用规律在 3.4.3 节中论述。

3.4.3　芯棒参数

芯棒参数对金属管材的数控绕弯成形质量具有重要的影响[22]。根据芯棒中芯球与芯球、芯球与芯轴之间的连接关系，可以将芯棒分为球铰接芯棒、销铰接芯棒和弹性连接芯棒。工程中实际使用较多的球铰接芯棒主要参数包括芯球个数、芯球间隙和芯轴伸出量等[23]。芯球个数需要根据弯管的内径和弯曲半径进行选择。图 3.17 和图 3.18 分别为采用不同芯球个数的弯管等效应力分布图和壁厚变化图。从模拟结果可以看出，采用 5 个芯球时，弯管的最大等效应力主要集中在弯管内侧壁面 0°～30°和外侧壁面 0°～20°和 35°附近，最大等效应力为 425.9MPa。采用 6 个芯球时，弯管的最大等效应力主要集中在弯管内侧壁面 0°～45°和外侧壁面 0°～25°和 45°附近，最大等效应力为 421.3MPa。采用 7 个芯球时，弯管的最大等效应力主要集中在弯管内侧壁面 0°～35°和外侧壁面 0°～25°和 60°附近，最大等效应力为 441.1MPa。从最大等效应力来看，采用 6 个芯球时最小。另外，从模拟结果可

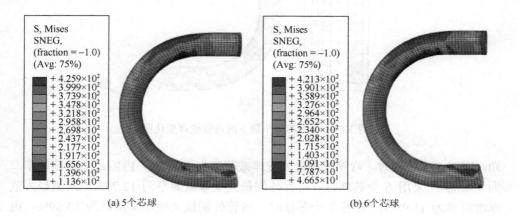

(a) 5个芯球　　　　　　　　　　　　　　(b) 6个芯球

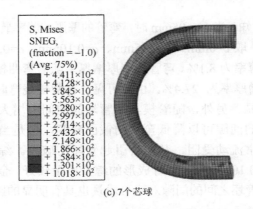

(c) 7个芯球

图 3.17　不同芯球个数下的弯管等效应力分布图

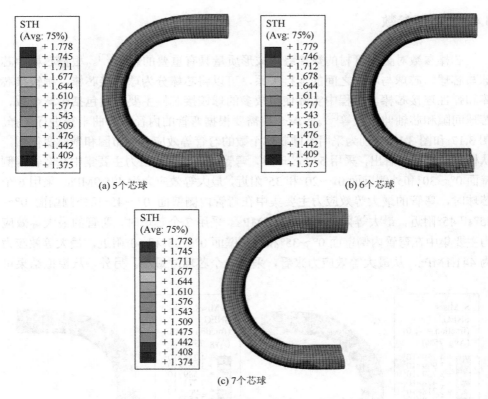

(a) 5个芯球　　　　　　　　　　　　　　　　　(b) 6个芯球

(c) 7个芯球

图 3.18　不同芯球个数下的弯管壁厚变化图

知，采用 5 个芯球时，弯管外侧最大壁厚减薄率为 13.27%，内侧最大壁厚增厚率为 11.27%；采用 6 个芯球时，弯管外侧最大壁厚减薄率为 12.75%，内侧最大壁厚增厚率为 11.98%；采用 7 个芯球时，弯管外侧最大壁厚减薄率为 13.69%，内侧最大壁厚增厚率为 11.86%。从工程应用的角度，主要控制弯曲段外侧最大壁厚减薄率，因此采用 6 个芯球成形效果相对较优。

芯球间隙对管坯弯曲成形的应力分布和壁厚变化有一定影响。图 3.19 和图 3.20 为不同芯球间隙下的弯管等效应力分布图和壁厚变化图。从图中可以看出，

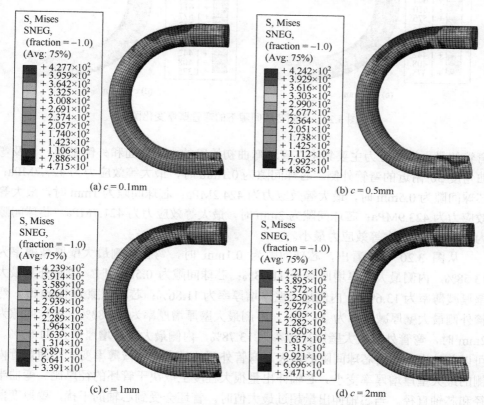

图 3.19　不同芯球间隙下的弯管等效应力分布图

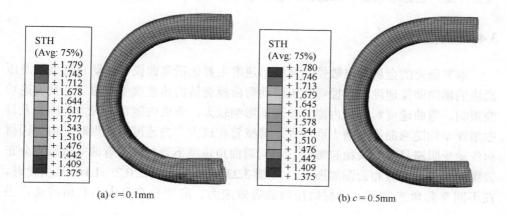

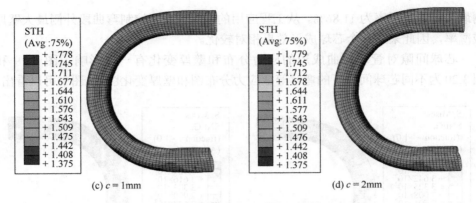

(c) $c = 1$mm　　　　　　　　　　　(d) $c = 2$mm

图 3.20　不同芯球间隙下的弯管壁厚变化图

弯管的最大等效应力主要集中在管坯弯曲初始段的内侧壁面和外侧壁面,以及弯曲角度 50°附近的弯管外侧。芯球间隙为 0.1mm 时,最大等效应力为 427.7MPa;芯球间隙为 0.5mm 时,最大等效应力为 424.2MPa;芯球间隙为 1mm 时,最大等效应力为 423.9MPa;芯球间隙为 2mm 时,最大等效应力为 421.7MPa。芯球间隙为 2mm 时,最大等效应力最小。

从图 3.20 可以看出,芯球间隙为 0.1mm 时,弯管外侧最大壁厚减薄率为 13.58%,内侧最大壁厚增厚率为 11.93%;芯球间隙为 0.5mm 时,弯管外侧最大壁厚减薄率为 13.69%,内侧最大壁厚增厚率为 11.86%;芯球间隙为 1mm 时,弯管外侧最大壁厚减薄率为 13.70%,内侧最大壁厚增厚率为 11.83%;芯球间隙为 2mm 时,弯管外侧最大壁厚减薄率为 13.78%,内侧最大壁厚增厚率为 11.83%。可以总结出,随着芯球间隙的增大,弯管外侧的最大壁厚减薄率变大;而弯管内侧的最大壁厚增厚率变小。芯轴伸出量很大程度上取决于管坯的径厚比、弯曲半径和芯轴直径。当芯轴伸出量超过最大值时,管坯会受到芯轴的干扰,壁厚变薄甚至开裂,根据理论值和经验值,最小芯轴伸出量应等于芯轴圆角。

3.4.4　成形速度

本节研究的金属管材数控绕弯成形速度主要包括弯曲模的运动角速度以及压紧块的轴向助推速度。数控弯管机带动弯曲模旋转的角速度受弯曲工艺及调速功能限制。弯曲速度对弯曲内侧管壁变形影响较大,弯曲内侧切向应力、应变及管壁增厚率均随弯曲速度增大而增大。薄壁管在过大弯曲速度下成形时,内侧因材料流动受阻滞易发生失稳起皱[24]。不同弯曲角速度下管材数控弯曲等效应力分布云图和等效应变分布云图如图 3.21 及图 3.22 所示,当 ω 在 0.2~1.1rad/s 变化时,在不同弯曲角速度下,管材数控弯曲等效应力、应变分布及大小有所波动,当

$\omega = 0.5\text{rad/s}$ 时，管材的弯曲等效应力、应变最大，在其他不同弯曲角速度下，管材弯曲等效应力、应变分布及大小有所波动，随着弯曲角速度的增大，弯管弯曲段内、外侧的等效应力、应变也随之增大，而且弯管弯曲段内、外侧的等效应变明显大于其他区域的等效应变。

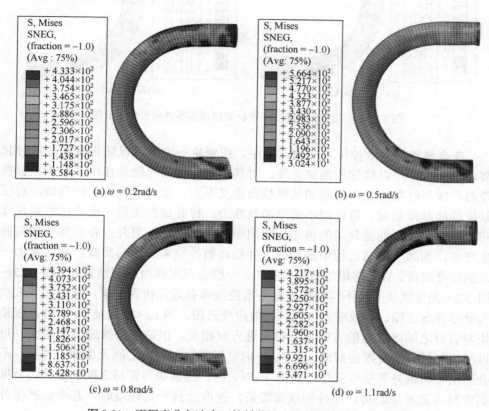

图 3.21　不同弯曲角速度下管材数控弯曲等效应力分布云图

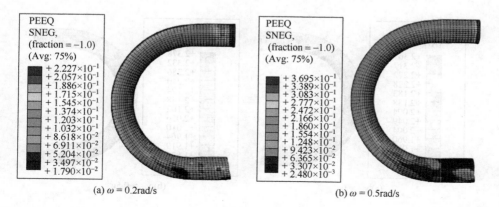

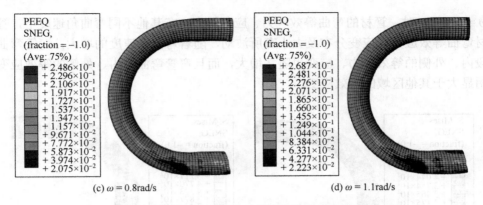

(c) $\omega = 0.8\text{rad/s}$　　　　　　　　　　　(d) $\omega = 1.1\text{rad/s}$

图 3.22　不同弯曲角速度下管材数控弯曲等效应变分布云图

　　在金属管材的数控绕弯成形过程中，压紧块一方面可以防止管坯成形时起皱，另一方面可以给管坯施加速度，对其成形起到轴向助推作用。对于小管径弯曲，成形时弯曲力小，施加助推载荷意义不大，而对于较大管径弯曲，对压紧块施加助推载荷，可以减小成形的弯曲力，提高成形质量。由于压紧块尺寸和行程的限制，助推载荷的施加只适用一些较短管件。另外，在管坯数控弯曲生产中，为减小弯曲过程中的弯曲力并提高数控绕弯的成形质量，通常增加一定的助推载荷。目前常用的数控弯管机，一般会在尾部增加助推装置。图 3.23～图 3.25 为压紧块五种不同助推速度下数控绕弯有限元仿真结果，从上到下依次为壁厚分布云图、等效应力云图、等效应变云图。当 $v_{压} < v$ 以及 $v_{压} = 0$ 时，压紧块与管材之间摩擦力的方向与管材送进方向相反，但随着助推速度的增大，可以减小管材外侧壁厚的减薄；当 $v_{压} = v$ 时，压紧块与管材之间无摩擦力作用，不会影响管材内外侧壁厚变化；而当 $v_{压} > v$ 时，压紧块与管材之间的摩擦力会抑制管材内侧增厚趋势，使外侧减薄缓解，速度达到一定程度时，甚至会产生外侧起皱缺陷[25]。

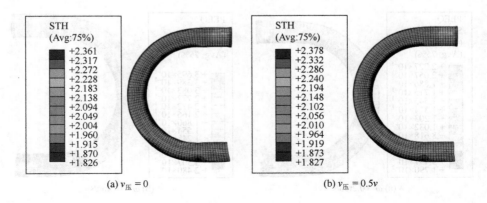

(a) $v_{压} = 0$　　　　　　　　　　　(b) $v_{压} = 0.5v$

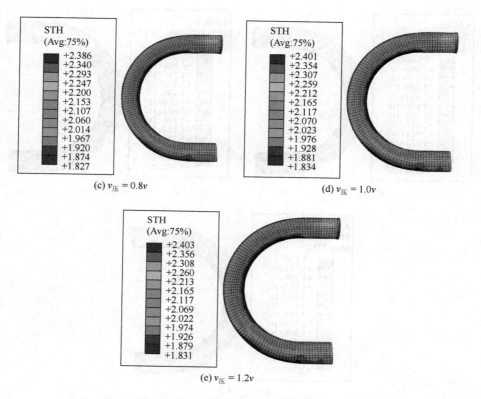

图 3.23　压紧块五种不同助推速度下数控绕弯壁厚分布云图

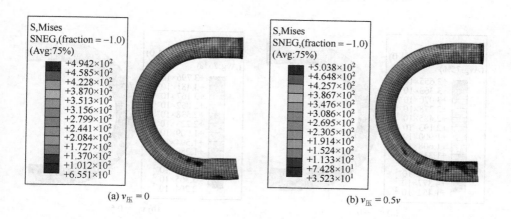

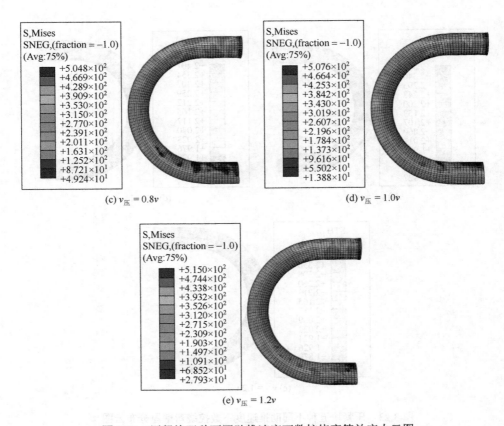

(c) $v_{压} = 0.8v$　　　　　(d) $v_{压} = 1.0v$

(e) $v_{压} = 1.2v$

图 3.24　压紧块五种不同助推速度下数控绕弯等效应力云图

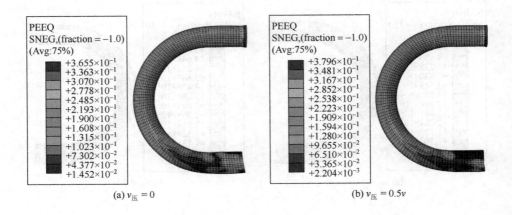

(a) $v_{压} = 0$　　　　　(b) $v_{压} = 0.5v$

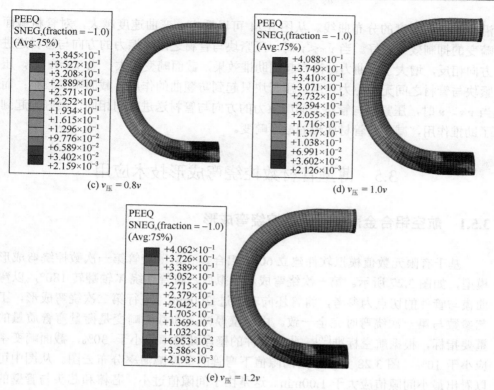

图 3.25　压紧块五种不同助推速度下数控绕弯等效应变云图

图 3.26 为模拟结果得到的不同助推速度弯曲成形后，弯管横截面的椭圆度

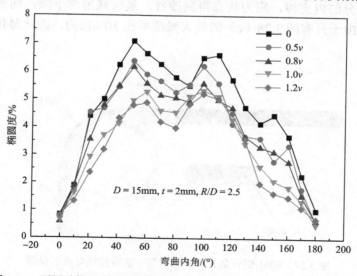

图 3.26　不同助推速度的弯管横截面椭圆度沿实际弯曲角度的分布曲线

沿实际弯曲角度的分布曲线。从图 3.24 可以看出，弯曲速度越大，对管材截面畸变的抑制效果越好。当 $v_压 < v$ 时，压紧块与管材之间摩擦力的方向与管材送进方向相反，增大了弯曲力，没有起到助推效果，截面畸变较大；当 $v_压 = v$ 时，压紧块与管材之间无摩擦力作用，压紧块只起到防翘曲的作用，截面畸变较小；而当 $v_压 > v$ 时，压紧块与管材之间摩擦力的方向与管材送进方向相同，很好地起到了助推作用，减小了管材成形的截面畸变。

3.5　薄壁管材数控绕弯成形技术应用

3.5.1　航空铝合金薄壁管的数控绕弯成形

基于有限元数值模拟软件建立 6061 铝合金 S 形薄壁管第一次数控绕弯成形模型，如图 3.27 所示。第一次绕弯成形模拟后，将管件绕 X 轴翻转 180°，以弯曲模与管件的切点为参考，将管坯向右推进 200mm，进行第二次绕弯成形，工艺参数与第一次绕弯时完全一致。由于壁厚减薄和截面畸变是衡量弯管质量的重要指标，根据航空标准[26]，此类管件的壁厚减薄率应小于 30%，截面畸变率应小于 10%。图 3.28 为在不同间隙值下弯管的壁厚减薄率分布云图。从图中可以看出最小间隙值应大于 1.00mm。这是由于间隙值过小，芯棒和芯头与管壁的摩擦阻力过大，阻碍了弯曲段管材的塑性流动。间隙值从 1.15mm 减小到 1.05mm，最大减薄率呈下降趋势，这说明在适当范围内减小间隙值，可以使管壁获得更充分的内支撑，应力状态得到改善，最大减薄率下降；而最大增厚率平缓增大，由于只有图 3.28（c）的最大减薄率在 30% 以内，因此最优间隙值应为 1.05mm。

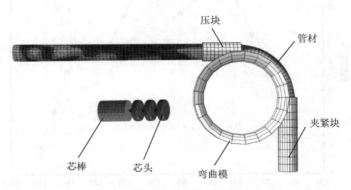

压块

管材

夹紧块

芯棒　　　芯头　　　弯曲模

图 3.27　6061 铝合金 S 形薄壁管第一次数控绕弯成形模型

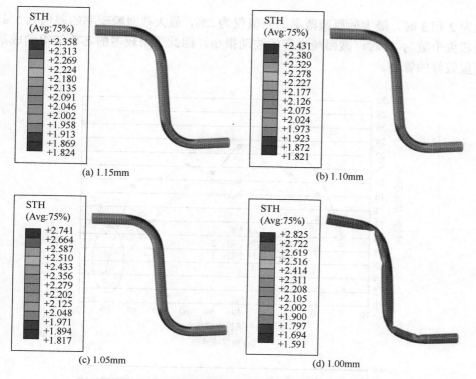

图 3.28　不同间隙值下弯管的壁厚减薄率分布云图

图 3.29（a）为芯球个数对弯管壁厚减薄率的影响，从图中可以看出，随着芯头个数增加，弯曲段外侧壁厚减薄率整体增大。这是由于增加芯头个数增大了管件内壁所受的摩擦阻力，由此造成弯曲过程中管件受到的切向拉应力增大，金属纤维在切向拉应力的作用下变形程度增加，厚度减小以补充长度的增加，从而导致壁厚减薄率增大。另外，最大减薄率的位置随着芯头个数的增加朝着压块切点的位置偏移，由于管件成形过程中，有芯头支撑部分和无芯头支撑部分之间会产生应力集中，成为最大减薄率的发生区域，如图所示，B 区域随着芯头个数的变化会产生相应移动。

另外，由图 3.29（b）知，随着芯球个数的增加，在成形过程中弯曲段得到芯头支撑的范围增大，使原本"悬空"的区域得到有效的周向支撑，从而使截面畸变率整体减小，同样的在有芯头支撑部分和无芯头支撑部分之间会产生应力突变，成为最大截面畸变率发生的区域，如图 3.29（b）所示，这个区域会随着芯头个数减少向压块切点移动，而且接近压块的区域 A，始终有芯棒支撑，横截面不容易变形，因而截面畸变率相差很小。而且芯球个数较多时弯曲段的截面畸变率变化很平稳，并保持在较小的区间。综合两方面因素考虑，当芯头个数为 2 和 3 时，最大壁厚减薄率的差值仅为 2%，最大截面畸变率的差值为 5%。当芯头个数为 3 时，截面畸变率的波动很小，因此采用较多的芯头能得到成形质量较好的管件。

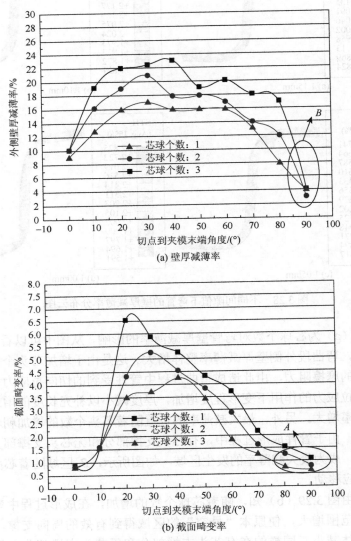

(a) 壁厚减薄率

(b) 截面畸变率

图 3.29　芯球个数对弯管成形效果的影响

为获得两个 90°弯曲段的 6061 铝合金 S 形弯曲模拟结果，两次弯曲的角度选取 90°～100°，间隙值为 1.05mm，芯棒伸出量为 9mm，芯头个数为 3，回弹角随弯曲角的变化关系曲线如图 3.30 所示，随着弯曲角增大，回弹角呈上升趋势，因为弯曲角越大，发生变形的区域就越大，卸载后管坯用于回弹的能量越多，所以回弹角变大；相同的弯曲角，第二次弯曲相比第一次弯曲，回弹角要小一些，但总体变化趋势一致，原因是两次弯曲过程的变形区域基本相同，但变形后夹紧块端回弹所带动的区域，第二次弯曲明显大于第一次弯曲，所以第二次弯曲的回弹角就会减小。弯曲角 α 与回弹角 $\Delta\alpha$ 之间在小角度范围内可以看成线性关系，可以用 $\Delta\alpha = K\alpha + b$ 的方程式来表示它们之间的关系。当前后两次弯曲角分别设为 96° 和 94.5° 时，成形后得到两个近 90° 弯段的铝合金 S 形弯管。

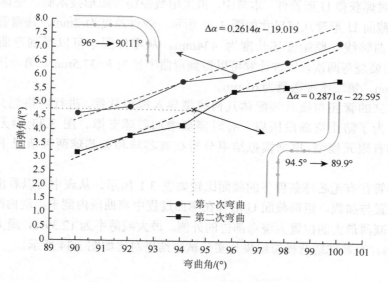

图 3.30　回弹角随弯曲角的变化关系曲线

　　试验与模拟对比结果如图 3.31 所示。对于弯管外壁减薄率，试验值略大，由于模拟成形过程是实际成形过程的简化，一些参数设置不能完全与成形过程吻合，如加载条件和摩擦环境，但是试验值与模拟值相差小于 10%，趋势也基本一致，说明材料模型和模拟模型可靠。管件截面畸变的试验值与模拟值相差偏大，这是由于仿真计算不能完全模拟实际的复杂受力过程，而铝合金管件相对不锈钢管强

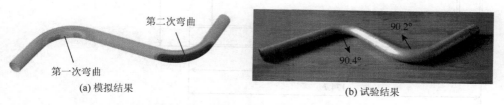

图 3.31　铝合金 S 形弯曲模拟结果与试验结果（见彩图）

度偏低，受力一旦不均匀，很容易产生较大的畸变，但试验最大截面畸变率小于6%，在可接受的范围内。实际测得成形后的两次弯曲角度分别为 90.4°和 90.2°，与模拟结果较符合[27]。

3.5.2 核能工程矩形管的数控绕弯成形

在本书的第 2 章中，采用了冷推弯成形技术获得了具有矩形截面的 L 形管件，然后将其对焊获得 U 形管件。本节中，拟采用数控绕弯成形技术制造整体 U 形管件。矩形截面 U 形管几何尺寸如图 3.32 所示。管件厚度为 2mm，该弯管的轴线是平面弯曲轴线。原始管坯长度为 434mm。从零件图中可以得到弯曲角度为 $B=90°$，需要绕弯两次，经过计算可以得到弯曲半径为 $R=37.5mm$，第一次推送量为 127.5mm，第二次推送量为 61mm。

将建立的管坯与模具装配体几何模型导入模拟软件，进行网格划分。在绕弯过程中为了防止弯曲段压扁，有时需要增加芯球支撑。图 3.33 为无芯球和有芯球的有限元模型，根据模拟结果分析在有芯球和无芯球两种情况下的绕弯结果。

U 形管在有无芯球条件下的截面比较如表 3.1 所示。从表中可以看出，由于芯球的设置与加载，矩形截面 U 形管在弯曲过程中弯曲段内侧未出现内凹现象，管件壁厚减薄最大的位置为绕弯部位的外侧，最大减薄率为 12.39%，最大增厚率为 20.50%。有芯球绕弯模拟结果与实际试验结果对比如图 3.34 所示。

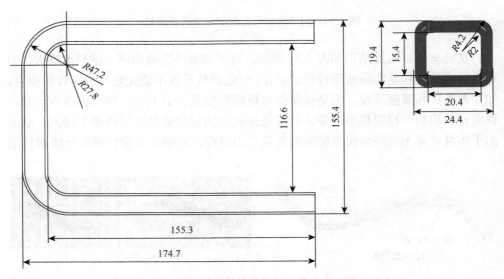

图 3.32　矩形截面 U 形管几何尺寸（单位：mm）

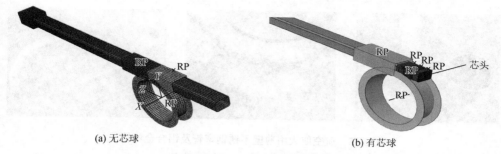

(a) 无芯球　　　　　　　　　　　　　　　　(b) 有芯球

图 3.33　矩形截面 U 形管数控绕弯有限元模型

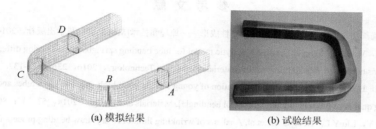

(a) 模拟结果　　　　　　　　　　　　　　(b) 试验结果

图 3.34　有芯球绕弯模拟结果与实际试验结果对比

表 3.1　U 形管在有无芯球条件下的截面比较

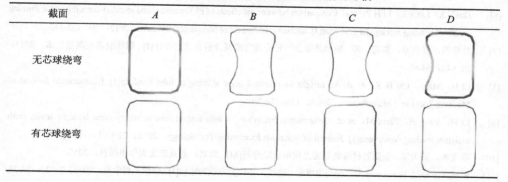

截面	A	B	C	D
无芯球绕弯				
有芯球绕弯				

图 3.35 为采用数控绕弯成形技术制造的航空航天用薄壁不锈钢弯管及铝合金弯管，通过工艺仿真及优化，并应用了薄壁抗皱裂技术，弯曲成形效果无起皱、无伤痕、无溃裂。薄壁管数控绕弯成形，需要综合考虑材料材质、热处理状态、管径壁厚规格、弯曲几何尺寸、模具工况等重要因素。近年来，我国在薄壁管绕弯成形的理论研究、工艺仿真及优化、装备开发与工程化应用等方面均取得了较大的进展，为薄壁弯管在航空、航天、航发、舰船、高铁等重大工程项目中的应用提供了重要保障。但是，我们也要看到在高端智能化数控绕弯成形研发方面，我国需要继续努力，尽快缩短与国外一流技术和装备之间的差距。

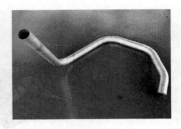

图 3.35　航空航天用薄壁不锈钢弯管及铝合金弯管

参 考 文 献

[1] 杨合. 局部加载控制不均匀变形与精确塑性成形——原理和技术[M]. 北京：科学出版社，2014.

[2] Zhan M，Wang Y，Yang H，et al. An analytic model for tube bending springback considering different parameter variations of Ti-alloy tubes[J]. Journal of Materials Processing Technology，2016，236：123-137.

[3] Zhan M，Huang T，Zhang P P，et al. Variation of young's modulus of high-strength TA18 tubes and its effects on forming quality of tubes by numerical control bending[J]. Materials and Design，2014，53（3）：809-815.

[4] Zhao G Y，Liu Y L，Dong C S，et al. Analysis of wrinkling limit of rotary-draw bending process for thin-walled rectangular tube[J]. Journal of Materials Processing Technology，2010，210（9）：1224-1231.

[5] 赵刚要，刘郁丽，杨合. 芯棒伸出量对薄壁矩形管弯曲失稳起皱影响的数值模拟[J]. 中国机械工程，2006，17（s1）：44-46.

[6] Zhu Y X，Liu Y L，Li H P，et al. Comparison between the effects of PVC mandrel and mandrel-cores die on the forming quality of bending rectangular H96 tube[J]. International Journal of Mechanical Sciences，2013，76：132-143.

[7] 林伟明，蒋兰芳，郭超，等. 矩形薄壁金属管冷绕弯成型分析及改进设计[J]. 锻压装备与制造技术，2015，50（4）：64-67.

[8] Li H，Ma J，Liu B Y，et al. An insight into neutral layer shifting in tube bending[J]. International Journal of Machine Tools and Manufacture，2018，126：51-70.

[9] Li H，Yang H，Zhan M，et al. Deformation behaviors of thin-walled tube in rotary draw bending under push assistant loading conditions[J]. Journal of Materials Processing Technology，2010，210（1）：143-158.

[10] 鄂大辛，周大军. 金属管材弯曲理论及成形缺陷分析[M]. 北京：北京理工大学出版社，2016.

[11] 戴昆，王仲仁. Hencky 应力方程与主剪应力迹线上正应力方程的比较[J]. 塑性工程学报，2000，7（2）：27-29.

[12] 鄂大辛，宁汝新，古涛. 管材弯曲过程中的弹塑性变形分析[J]. 兵工学报，2009，30（10）：1353-1356.

[13] 杨祖孝. 薄壁钢管弯曲瘪皱分析及模具设计[J]. 模具工业，1999，26（8）：22-24.

[14] 寇永乐，杨合，詹梅，等. 薄壁管数控弯曲截面畸变的实验研究[J]. 塑性工程学报，2007，14（5）：26-31.

[15] Li H，Yang H，Song F F，et al. Springback characterization and behaviors of high-strength Ti-3Al-2.5V tube in cold rotary draw bending[J]. Journal of Materials Processing Technology，2012，212（9）：1973-1987.

[16] Zhu Y X，Liu Y L，Li H P，et al. Springback prediction for rotary-draw bending of rectangular H96 tube based on isotropic，mixed and Yoshida-Uemori two-surface hardening models[J]. Materials and Design，2013，47（9）：200-209.

[17] Song F F，Yang H，Li H，et al. Springback prediction of thick-walled high-strength titanium tube bending[J]. Chinese Journal of Aeronautics，2013，26（5）：1336-1345.

[18] 刘贺，鄂大辛. 1Cr18Ni9Ti 不锈钢管滞后回弹的黏弹塑性建模和有限元模拟[J]. 精密成形工程，2015，7（6）：

65-69.

[19] Yang H, Li H, Zhan M. Friction role in bending behaviors of thin-walled tube in rotary-draw-bending under small bending radii[J]. Journal of Materials Processing Technology, 2010, 210 (15): 2273-2284.

[20] Li H, Yang H. A study on multi-defect constrained bendability of thin-walled tube NC bending under different clearance[J]. Chinese Journal of Aeronautics, 2011, 24 (1): 102-112.

[21] 张敬文, 鄂大辛, 李延民, 等. 弯模间隙对 5A06 管弯曲横截面畸变及壁厚变化的影响[J]. 精密成形工程, 2012, 4 (2): 19-22.

[22] Li H, Yang H, Zhan M, et al. Role of mandrel in NC precision bending process of thin-walled tube[J]. International Journal of Machine Tools and Manufacture, 2007, 47 (7): 1164-1175.

[23] 沈化文, 刘郁丽, 董文倩, 等. 芯棒对铝合金矩形管绕弯回弹作用的数值模拟[J]. 材料科学与工艺, 2012, 20 (1): 38-43.

[24] 张敬文, 鄂大辛, 李延民, 等. 弯曲速度对弯管壁厚变化的影响[J]. 精密成形工程, 2012, 4 (1): 5-8.

[25] 李翀, 鄂大辛, 张敬文, 等. 管材弯曲实验及助推作用的有限元分析[J]. 汽车工艺与材料, 2012, (6): 66-69.

[26] 何文治. 航空制造工程手册[M]. 北京: 航空工业出版社, 1992.

[27] 白云瑞. 薄壁管数控绕弯成形性能及工艺研究[D]. 南京: 南京航空航天大学, 2014.

第 4 章　复杂空心构件三维自由弯曲成形技术

三维自由弯曲成形技术是近年来管材塑性成形领域一项重要的技术创新，是一种基于模具运动轨迹控制的柔性弯曲成形技术，在成形具有复杂三维轴线、连续弯曲无直段等特征构件方面有着无可比拟的技术优势，可实现管材在变曲率条件下的连续整体成形[1]。本章介绍三轴、五轴、六轴及基于并联机构的自由弯曲系统成形原理、材料变形机理、关键工艺参数与成形缺陷、国内外相关技术及装备的研究进展，并采用有限元对金属管材复杂的三维自由弯曲成形进行仿真，基于仿真结果实施三维自由弯曲成形试验。该技术在航空航天、汽车工程、核能工程、舰船、石化以及建筑等领域具有重要的工程意义[2]。

4.1　自由弯曲系统成形原理

三维自由弯曲成形技术原理由日本研究人员 Makoto Murata、Shinji Ohashi、Hideo Suzuki 于 20 世纪 90 年代共同提出，并以三人姓氏的首字母组成该技术的名称，所以曾称为 MOS Bending 技术[3]。进入 21 世纪，随着相关变形机理及关键技术研究逐步完善，日本、德国等发达国家的企业、高校及科研院所陆续推出了多种构型的自由弯曲成形系统，使自由弯曲成形技术得到了很大的丰富和发展。本章根据自由弯曲系统机型结构的不同，把三维自由弯曲成形技术原理分为三轴自由弯曲系统原理、五轴及六轴自由弯曲系统原理和基于并联机构的自由弯曲系统原理。

4.1.1　三轴自由弯曲系统原理

三轴自由弯曲系统示意图如图 4.1 所示。该系统的核心组成部分包括管材、弯曲模、球面轴承、导向机构和推进机构五部分。其中，弯曲模的外球面与球面轴承的内球面采用球面配合，弯曲模尾部与导向机构之间通过特殊的机械设计互相配合。当该系统处于零点位置时，球面轴承、弯曲模、导向机构与推进机构的中心处于同一轴线上。当该系统处在成形过程中时，弯曲模处于随动状态，而管坯则与弯曲模保持动态接触。一方面，弯曲模球心随球面轴承在 XY 面内的移动而发生相对应的移动；另一方面，弯曲模在随球面轴承移动的同时还绕导向机构发生转动。因此，弯曲模姿态受 XY 面内的移动及绕导向机构的转动同时控制。

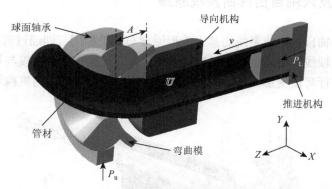

图 4.1　三轴自由弯曲系统示意图[2]

在成形过程中，弯曲模在球面轴承的带动下，其中心偏离坐标原点的距离称为偏心距 U，弯曲模球心和导向机构前端在 Z 向的水平距离为 A。A 值和偏心距 U 值的大小共同决定了弯曲模对管坯所施加弯矩的大小。U 值越大，A 值越小，则弯曲模对管坯施加的弯矩越大，所能成形的管坯弯曲半径越小。在成形过程中，管坯受到弯曲模对其施加的垂直于管坯轴线方向的作用力 P_L 和推进机构对其施加的沿 Z 向的作用力 P_u，P_L 和 P_u 的共同作用形成了管坯所受的弯矩 M，弯矩 M 可由式（4.1）计算：

$$M = P_u \times A + P_L \times U \ ^{[4]} \tag{4.1}$$

该成形系统主要采用 X、Y、Z 三个方向的伺服电机作为成形力来源。其中，推进机构由 Z 轴伺服电机驱动，球面轴承由 X、Y 轴伺服电机驱动。球面轴承和轴向推进机构可在伺服电机的驱动下实现 $X/Y/Z$ 三个方向的自由运动，故将该弯曲方法命名为三轴自由弯曲系统。图 4.2 为日本 NISSIN 公司和德国诺意（J.NEU）公司开发的三轴自由弯曲成形系统。

(a) 日本NISSIN公司[5]

(b) 德国诺意公司[6]

图 4.2　三轴自由弯曲成形系统

4.1.2　五轴及六轴自由弯曲系统原理

　　五轴及六轴自由弯曲系统的基本成形原理与三轴相同，即通过弯曲模在 XY 平面内偏离管材轴线产生弯矩，同时管材轴向（Z 向）被推入弯曲模与导向机构之间的变形区内进行弯曲变形。图 4.3 为五轴及六轴自由弯曲系统的机构示意简图。

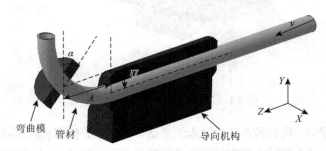

图 4.3　五轴及六轴自由弯曲系统的机构示意简图[7]

　　相比三轴系统，五轴及六轴自由弯曲系统具有更加柔性的特点。其弯曲模形式可以根据坯料的不同进行变化，能满足多种空心构件的弯曲成形，如管材、棒材、线材、型材等复杂或异形截面。同时，五轴及六轴自由弯曲系统增加了两台用于控制弯曲模运动轨迹的伺服电机，实现了弯曲模转动角速度及转动角度的主动控制，其成形精度相比三轴系统更高。简言之，五轴及六轴自由弯曲系统相对于三轴而言将弯曲模由被动状态转化为主动状态，从而进一步拓宽了工艺范围，提高了三维复杂弯曲构件的成形精度。

　　三轴自由弯曲系统的弯曲模在 XY 平面内的平动依靠球面轴承带动，弯曲模的旋转运动则通过弯曲模与球面轴承、导向机构之间的相互连接实现。此条件下弯曲模的实时转动角度完全由弯曲模的偏心距定义，无论是在成形过程的第一过渡段或圆弧段，弯曲模转动角度都无法达到与管材弯曲轴线垂直的角度，导致管材弯曲段截面受到附加的横向剪力作用，管材弯曲段的横截面畸变程度增加。另外，三轴自由弯曲系统中弯曲模与球面轴承、导向机构之间配合连接，弯曲模的最大偏心距受模具几何的约束限制，进而导致三轴自由弯曲系统所能达到的管材成形极限较低。五轴及六轴自由弯曲系统在三轴自由弯曲系统的基础上对弯曲模的转动自由度进行释放和主动控制。具体表现为取消弯曲模与球面轴承、导向机构的连接设计，并通过增加伺服电机将弯曲模的转动自由度都设置为主动。通过主动调整弯曲模转动角，使其与管材弯曲轴线保持实时垂直，可使管材弯曲段的横截面畸变程度降低。同时由于弯曲模没有位移限制，管材的最小弯曲半径可降低至 2.0 倍管材外径。

图 4.4 为五轴及六轴自由弯曲系统构型示意图。五轴自由弯曲系统除了可以实现弯曲模在 X、Y 方向以及推进机构在 Z 向的运动，还可以实现弯曲模绕着自身轴线的 α 角度转动，以及绕着管材轴线方向的 β 角度转动。五轴构型有两种形式，图 4.4（b）的 β 方向为管材自身轴线方向，图 4.4（a）的 β 方向为通过弯曲模中心且垂直于管材轴线的方向。实际应用的五轴自由弯曲设备以图 4.4（a）的形式为主，因为图 4.4（b）中的弯曲模要实现绕垂直管材方向的转动（图 4.4（a）中的 β 向），需经过两个步骤（先绕图 4.4（b）中 β 向转动一定角度后再绕 α 向转动），而图 4.4（a）中的弯曲模直接绕其 β 向转动即可。正是由于这一点，图 4.4（b）形式的五轴自由弯曲设备不能完成方管、线材、型材等非圆形截面坯料的空间弯曲成形，因为非圆形截面下弯曲模无法绕 β 向转动。而六轴自由弯曲系统可同时实现 α、β 和 γ 三个方向的转动自由度，如图 4.4（c）所示。由于具有六自由度运动的特点，六轴自由弯曲系统可实现复杂截面空心构件的轴线扭曲弯制。图 4.5 为德国诺意公司开发的五轴及六轴自由弯曲系统。

(a) 五轴构型1　　　　　　　(b) 五轴构型2　　　　　　　(c) 六轴构型

图 4.4　五轴及六轴自由弯曲系统构型示意图[2]

(a) 五轴构型1　　　　　　　(b) 五轴构型2　　　　　　　(c) 六轴构型

图 4.5　德国诺意公司开发的五轴及六轴自由弯曲系统[6]

4.1.3　基于并联机构的自由弯曲系统原理

从成形原理本质上来说，基于并联机构的自由弯曲系统与上述三轴、五轴及六轴构型的自由弯曲系统相似，均通过控制弯曲模在 XY 平面内的偏心距及运动曲线来实现复杂目标弯曲构件的加工。两者的主要区别在于对弯曲模运动的控制方式。传统三轴、五轴等构型自由弯曲系统对弯曲模运动自由度（包括弯曲模在 XY 平面的两个平动自由度及其绕 $X/Y/Z$ 轴的三个转动自由度）的控制是通过多个伺服电机联合驱动的。然而，基于并联机构的自由弯曲系统中弯曲模固定在其并联机构的动平台上，通过液压伺服系统并行调控伸缩杆件的长度，即可控制动平台的空间位姿，从而带动弯曲模在三维空间内进行全自由度的复杂运动。得益于并联机构的高精度、高刚度及较大的承载能力，与传统构型的自由弯曲系统相比，基于并联机构的自由弯曲系统在成形硬度较大及大尺寸厚壁的管材时仍能获得较好的成形质量和成形精度。另外，并联机构所需的工作空间较小，对于同一种尺寸的管材，基于并联机构的自由弯曲系统比传统构型的自由弯曲系统的空间体积更小，设备结构紧凑性更高。图 4.6 为基于 Stewart-Gough platform 并联机构的自由弯曲系统机构示意简图。图 4.7 为国外开发的基于 Stewart-Gough platform 并联机构的自由弯曲系统设备。

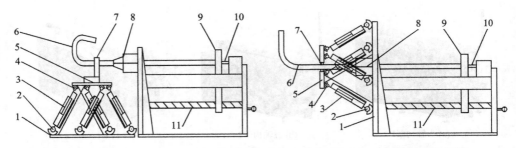

图 4.6　基于 Stewart-Gough platform 并联机构的自由弯曲系统机构示意简图[8]

1. 静平台；2、4. 球铰或虎克铰；3. 伸缩杆件；5. 弯曲模运动平台；6. 成形管件；7. 弯曲模；
8. 导套；9. 推块；10. 芯轴；11. 丝杠螺母

(a) 日本机械工业促进会[9]　　　　　(b) 德国 Fraunhofer IWU[10]　　　　　(c) 日本菊池制造所[11]

图 4.7　国外开发的基于 Stewart-Gough platform 并联机构的自由弯曲系统设备

　　并联机构是指由两个或两个以上独立的开环机构连接末端执行器和固定基座而形成的闭环机构。图 4.7 中所示的是典型的并联机构之一，称为 Stewart-Gough platform 并联机构。Stewart-Gough platform 并联机构具有六个自由度，在三维空间可以做朝任意轴的移动和围绕任何方向轴线的转动，同时它具有刚度大、承载能力强、位置误差不累计等特点，可以与串联机构形成互补，已经在航空、航天、海底作业、地下开采、制造装配等行业有广泛的应用。图 4.8 为 Stewart-Gough platform 并联机构示意图，六根可伸缩连杆通过球铰或虎克铰并行连接于静平台和动平台之间，通过杆长的变化实现动平台位置和姿态的改变。并联机构的位置分析包括位置正解分析和位置逆解分析两部分。对于自由弯曲成形工艺来说，主要是动平台的位置逆解分析即给定动平台的位置和姿态，然后确定杆件的长度。

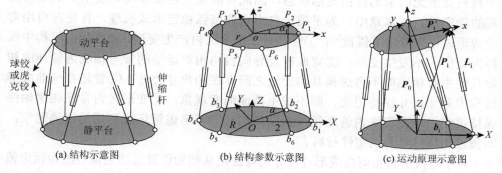

(a) 结构示意图　　　　(b) 结构参数示意图　　　　(c) 运动原理示意图

图 4.8　Stewart-Gough platform 并联机构示意图

除基于 Stewart-Gough platform 并联机构的自由弯曲成形设备之外，日本东京工业大学机械工程系研发了基于 3-RPSR 并联机构的自由弯曲成形设备[12]，如图 4.9（a）所示。该系统中弯曲模在任意方向的倾角最大可达 45°，且适用成形的管材的最小外径为 8mm。通过研究发现，影响该自由弯曲系统成形精度的主要因素为管材与弯曲模之间的间隙大小以及弯曲模的倾角大小。图 4.9（b）为采用该设备弯曲出的复杂弯曲构件。

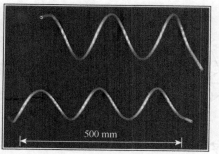

(a) 基于3-RPSR并联机构的自由弯曲成形　　(b) 基于3-RPSR并联机构弯曲出的复杂构件

图 4.9　基于 3-RPSR 并联机构的自由弯曲成形设备及其应用[12]

4.2　管材三维自由弯曲成形机理

4.2.1　圆弧稳定形成机理

复杂弯曲构件三维自由弯曲成形属于材料少约束条件下的大变形过程，其成形过程包含材料非线性、几何非线性及边界条件非线性。三维自由弯曲过程中材料处于无约束的自由变形状态，因此可能发生连续非均匀变形影响成形过程的稳定性。在本章中，为了揭示自由弯曲圆弧稳定形成机理，首先对自由弯曲成形过程采取以下假设[5]：①管坯只在变形区内产生变形，而在导向机构中保持为直段，不发生变形；②弯曲模及导向机构相对运动的参考轴线为管坯的初始几何中心轴线即不考虑模具和管坯之间存在的尺寸公差；③管坯在弯曲成形过程中截面尺寸保持恒定，即不发生截面畸变现象；④变形区内管坯曲率始终保持恒定，即变形区内管坯轴线为圆弧形；⑤不考虑管坯成形后的回弹现象，即假设管坯材料为刚塑性材料。

单个弯段的自由弯曲成形过程分为弯曲模从初始位置运动至偏心距为预定偏心距位置的第一过渡段、弯曲模停留不动时所得的圆弧段以及弯曲模从预定偏心距位置返回初始位置的第二过渡段。图 4.10（a）为弯曲模从零点位置向偏心距为 U_0 位置运动的第一过渡段，其中球面轴承沿 Y 轴正方向运动，弧长 S 为管坯轴向送进的长度。在第一过渡段内，基于之前的假设，变形区内的管坯为直段与圆弧段的动态结合。随着时间的推移，直段长度越来越短而圆弧段长度越来越长。弯曲模偏心距 $U = U_1 + U_2$，其中 U_1 表示直段的偏心距，U_2 表示圆弧段的偏心距，可得

$$U = U_1 + U_2 = R - R\cos\frac{S \times 180°}{\pi \times R} + \tan\frac{S \times 180°}{\pi \times R}\left(A - R\sin\frac{S \times 180°}{\pi \times R}\right)^{[13]} \quad (4.2)$$

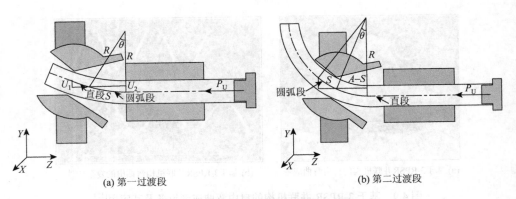

(a) 第一过渡段　　　　　　　　　　　　　　(b) 第二过渡段

图 4.10　自由弯曲成形过渡段示意图

　　为了成形过程中控制简便，将管坯沿 Z 向送料速度设置成匀速运动，即 $S = vt$，则第一过渡段内弯曲半径 R 与偏心距 U 满足如下关系：

$$U = R - R\cos\frac{vt \times 180°}{\pi \times R} + \tan\frac{vt \times 180°}{\pi \times R}\left(A - R\sin\frac{vt \times 180°}{\pi \times R}\right) \tag{4.3}$$

　　图 4.10（b）为弯曲模从偏心距为 U_0 的位置返回零点位置的第二过渡段。在第二过渡段内，变形区内管坯已经完成了圆弧段的成形过程。此时，偏心距 U 与弯曲半径 R 满足：$U = R - R\cos\theta$。

$$U = R - R\sqrt{1 - \frac{(A-S)^2}{R}} = R - R\sqrt{1 - \frac{(A-vt)^2}{R}} \tag{4.4}$$

　　在上述第一过渡段和第二过渡段所满足的 $U\text{-}R$ 数学公式中采用了理想假设，而忽略了不同管坯的杨氏模量、泊松比、本构关系等材料性能参数以及管坯外径、壁厚等规格参数的变化对管坯真实成形过程的影响。事实上，对于不同材料、不同规格的管坯，当采用同一偏心距时，所实际成形出的弯曲半径值必将存在较大的差异。因此，该数学公式与实际成形结果之间必将存在较大的偏差。该理论 $U\text{-}R$ 数学公式的主要意义在于，其体现了管坯 Z 向送料速度和球面轴承在 XY 平面内做偏心运动的运动速度之间所必须满足的匹配关系。

　　为了实现管坯的精确塑性成形，本章采用对上述理论 $U\text{-}R$ 公式引入统一修正因子进行精确修正的方法，实现复杂构件的精确成形。在实际成形之前首先获得管坯实际成形过程中 R 随 U 变化的规律，然后利用实际 $U\text{-}R$ 规律对 $U\text{-}R$ 理论公式进行精确修正，以实现三维复杂构件的精确成形。同时，由于对 $U\text{-}R$ 理论公式进行修正的依据为实际测得的 $U\text{-}R$ 规律，因此，修正后的 $U\text{-}R$ 公式将能很好地实现管坯弯曲的回弹补偿，这也是自由弯曲成形技术相对于传统空心构件弯曲成形技术所具备的巨大优势。针对 A 值采用修正系数 k 进行修正后的 $U\text{-}R$ 关系公式如下所示：

$$U = R - R\cos\frac{vt \times 180°}{\pi \times R} + \tan\frac{vt \times 180°}{\pi \times R}\left(kA - R\sin\frac{vt \times 180°}{\pi \times R}\right) \tag{4.5}$$

4.2.2　自由弯曲成形应力应变及壁厚分布

　　在自由弯曲过程中管材的变形几何参数如图 4.11 所示，弯曲应力-应变状态如图 4.12 所示。为了计算具有轴向推力自由弯曲过程中的应力分布，本章提出一种力学解析模型[14]。为简化模型，做出以下假设[15]：①忽略管材与模具之间的摩擦；②变形前垂直于管材轴线的平面在变形后保持平面形状并垂直于轴线；③与管材的长度和半径相比，管的壁厚较小，因此忽略由横向剪切引起的变形；④弯曲构件横截面变形量较小，因此在平面内的周向应变约等于 0；⑤材料是不可压缩的并考虑加工硬化。

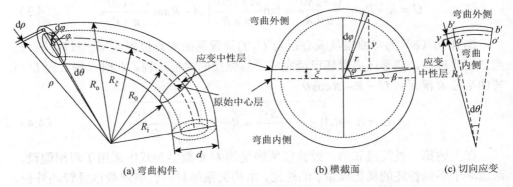

图 4.11　自由弯曲过程中管材的变形几何参数[14]

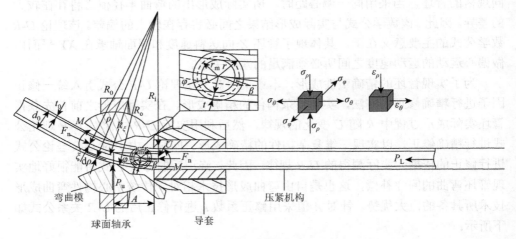

图 4.12　自由弯曲过程中管材的应力-应变状态[14]

在弯曲过程中，忽略弯曲的横截面变形，管材弯曲内侧表面和外侧表面上的径向应力 σ_ρ 等于 0，通过计算得出弯曲内侧和外侧表面的平均等效应力，如式（4.6）及式（4.7）所示。假设轴向推力均匀且独立地作用在弯曲的切线方向上，轴向推力产生的切向压应力 σ_N 以及由弯曲力矩引起的切向应力必须满足弯曲切线上的静态平衡关系。通过计算，得出应变中性层的偏移角和横向位移关系如式（4.8）及式（4.9）所示[14]。

$$\sigma_i = \left| \frac{2}{\sqrt{3}} \sigma_s \left(1 - \frac{D}{E} \right) + \frac{2}{\sqrt{3}} \sigma_N + \frac{4}{3} D \frac{r - r\sin\beta}{R_0 + r\sin\beta} \right| \tag{4.6}$$

$$\sigma_{\mathrm{o}} = \left| \frac{4}{\sqrt{3}}\sigma_{\mathrm{s}}\left(1 - \frac{D}{E}\right) - \frac{2}{\sqrt{3}}\sigma_{\mathrm{N}} + \frac{4}{3}D\frac{r + r\sin\beta}{R_0 + r\sin\beta} \right| \tag{4.7}$$

$$|\beta| = \frac{\dfrac{\pi}{2}\left[\dfrac{\sigma_{\mathrm{N}}}{D} - \dfrac{\sigma_{\mathrm{s}}}{D}\left(1 - \dfrac{D}{E}\right)\dfrac{\Delta t}{t_0}\right]\left(\dfrac{R}{r} - \sin\alpha\right) - \dfrac{\pi}{2}\sin\beta + \dfrac{\Delta t}{t_0}\cos\beta}{\dfrac{\sigma_{\mathrm{s}}}{D}\left[1 - \dfrac{D}{E} - \dfrac{\Delta t}{t_0}\right]\left(\dfrac{R}{r} - \sin\alpha\right) - \dfrac{\Delta t}{t_0}\sin\beta} \tag{4.8}$$

$$\xi = r\sin|\beta| \tag{4.9}$$

在自由弯曲过程，推进机构给管材施加轴向推力，附加压应力与管坯弯曲成形时外侧圆弧所受的拉应力部分抵消，如图 4.13 所示，导致弯曲应变中性层从弯曲内侧位移到弯曲外侧方向，并且由于切向压应力减轻了切向拉伸应变，有利于减小管坯外弧侧的壁厚减薄量，从而提高了弯管的承载能力和使用寿命。从弯曲外侧到弯曲内侧，壁厚沿着弯曲中心的方向逐渐增加，并且应变中性层的壁厚等于原始壁厚（t_0）。由于管材应变中性层的外移，弯曲外侧的壁厚减少量小于弯曲内侧壁厚的增加量。自由弯曲管材弯曲外侧（t_{o}）及内侧（t_{i}）的平均壁厚可通过式（4.10）计算[14]：

$$t_{\mathrm{i}} = t_0 + \frac{\Delta t}{2}, \quad t_{\mathrm{o}} = t_0 - \frac{\Delta t}{2}, \quad \frac{\Delta t}{t_0} = \frac{1 + \sin\beta}{\dfrac{2R_0}{d_0} + \dfrac{2t_0}{d_0} - \sin\beta} \tag{4.10}$$

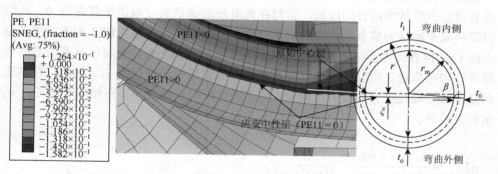

图 4.13　应变中性层的横向位移和偏移角（PE11=切向应变）[14]

4.3　管材三维自由弯曲成形工艺解析

4.3.1　工艺流程解析

三维复杂空心构件的弯曲工艺主要包括以下基本过程：提取所要弯曲的复杂空心构件的轴线，并将其轴线分为首尾连续相接的圆弧段和直线段；然后测量每一直线段和圆弧段的直段长度 L_n、圆弧段弯曲半径 R_n、弯曲角 θ_n、弯曲方向 ψ_n 等尺寸参数。图 4.14 为复杂弯管几何分段示意图。

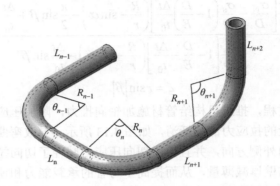

图 4.14　复杂弯管几何分段示意图

图 4.15（a）为在成形单个弯段时，弯曲模偏心距 U 与管材轴向送进长度的关系曲线。在三维自由弯曲成形技术中，成形三维复杂轴线空心构件中任意一个弯段时通常要经历 3 个阶段。过渡段 1 为弯曲模由零点位置（偏心距为 0）运动至偏心距 U_{max} 的过程，管材的弯曲成形从此阶段开始，成形形状为整个弯曲弧的一部分，长度记为 S_1。圆弧段为弯曲模固定在预定偏心距的位置，管材的轴向推进和弯曲成形持续进行的过程，管材在此阶段的送进长度取决于弯曲角 θ，此阶段管材成形形状为整个弯曲弧的剩下部分，长度记为 S_2；过渡段 2 为弯曲模从偏心距 U_{max} 位置向零点位置返回的过程，在此阶段开始之前，管材已具有所需的弯曲半径和弯曲角，所以此阶段管材弯曲成形为直段，长度记为 S_3。因此，在完成对复杂弯管轴线进行分段的过程后，需在圆弧段和直线之间补充如图 4.15（b）所示的过渡段。

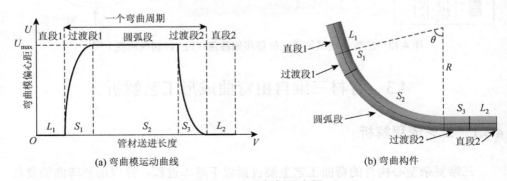

(a) 弯曲模运动曲线　　　　　　　(b) 弯曲构件

图 4.15　工艺解析示意图

　　三维弯曲构件准确的成形工艺解析为：建立每一小段中 L_n、R_n、θ_n、ψ_n 等尺寸参数与 X、Y、Z 三个方向的驱动机构的位移 U_x、U_y、U_z 以及运动时间 t 之间的函数关系。

　　（1）直段长度 L_n。在成形直段时，弯曲模偏心距为 0，管材的轴向送进长度即直线段长度。

　　（2）圆弧段弯曲半径 R_n。U 与 R 的关系并不是近似线性关系，而是近似于反比例关系。当 A 值大小与管材几何尺寸一定时，根据式（4.2）及式（4.4）计算过渡段 1 和过渡段 2 中 U 与 R、t 的关系。

　　（3）弯曲段弯曲角度 θ_n。弯曲角度主要由管材成形圆弧段时管材的轴向送进长度 S_2 决定，S_2 越大，θ 越大。根据弧长公式，得 θ 与 S_1、S_2 的理论计算公式如下[13]：

$$S_1 + S_2 = \frac{\pi \times \theta \times R}{180°} \qquad (4.11)$$

　　（4）弯曲段弯曲方向 ψ_n。弯曲方向如图 4.16 所示，具体是指弯曲模球头完成偏心后在 X-Y 平面与 X 轴或 Y 轴的夹角 ψ_n。ψ_n 为自由弯曲的关键参数之一，ψ_n 是否精确直接决定了各个弯曲平面的空间相对位置关系。第 n 个弯的弯曲方向与第 $n-1$、$n-2$、$n+1$ 个弯的弯曲方向有关，其关系为式（4.12）。根据弯曲方向 ψ_n 计算弯曲模 X、Y 方向的偏心距 U_x、U_y，如式（4.13）所示。

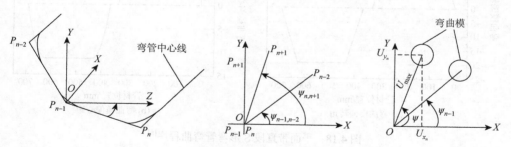

图 4.16　弯曲方向示意图[16]

$$\psi_n = \psi_{n-1} + \psi_{n,n+1} - \psi_{n-1,n-2} \quad {}^{[16]} \qquad (4.12)$$

$$U_{x_n} = U_{\max_n} \times \cos\psi_n, \quad U_{y_n} = U_{\max_n} \times \sin\psi_n \qquad (4.13)$$

4.3.2　连续多弯的直段问题处理

　　由于自由弯曲设备特殊的机械结构及自由弯曲技术中存在的弯曲过渡段问题，对于连续多弯的管件不可避免存在弯段与弯段之间的直段处理问题。一般来说，自由弯曲成形技术成形多个弯段在一个平面内的管件时，弯段与弯段之间必存在长度大于等于弯曲变形区长度 A 的直段。图 4.17 为平面带直段 S 形弯管,即两个弯段在一个平面上。图 4.18 为平面带直段 S 形弯管弯曲程序即弯曲模偏转角及偏心距随管材轴向推进长度的变化曲线。弯曲模中心距导向机构前端的距离为弯曲成形区长度 A,值为 67mm。由于管件的直线段长度为 100mm($>A$),第一个弯段的第二个过渡段只能形成 67mm 的直段,故弯曲模在形成第一个弯段后还需在零点位置停留一段时间形成剩下 33mm 的直段,即两个弯段的运动曲线相互分离,没有重叠部分。

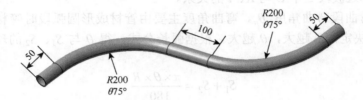

图 4.17　平面带直段 S 形弯管(单位:mm) [5]

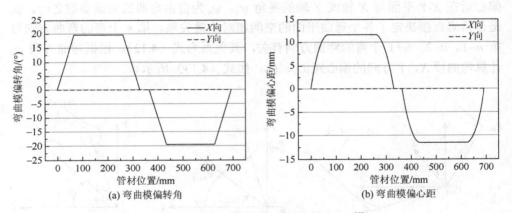

(a) 弯曲模偏转角　　　　　　　　　　(b) 弯曲模偏心距

图 4.18　平面带直段 S 形弯管弯曲程序[5]

对于多个弯段在不同的弯曲平面内的管件,自由弯曲成形技术可以成形弯段与弯段之间无直段或直段长度小于 A 值的多弯管件。图 4.19 为空间无直段 S 形弯管,两个弯曲平面的夹角为 30°。图 4.20 为空间无直段 S 形弯管弯曲程序即弯曲模偏心距及偏转角随管材轴向推进长度的变化曲线。弯曲模中心距导向机构前端的距离为弯曲变形区总长度,值为 100mm。从图可以清楚地看到第一个弯段的第二个过渡段与第二个弯段的第一个过渡段重叠。事实上,如果中间直段长度小于弯曲变形区总长度,相邻弯段的过渡段必然发生重叠,而且这一特征也只存在于空间多弯管件中。实际成形过程表现为,弯曲模在上一个弯段成形结束后,从偏心距位置向零点位置返回成形直段部分,若直段长度小于变形区总长度,则弯曲模不会返回零点位置，若大于变形区总长度，则返回零点位置。无直段过渡则表现为弯曲模不做返回动作，直接从上一弯段的偏心距位置向下一弯段的偏心距位置移动。

图 4.19 空间无直段 S 形弯管（单位：mm）[5]

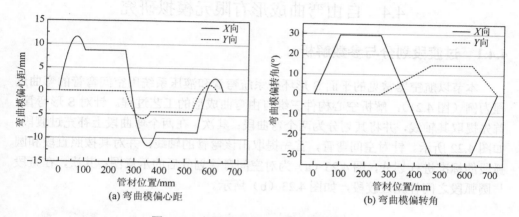

(a) 弯曲模偏心距
(b) 弯曲模偏转角

图 4.20 空间无直段 S 形弯管弯曲程序[5]

4.3.3 工艺适用范围及主要成形缺陷形式

三维自由弯曲成形技术除了能满足常规空心构件的弯曲成形，还特别适合于具有下列特征的弯曲构件的成形：①平面带直段弯管（平面连续多弯时直段无法消除）、空间复杂曲线无直段弯管如螺旋形盘管、连续变曲率轴线弯管如冯卡门曲线扁平管等；②多弯曲半径、变弯曲半径构件，且最小低至 $2.5D \sim 3D$ 的弯曲构件；③弯曲角度在 $0° \sim 360°$ 任意变化的弯曲构件；④中小尺寸外径的弯管，由于轴向成形力的限制，目前可适用的管材口径一般在 110mm 以下。

三维自由弯曲成形技术的主要成形缺陷形式包括以下内容。①内弧起皱：空心件弯曲过程中，若球面轴承从初始位置向偏心距位置移动过程中速度过快，轴向补料不及时，则易造成其内弧起皱。②外弧表面凹凸不平，表面质量较差：弯曲过程中，当球面轴承的偏心距 U 过大时，则弯曲模无法与空心件弯曲部位截面保持垂直，此时空心件外弧的表面会由于弯曲模的剐蹭而凹凸不平，表面质量较差。③回弹过程所引起的弯管尺寸偏差：空心件弯曲成形过程中，弯曲后的回弹是一个无法避免的现象，而回弹程度的大小又与材料的变形抗力大小、管材几何尺寸等因素相关。在三维自由弯曲过程中，若缺乏精确的回弹补偿机制或者针对回弹的工艺修正过程，则易导致成形后尺寸偏差。④弯曲过程中管材发生自转，进而导致弯管发生扭曲：若管材在轴向运动过程中，沿周向没有完全固定，发生了自转，则弯曲出的弯管会发生扭曲，与所设定的形状差距较远。⑤润滑不良造成管材表面划伤：润滑对三维自由弯曲过程较为重要，相关部位润滑情况对管材的表面质量有很大的影响，当局部润滑不良时，则很容易在管材表面造成划伤。

4.4　自由弯曲成形有限元模拟研究

4.4.1　过渡段划分与参数解析

　　本节以航空器常见的平面 S 形环控系统弯管和液压系统用空间弯管的弯曲过程为例（图 4.21），解析空心构件三维自由弯曲成形的工艺过程。针对 S 形弯管，首先提取其轴线，并将其划分为两个弯曲段；其次，在两个弯曲段上补充过渡段，如图 4.22 所示。针对空间弯管，首先提取出该弯管的轴线，并对其按照直段和圆弧段的标准进行划分，图 4.23（a）为对空间弯管划分后的示意图；其次，在直段与圆弧段之间补充过渡段，如图 4.23（b）所示。

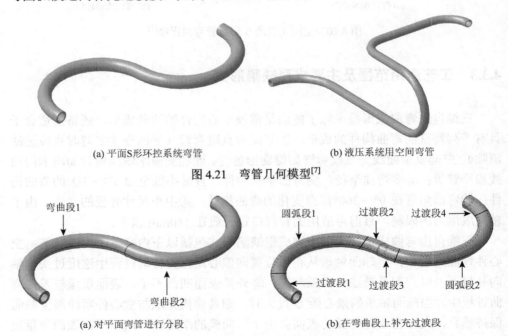

(a) 平面S形环控系统弯管　　　　　　　　(b) 液压系统用空间弯管

图 4.21　弯管几何模型[7]

(a) 对平面弯管进行分段　　　　　　　　(b) 在弯曲段上补充过渡段

图 4.22　平面弯管成形工艺分析[7]

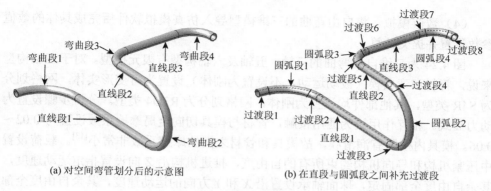

(a) 对空间弯管划分后的示意图　　　　　(b) 在直段与圆弧段之间补充过渡段

图 4.23　空间弯管成形工艺分析[7]

在自由弯曲系统中，对于一个复杂弯管，其形状由直段长度 L、圆弧段弯曲半径 R、弯曲角 θ，以及弯曲模在 X-Y 平面上的弯曲方向 ψ 决定。而三轴自由弯曲系统的控制则通过该设备在 X、Y 轴上的偏心距 U_x、U_y 以及管材轴向送料长度 U_z 决定。因此，建立下列 L、R、θ、ψ 等尺寸参数与 U_x、U_y、U_z 等工艺参数之间的关系尤为重要。根据划分好的各个直段长度、过渡段长度、圆弧段弯曲半径、弯曲角度、偏转方向等尺寸参数推导出 U_x、U_y、U_z 与 t 的关系，进行有限元模拟运动参数设置。值得注意的是，弯曲模偏心距和弯曲半径之间的 U-R 关系通常不仅与管材截面几何尺寸及弯曲变形区长度 A 值相关，还与屈服强度、杨氏模量、弯曲刚度等材料参数相关。U-R 关系的准确程度直接决定着管材自由弯曲成形的尺寸精度。因此，在实际成形时，应首先通过 U-R 试验获得特定管材实际的 U-R 关系曲线。

4.4.2　有限元模型的建立

管材自由弯曲成形的有限元模拟的具体操作步骤为：

（1）确定模具尺寸。根据坯料的尺寸（如外径、壁厚等）、管件的设计尺寸（如最小弯曲半径、总长度等）及管件的质量要求（如表面质量、壁厚均匀性等），确定各模具的具体尺寸和装配位置，特别是弯曲模和导向机构前端的距离 A 值、各模具与坯料之间的间隙大小 Δc 及各模具各处的圆角半径大小。

（2）CAD 建模。根据上步已确定好的各模具尺寸，利用 CATIA、UG 等三维绘图软件建立对应的简单模型。为使模拟的载荷设置更简便，模型中弯曲模的球心设在原点，坯料的轴线与 Z 轴共线。

（3）工艺计算。对管件进行分段确定每一段的长度，再建立每一小段中 L_n、R_n、θ_n、ψ_n 等尺寸参数与 X、Y、Z 三个方向的驱动机构的位移 U_x、U_y、U_z 以及运动时间 t 之间的函数关系。

（4）数值模拟。将自由弯曲的三维模型导入仿真模拟软件后完成具体的数值参数设置并提交计算。

图 4.24 为三维自由弯曲的三轴、五轴及六轴构型有限元模型。对于三轴构型来说，管材和弯曲模（被动运动，不设置为刚体）设置为可变形实体，网格划分为 S4R 类型，其他部件均设置为刚体，网格划分为 R3D4 类型。分析步骤设置为动力显式。相互作用设为通用接触，管材与模具切向全局摩擦系数设置为 0.02～0.06。模具内壁附有润滑膜，故模具和管材之间的摩擦系数非常小[13]。载荷设置中压紧机构和导向机构约束所有的自由度，推进机构沿 Z 向设置指定运动速度，其余自由度全部固定，球面轴承设置沿 X 和 Y 方向的运动速度，其余自由度全部固定，管材不设置载荷。对于五轴、六轴构型来说，弯曲模为主动运动，和其他机构一样设置为刚体，网格类型设为 R3D4。管材设置为可变形实体，网格划分为 S4R 或 C3D8R 类型。分析步和相互作用设置与三轴构型类似，不过值得注意的是弯曲模在相互作用中应另外设置为耦合体以实现其多自由度的转动。载荷设置中压紧机构和导向机构约束所有的自由度，推进机构沿 Z 向设置指定运动速度，其余自由度全部固定，弯曲模放开除了 Z 向平动外的全部自由度（在设置速度和角速度时应定义局部坐标系）。

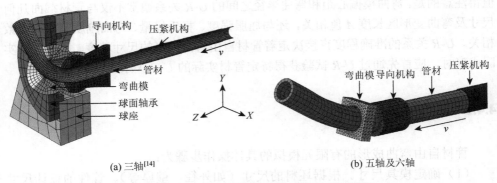

(a) 三轴[14]　　　　　　　　　　　　　　　　(b) 五轴及六轴

图 4.24　管材三维自由弯曲有限元模型（见彩图）

4.4.3　三维自由弯曲受力及形变的一般分析

三维自由弯曲不同成形阶段应力情况如图 4.25 所示。在自由弯曲成形过程中，管坯受到来自推进机构的力 P_L 和来自弯曲模的力 P_u。同时管坯也分别对推进机构和弯曲模施加反作用力。管坯上所受到的等效应力集中分布于弯曲模中心与导向机构前端之间的变形区内。与其他管材成形方法相比，自由弯曲成形的管材变形区相对很短，只有管坯外径的 1.5 倍。相对较短的变形区将增加由 X/Y 轴伺服电机所提供的成形力的大小。如图 4.25（a）所示，在过渡段 1 时，管材在弯曲模的作用下从直线形逐渐被弯曲成曲线形，在这一过程中，管坯外弧侧受到来自弯曲模垂直于管坯表面的压应力，从而产生了较大的切向拉应力，管材内弧侧则由于管坯自身的材料堆积，产生较大的切向压应力。由于此时弯曲模与管坯接触的切点位置相对于全局坐标系处于不断变化中，因此，此时管坯上的高应力区分布范围较大，且在导向端前段有集中分布；从图 4.25（b）可以看出，随着弯曲过程的进行，弯曲变形区相对位置（相对于全局坐标系）基本不发生变化，即位于弯曲模与管坯接触的切点与导向机构之间，这是由于此时弯曲模固定不动，对管坯外侧施加垂直的压应力，管坯受力变形区域较为稳定；从图 4.25（c）可以看出，在过渡段 2 时，管坯内外弧侧分布的应力值均较小，这是由于此时圆弧段的成形过程已经完成，通过对球面轴承运动速度的主动控制，使弯曲模对管坯的变形作用降到最低。

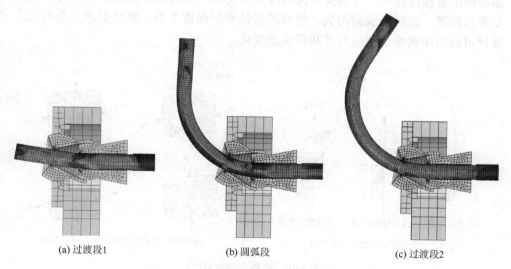

(a) 过渡段1　　　　　　　(b) 圆弧段　　　　　　　(c) 过渡段2

图 4.25　三维自由弯曲不同成形阶段应力情况

在管材三维自由弯曲的初始阶段即成形过渡段 1 时，弯曲模在球面轴承作用下，从零点位置（偏心距 $U=0$）开始运动到一定偏心距的位置，如图 4.26（a）所示。管材在外力矩 M 作用下的弯曲变形大概分为三个阶段：弯曲模开始运动时，加载弯矩的数值不大，其弯曲段变形区内、外侧表面上引起的应力数值 σ 小于材料的屈服极限 σ_s，应变数值 ε 小于 ε_s，管材仅发生弹性变形，这一阶段称为弹性弯曲阶段；随着弯曲模偏心距的增大，在弯曲模偏心距为 U_1 到 U_2 的变化阶段，加载弯矩数值继续增大，达到并超过弹性极限弯矩，管材的曲率半径将变小，变形区的内、外侧表面首先由弹性变形状态过渡到塑性变形状态且塑性变形逐步向中心扩展，此时 $\sigma=\sigma_s$，$\varepsilon>\varepsilon_s$，这一阶段称为弹塑性弯曲阶段；当弯曲模偏心距大于 U_2 以后，加载弯矩可以进一步增大，管材变形区的内、外侧表面开始进入强化阶段，此时 $\sigma>\sigma_s$，应变继续增大，这一阶段称为纯塑性弯曲阶段，也称弹塑性强化阶段。

管材纯塑性弯曲变形区的应力应变状态如图 4.26（b）所示，由于弯曲变形区在弯曲模和导向机构之间，管材的横向变形（宽度方向上）不受约束，因此横向应力为零。又因变形区内金属各层之间的相互挤压引起径向压应力。切向应变是绝对值最大的主应变，因而在其他两个方向上的变形分别与切向应变符号相反，其结果会引起管材截面的畸变，但在三维自由弯曲成形过程中，水平送进的管材先后通过导向机构前端和弯曲模的作用抵消内层金属在横向和径向的伸长变形及外层的压缩变形，从而大大降低截面畸变。管材在成形圆弧段时，弯曲模在最大偏心距位置保持静止，弯曲变形区为纯塑性变形；在成形过渡段 2 时，弯曲模回复零点位置，此时外载荷消失，管材的塑性变形保留下来，弹性变形完全消失，管材可能出现回弹，造成尺寸和形状的变化。

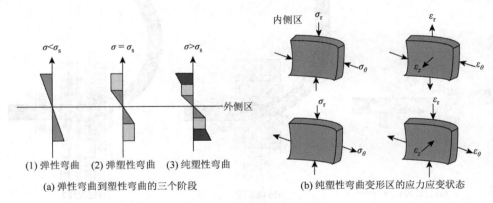

(1) 弹性弯曲　(2) 弹塑性弯曲　(3) 纯塑性弯曲

(a) 弹性弯曲到塑性弯曲的三个阶段　　　　　　(b) 纯塑性弯曲变形区的应力应变状态

图 4.26　弯曲变形过程[17]

4.4.4　工艺参数对成形的影响规律研究

1）管模间隙值对成形效果的影响

由于管坯外径公差等原因，管材与模具之间的间隙通常不可避免且会在一定的允许范围内变化。管材在弯曲成形过程中，其与弯曲模之间的间隙对最终的成形效果有着重要影响。图 4.27 为管材与弯曲模不同间隙值下的自由弯曲模拟结果，图 4.28 为不同间隙值与成形质量指标的关系图。可以看出：随着管模间隙值的增大，最大等效应变值减小，最大等效应力先增大而后减小。管模间隙值为 0.25mm 时等效应力最小，此时管材的成形角度与理论值 90°相差最小。随着管模间隙值的增大，壁厚变化率先减小而后增大。这是由于间隙值减小，管材与弯曲模之间产生的摩擦力增大并抵消部分切向拉应力从而抑制管材外侧的过度减薄，但过小的间隙值又使在弯曲变形区内的金属流动受阻，管材弯曲内侧材料不断受压堆积造成壁厚增厚，甚至出现失稳起皱缺陷。截面畸变率随着间隙值的增大而增大，这是由于管材弯曲外弧面的最大周向拉应力与最大切向拉应力的比值先减小后增大，管材的最大周向拉应力减小、周向压应变增加，管材的横截面畸变严重程度增大。

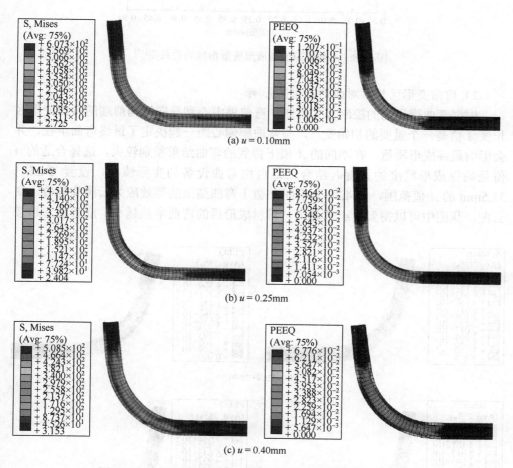

(a) $u = 0.10$mm

(b) $u = 0.25$mm

(c) $u = 0.40$mm

图 4.27　管材与弯曲模不同间隙值下的自由弯曲模拟结果[18]

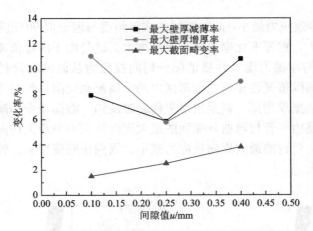

图 4.28　不同间隙值与成形质量指标的关系图[18]

2）弯曲变形区长度对成形效果的影响

根据弯曲模运动的控制公式可知，弯曲模中心到导向机构前端的弯曲变形区长度 A 值是一个重要的初始变量，与弯曲模偏心距一起决定了最终弯曲半径，并会影响最终成形质量。在不同的 A 值下得到的弯曲结果差别较大，选择合适的 A 值是确保成形精度的关键。结合三维自由弯曲设备的实际情况，设置 24.5～31.5mm 的 A 值范围，图 4.29 为不同 A 值下弯曲结果的等效应力云图和等效应变云图。从图中可以得到：A 值越大，管材成形后的弯曲半径越小，成形形状越接

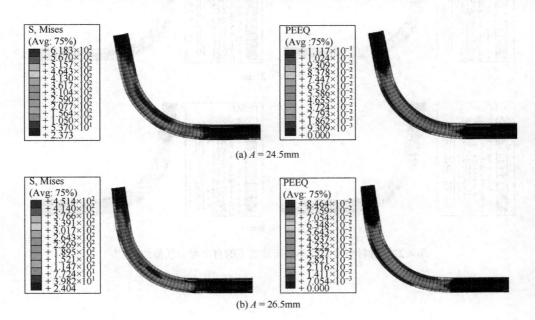

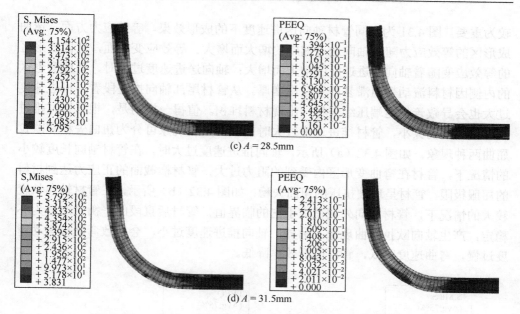

(c) $A = 28.5\text{mm}$

(d) $A = 31.5\text{mm}$

图 4.29　不同 A 值下弯曲结果的等效应力云图和等效应变云图[18]

近理论直角；管材弯曲成形区的等效应力随 A 值的增大先减小后增大，等效应变先减小后增大；A 值过小时管材内外侧的等效应力应变增大，内侧管壁起皱增厚的趋势增大，外侧管壁减薄的趋势明显，截面畸变率增大，如图 4.30 所示。

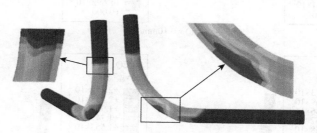

图 4.30　A 值过小时出现的截面畸变现象[18]

3）管材轴向送进速度对成形效果的影响

对于三维自由弯曲成形技术，管材几何尺寸主要通过球面轴承所产生的偏心距及管材送进距离来控制，而管材送料速度则可以在很大的范围内调整。一方面，送料速度与成形效率有关，送料速度越快，成形效率越高。另一方面，随着速度的增加，管材上的应变速率也会相应增加。在这种情况下，材料的变形阻力增加，管材内部可能会发生局部应力集中，管材的成形质量无法得到保证，甚至有可能因为出现轴向屈曲失稳而导致成形过程中断。因此，送料速度对成形效果的影响较为重要。图 4.31 为不同管材轴向送进速度下的成形效果。等效应力方面，弯曲成形区的等效应力随着轴向送进速度的增大而增大。等效应变方面，弯曲变形区的等效应变随着轴向送进速度的增大而增大；轴向送进速度过小时，弯曲变形区的内侧因材料流动受阻滞易产生壁厚增厚。从管材尾部轴向推进段看，推进速度过大也会导致管材尾端压缩失稳，出现材料堆积。值得一提的是，根据管材推进段直段长度的大小，管材推进速度过大时的轴向失稳现象可分为扭曲失稳和欧拉屈曲两种现象。如图 4.32（a）所示，轴向推进速度过大时，在管材轴向长度较小的情况下，管材在弯曲变形区内受到的阻力过大，管材横截面的正应力达到材料的屈服极限，管材呈现被挤压的扭曲失稳；如图 4.32（b）所示，在管材轴向长度较大的情况下，管材轴向外载荷大于它的临界值，管材后直段的平衡状态变为不稳定，产生轴向欧拉屈曲现象。另外，轴向推进速度过小，会导致弯曲模运动速度过慢，弯曲速度降低，管材成形效率降低。

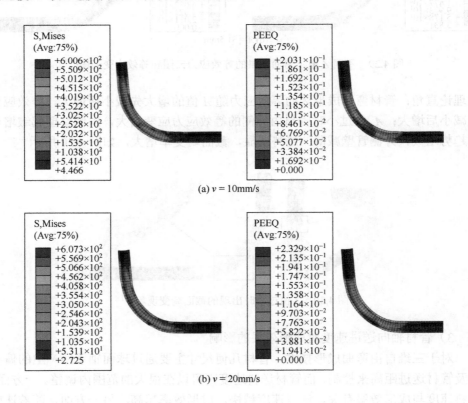

(a) $v = 10\text{mm/s}$

(b) $v = 20\text{mm/s}$

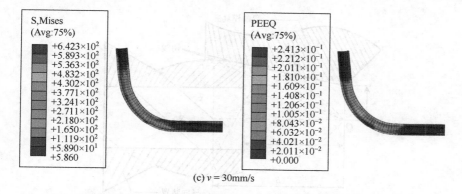

(c) $v = 30\text{mm/s}$

图 4.31　不同管材轴向送进速度下弯曲结果的成形效果[18]

(a) 扭曲失稳　　　　　　　　　　　　　　　　　(b) 欧拉屈曲

图 4.32　轴向推进速度过大时管材弯曲的失稳现象[18]

4.5　自由弯曲成形设备及相关成形试验

4.5.1　三轴自由弯曲模设计

　　三维自由弯曲设备根据弯曲模的运动自由度可分为三轴、五轴及六轴构型，其中三轴构型中弯曲模的转动为被动运动，这使得三轴自由弯曲设备的模具设计更为复杂，特别是弯曲模尾部与导向机构的球面连接设计关系到弯曲模的理论最大工作行程，进而直接影响设备所能达到的最小弯曲半径。相较于三轴自由弯曲设备采用的弯曲模与导向机构的配合形式，采用图 4.33 所示的球面连接形式可使弯曲模的可控性和工作稳定性更好，管材的成形精度更高。在球面连接形式下，弯曲模的运动有三个基本限制条件：①弯曲模不脱离导套前端；②弯曲模不碰撞导套后端；③管材被推出弯曲模内孔后不与弯曲模内壁发生接触和碰撞；④弯曲模转动后左上点不能越过起始位置与球面轴承接触的终点。

　　由于球对称性，弯曲模在 XY 平面内运动时，红色曲线绕轴 OO' 旋转 360° 形成的包络曲面能够保证始终与导向机构外球面相切，并且相切线是封闭的，从而实现弯曲模的稳定运动。如图 4.33 所示，初始位置时，OO' 虚线上方的曲线的圆心与导向机构的球心共线，并且与导向机构的外球面相切，切点为 M。弯曲模的球心为 O，导向机构球心为 O'，半径为 R_1，弯曲模球心与导向机构球心距离为 B。

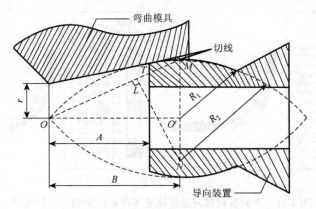

图 4.33　弯曲模与导向机构的球面连接形式[13]

连接 OM，作 OM 的中垂线交 $O'M$ 于点 N，点 N 即半径为 R_2 的圆的圆心。由图知 $\triangle OO'M$ 相似于 $\triangle NLM$，故根据三角形相似性原理可得

$$R_2 = MN = ML \times OM / O'M = OM^2 / 2O'M = (B^2 + R_1^2) / 2R_1 \quad [13] \quad (4.14)$$

图 4.34 为弯曲模与导向机构球面连接的运动示意简图。图中，弯曲模被简化为粗实线的对称封闭曲线，导向机构被简化为细实线的圆。事实上，弯曲模的平动和转动是同时进行的，为了简化模型，先使弯曲模平动到预定偏心距的位置，然后再发生相应的转动使其与导向机构相切。

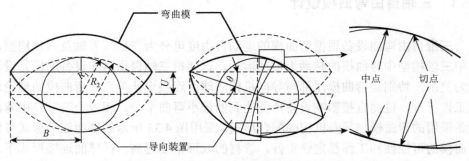

图 4.34　弯曲模与导向机构球面连接的运动示意简图[13]

从图 4.34 中可以看出，弯曲模与导向机构的切点并不是弯曲模弧线的中点，并且两者的连线也不经过导向机构的圆心。根据对称性，弯曲模尾部与导向机构相切的闭合曲线不再是通过球心的圆，而是圆半径小于球半径的圆。但是弯曲模的轴向平分线还是通过导向机构中心，故弯曲模转动的角度可通过以下公式计算[13]：

$$\theta = \arctan\left(\frac{U}{B}\right) \quad (4.15)$$

4.5.2 最小相对弯曲半径研究

目前五轴或六轴构型的三维自由弯曲设备最小弯曲半径可达 $2D$（管材外径），这一成形极限主要由管材本身的力学性能决定。然而由于三轴构型中特殊的模具装配结构在运动过程中存在几何限制，现在商用的三轴三维自由弯曲设备的最小弯曲半径一般仅为 $3D$（通过某特殊的模具设计最小弯曲半径可达 $2.5D$）。本章基于 4.5.1 节优化设计的弯曲模机构，通过特殊的模具 CAD 设计，获得了弯曲半径为 $2.5D$ 的三轴三维自由弯曲模拟结果，如图 4.35 所示。

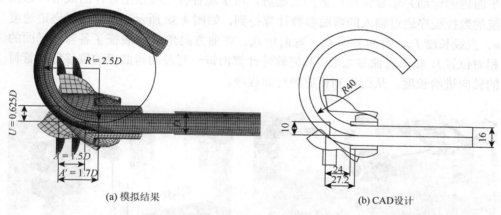

(a) 模拟结果   (b) CAD 设计

图 4.35 三轴三维自由弯曲设备的最小弯曲半径（单位：mm）（见彩图）

为了确定三轴系统的弯曲成形极限，基于上述模具设计和 6061-T6 铝合金管坯（$D_0=15mm$，$t=1mm$），通过逐渐增大弯曲模的偏心距（$U=4.5mm$、6.0mm、7.5mm、9.0mm、10.5mm、11.25mm），寻找管材成形极限的规律。图 4.36 为不同弯曲模偏心距下的铝合金管自由弯曲结果。从图可知，随着弯曲模偏心距的增大，管材的弯曲半径逐渐减小，偏心距值为 11.25mm 时弯曲半径最小，约为 $2.7D_0$。在一定范围内，弯曲模偏心距的增大会增大管材的径向变形量和截面椭圆度。弯曲模偏心距进一步增大，由于管材必须通过弯曲模具的通道，管材被迫向后拉直从而导致弯曲半径增加，同时椭圆度进一步增大。过大的椭圆度除了导致

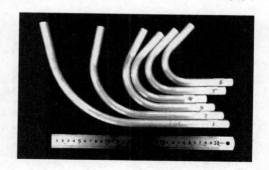

图 4.36 不同弯曲模偏心距下的
铝合金管自由弯曲结果

管材的几何变形和公差的误差外，还会增加作用成形应力，这种高成形应力可能导致应力腐蚀。如果弯曲管件作为在后续液压胀形工艺中的预弯曲构件，那么可能在胀形过程中导致管内侧产生裂纹。

4.5.3　自由弯曲成形设备研制

基于国内外已有的关键技术及设备整体研究进展，南京航空航天大学塑性成形团队研制出具有完全自主知识产权的三轴及六轴三维自由弯曲成形系统，如图 4.37 所示。该系统基于三维自由弯曲设备的三轴构型，通过控制弯曲模在 XY 平面内的运动并结合管材在 Z 向的送进，可实现各种三维造型管件的成形。该系统的数控程序通过输入的弯曲参数计算得到，如图 4.38 所示，包括管材送进速度 v、直线长度 L_n、弯曲半径 R_n、弯曲角 θ_n、弯曲方向角 ψ_n（表征了各弯曲平面的相对位置）。输入弯曲参数后，几何软件计算出每一弯段的弯曲模的偏移量及管材的轴向进给长度，从而得到相应的弯曲程序。

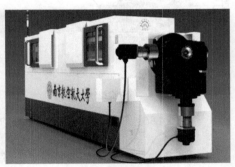

(a) 三轴系统　　　　　　　　　　　　(b) 六轴系统

图 4.37　具有完全自主知识产权的三轴及六轴三维自由弯曲成形系统

图 4.38　金属管材三维自由弯曲软件系统[19]

4.5.4　自由弯曲成形试验研究

1）6061-T6 铝合金 *U-R* 关系成形试验

6061-T6 铝合金 *U-R* 关系成形试验在自主研制的三维自由弯曲成形设备上进行。该三维自由弯曲成形设备在 *X/Y/Z* 三个方向的运动通过 *X/Y/Z* 三个方向的伺服电机进行实时控制。成形过程中，设置弯曲模运动的偏心距大小分别为 4.68mm、5.20mm、5.50mm、5.85mm、6.70mm、7.87mm、8.63mm、9.57mm，保持管材与设备成形部位的润滑状况恒定，弯曲模中心和导向机构前端之间的距离为22.5mm，管材与模具之间的间隙为 0.1mm，设定推进速度为 20mm/s。不同偏心距下管材弯曲半径与偏心距之间的关系曲线如图 4.39 所示。

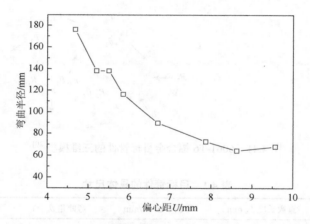

图 4.39　不同偏心距下管材弯曲半径与偏心距之间的关系曲线

从图 4.39 中可以看出，随着偏心距的增大，管材的弯曲半径逐渐减小，并且减小的幅度随偏心距的增大逐渐减小。为了更好地描述 *U* 与 *R* 的关系，做出了偏心距 *U* 与弯曲曲率 $1/R$ 的关系。$1/R$ 随 *U* 的变化呈近似线性，因此，对所得结果进行了线性拟合，拟合所得结果如图 4.40 所示。

2）6061-T6 铝合金目标管件成形试验

基于得到的 6061-T6 铝合金 *U-R* 关系曲线，本节拟对 6061-T6 铝合金空心构件的三维自由弯曲工艺过程实际弯曲成形。图 4.41 为目标管件的三维模型，其中 $P_1 \sim P_4$ 为四个弯曲平面。目标管件的外径为 15mm，壁厚为 2mm，轴向总长为1558mm，各个弯曲平面的具体尺寸如表 4.1 所示，其中 ψ_n 表示各个弯曲平面的夹角（锐角）。

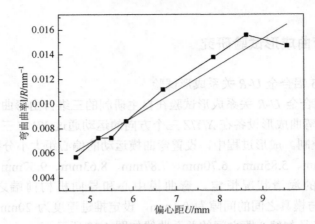

图 4.40　成形试验所得 $1/R\text{-}U$ 关系曲线的拟合结果

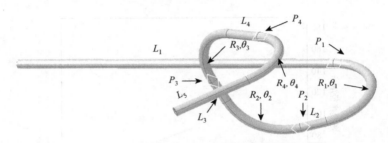

图 4.41　6061-T6 铝合金目标管件的三维模型[20]

表 4.1　目标管件的具体尺寸

弯曲平面	直段长度 L_n/mm	弯曲半径 R_n/mm	弯曲角 θ_n/(°)	弯曲平面夹角 ψ_n/(°)
P_1	600	77.5	137	—
P_2	40	71	106	45
P_3	40	68	157	45
P_4	50/120	83	170	45

　　图 4.42 为试验结果与三维数模和模拟结果的形状对比，从图中可以看出三者的形状完全一致。表 4.2 为试验成形管件的几何尺寸、误差对比及各个弯曲平面内的最大壁厚减薄率、最大截面畸变率。从表中可以看出管件的弯曲半径误差相对较小，最大偏差不超过 ±5%，说明本章所得 6061-T6 铝合金 $U\text{-}R$ 关系较为准确可靠。但直段长度及弯曲角与设计尺寸相差较大，这里涉及过渡段问题，为了进一步提高成形精度，应根据实际设备的工况对理论计算公式进一步修正。管件最大壁厚减薄率不超过 9%，最大截面畸变率不超过 5%，具有较好的成形质量。

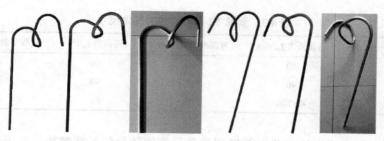

图 4.42　试验结果与三维数模和模拟结果的形状对比[20]

表 4.2　试验成形管件的几何尺寸、误差对比及各个弯曲平面内的
最大壁厚减薄率、最大截面畸变率

项目	直段长度 L_n	弯曲半径 R_n	弯曲角 θ_n	弯曲平面夹角 ψ_n	最大壁厚减薄率	最大截面畸变率
P_1		81mm	120°		6.57%	4.45%
误差		4.5%	−12.4%			
P_2	44mm	75mm	98°	48°	8.74%	3.38%
误差	10%	5.6%	−7.5%	6.7%		
P_3	42.5mm	70.5mm	145°	43°	7.65%	4.89%
误差	6.25%	3.7%	−7.6%	−4.4%		
P_4	53mm	80mm	156°	46°	8.21%	4.14%
误差	6%	−3.6%	−8.2%	2.2%		

3）紫铜 T2 管材自由弯曲成形试验

首先建立紫铜 T2 的 U-R 关系曲线，并对液压系统管路中的紫铜 T2 管件的三维自由弯曲工艺过程实际弯曲成形。图 4.43 为目标管件的三维模型，其中 $P_1 \sim P_3$ 为三个弯曲平面。目标管件的外径为 15mm，壁厚为 1mm，轴向总长为 1172mm，各个弯曲平面的具体尺寸如表 4.3 所示。

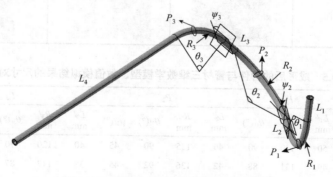

图 4.43　紫铜 T2 目标管件的三维模型[18]

表 4.3　紫铜 T2 目标管件的具体尺寸

弯曲平面	直段长度 L_n/mm	弯曲半径 R_n/mm	弯曲角 θ_n/(°)	弯曲平面夹角 ψ_n/(°)
P_1	50	130	90	—
P_2	40	135	90	45
P_3	40/500	120	90	45

　　利用有限元模拟技术分析并得到该目标管件的最佳工艺参数，基于最佳工艺参数，本节在自主研制的三维自由弯曲成形设备上对目标管件进行了实际的弯曲试验，管材成形过程中未出现扭曲或轴向失稳的现象。表 4.4 为成形后的管件与管材三维数学模型、数值模拟结果的形状对比。对比结果显示，三者形状一致，无明显差异。通过激光扫描成形后的管件获得了各项尺寸参数，表 4.5 为其与管材三维数学模型、数值模拟结果的尺寸对比。对比结果显示，成形尺寸、模拟尺寸与设计尺寸均较接近，前两者与设计尺寸的误差都较小，其中直线段长度误差为±2mm，弯曲半径误差为±4mm，弯曲角误差为±3°，弯曲模平面角误差为±2°。管材弯曲的成形试验结果与有限元模拟结果较吻合，有限元模拟分析能对实际弯曲成形起到很好的指导作用。

表 4.4　成形后的管件与管材三维数学模型、数值模拟结果的形状对比

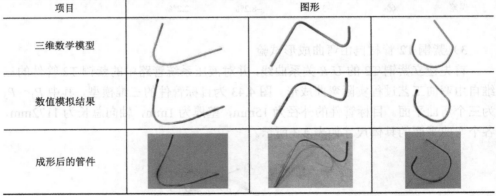

项目	图形
三维数学模型	
数值模拟结果	
成形后的管件	

表 4.5　成形后的管件与管材三维数学模型、数值模拟结果的尺寸对比

项目	P_1			P_2				P_3				
	L_1/mm	R_1/mm	θ_1/(°)	L_2/mm	R_2/mm	θ_2/(°)	ψ_1/(°)	L_3/mm	R_3/mm	θ_3/(°)	ψ_2/(°)	L_4/mm
三维数学模型	50	130	90	40	135	90	45	40	120	90	45	500
数值模拟结果	49	131	88	42	136	92	45	38	117	87	43	500
成形后的管件	48	129	93	39	137	91	44	40	116	89	46	498

表 4.6 为实际成形后的管件与数值模拟结果的质量对比。从表中数据可知，成形后管件典型截面的椭圆度稍大于数值模拟结果，最大壁厚减薄率 9.22%与数值模拟结果最小值 3.87%相差较大。以上结果表明，管件成形质量较好，没有出现明显的截面畸变、壁厚过分增厚减薄现象。实际成形和数值模拟所得到管件的椭圆度都很小，这是由于三维自由弯曲成形设备中弯曲模内腔与管材紧密贴合，可以很好地限制弯管成形过程中管材的截面畸变。最大壁厚减薄率数值较大，是由于三维自由弯曲成形设备中缺少内置芯棒，进而导致自由弯曲所得到的管件的外侧减薄率通常较大。成形后管材最大壁厚减薄率与数值模拟结果相差较大，是由于设备装配误差造成管材与模具之间的间隙较大，进而加剧了实际成形过程中管件外侧的减薄，使实际成形的管件的截面畸变率比数值模拟结果大。因此，为进一步减小壁厚减薄率，有必要对内置芯棒固定方式与芯棒形式进行系统研究，这也将是自由弯曲成形技术未来研究的重点之一。

表 4.6　成形后的管件与数值模拟结果的质量对比

项目	数值模拟结果			成形后的管件		
典型截面	P_1	P_2	P_3	P_1	P_2	P_3
椭圆度/%	1.93	2.44	2.15	2.06	2.50	2.17
壁厚减薄率/%	3.87	4.23	4.47	8.45	9.22	8.98

4.6　三维自由弯曲成形技术应用

三维复杂空心弯曲构件是用于工业各领域的重要零部件，在航空航天、核电、汽车、舰船、能源、建筑以及其他民用工业等诸多领域有重要且广泛的应用[21-23]。对于规格众多的复杂弯曲构件，常规弯曲工艺仅适用于几何形状较简单、弯曲半径不连续变化的弯曲构件的成形。对于具有三维空间轴线、异型复杂截面、变曲率半径、无直段连续弯曲、截面畸变和壁厚减薄要求高等特征的弯曲构件，常规弯曲成形技术具有一定的局限性，存在着"做不了"及"做不好"的问题。

三维自由弯曲成形技术通过控制弯曲模在三维空间内的运动轨迹以实现管材、型材及线材等弯曲构件的柔性、精确成形，显著提高了构件的几何精度及复杂程度。与传统弯曲成形工艺相比，三维自由弯曲成形具有无须换模即可实现弯曲半径的连续变化，可成形变曲率半径轴线，尤其适用于具有三维空间轴线、异型复杂截面、变曲率半径、无直段连续弯曲等特征的弯曲构件的成形加工。同时，该技术可快速一次成形，生产效率高。目前，三维自由弯曲成形技术在多个领域获得了应用，如图 4.44 所示。

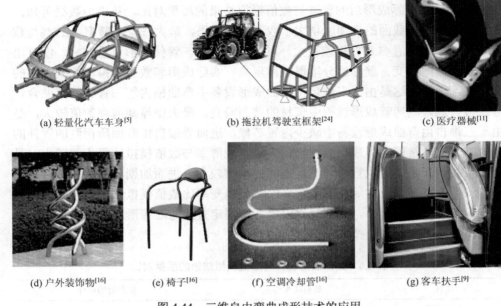

(a) 轻量化汽车车身[5]　　　　　　(b) 拖拉机驾驶室框架[24]　　　　　(c) 医疗器械[11]

(d) 户外装饰物[16]　　　(e) 椅子[16]　　　(f) 空调冷却管[16]　　　(g) 客车扶手[9]

图 4.44　三维自由弯曲成形技术的应用

4.6.1　螺旋管三维自由弯曲成形

作为环形件的特殊产品，螺旋管在相同体积空间内管道扫掠面积大，故其作为传热散热管件，换热面积大且换热效率高。螺旋管在航空航天、汽车、化工、冶金、石油、建筑、城市集中供热、空调以及热水供应系统等领域的应用十分广泛[25]。相比于传统弯曲方法成形螺旋管，三维自由弯曲成形技术成形的螺旋管具有实现螺旋管弯曲半径的实时变化、成形质量较高、控制简易等优点。本节对螺旋管的三维自由弯曲成形工艺进行了解析和优化，通过改变弯曲模每次摆动的角度达到成形优化的目的。基于有限元仿真平台，完成了螺旋管工艺优化前后的模拟成形，发现优化后的成形质量较好。

螺旋管紧密程度主要由螺旋直径 D 和螺距 S 共同决定，示意图如图 4.45 所示。从图中可以观察到，螺旋直径 D 和螺距 S 通过影响螺旋角来改变螺旋管的紧密程度，螺旋直径 D 和螺距 S 越小，螺旋结构件越紧凑。在自由弯曲过程中，通过改变偏心距 U、A 值等参数来成形各种复杂构件。结合螺旋直径为 D、螺距为 S、螺旋圈数为 n 的螺旋管，得到通过自由弯曲技术成形螺旋管的工艺解析。工艺解析如图 4.46 所示。首先根据螺旋直径 D 来确定弯曲半径 R，并通过弯曲半径 R 和弯曲模中心与导向机构前端的距离 A 值来确定 Y 向偏心距 U_y、运动时间 t_1 及停留时间 t_2。根据螺旋圈数 n 确定弯曲模从 U_y 位置运动至 U_x 位置过程中弯曲模偏转次

数 N 及偏转角度 θ_n。通过螺旋直径 D 和螺距 S 确定单圈螺线长 L 和半圈螺线长 $L/2$，并根据螺线长、弯曲模偏转角速度 ω 及管材匀速送进的速度 v 来确定弯曲模每次的偏转时间 t_s、t_k 和停留时间 t_{ss}、t_{kk}。弯曲模运动至 X 向偏心距 U_x 位置后不作停留，立即返回初始位置 O。

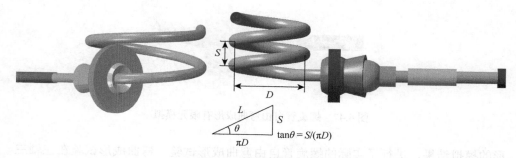

图 4.45　螺旋管示意图

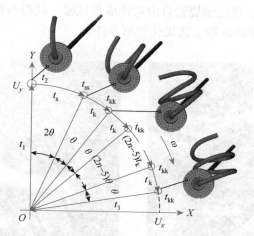

图 4.46　螺旋管自由弯曲成形技术工艺解析[26]（见彩图）

　　在螺旋管自由弯曲成形工艺中，螺距的形成是通过摆动弯曲模实现的。在弯曲模每次摆动的过程中，弯曲模都会对成形的管材有径向力的作用，当摆动角度增大时，径向力也相应增加。本节对初始螺旋管自由弯曲工艺进行优化，增加单个螺线圈弯曲模的摆动次数，以减小每次摆动的角度，减小应力集中，提高成形质量。如图 4.47 所示，通过有限元模拟，完成了螺旋管工艺优化前后的模拟成形，发现优化后的成形质量较好。

　　通过螺旋管成形的有限元模拟结果，可观察到改进后的工艺明显改善了螺旋管的成形质量，有效缓解了截面畸变、应力集中等缺陷。基于螺旋管自由弯曲成

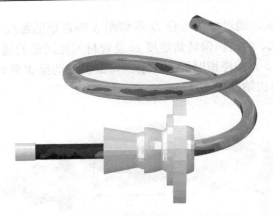

图 4.47　螺旋管自由弯曲成形有限元模拟

形的模拟结果，进行了实际的螺旋管自由弯曲成形试验。弯曲成形试验在三轴三维自由弯曲设备上进行，管材选取壁厚为 1mm、管径为 15mm 的 6061-T6 铝合金管，如图 4.48 所示。通过螺旋管自由弯曲成形试验，获得与模拟相吻合的结果，验证了螺旋管自由弯曲成形工艺优化的可靠性。

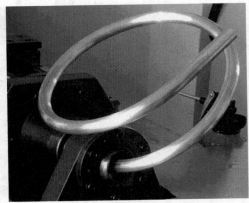

(a) 试验装备　　　　　　　　　　　　　　　(b) 成形过程

图 4.48　螺旋管自由弯曲成形试验

4.6.2　铜铝双金属管三维自由弯曲成形

双金属管及管状件具有优良的耐腐蚀性、高强度、低成本等综合性能，在管道运输等许多关键工业领域发挥着重要作用[27-29]。双金属管可以提供结构和功能特性的组合，例如，铜铝双金属管与全铜管相比，具有质量较轻、耐腐蚀性较高等优点。因此，双金属管弯曲成形的研究对双金属管在工业上的应用具有重要意义。在自由弯曲过程中，通过对弯曲模具的精确多轴控制，可以将管材成形出各种形状复杂的弯曲部件。三维自由弯曲成形技术属于增量成形技术的一种，对于防止起皱、回弹和截面变形等缺陷具有较大的优势。尤其对双金属管在弯曲过程中的界面分离有抑制作用。本节首先建立三维自由弯曲条件下铜铝双金属管壁厚分布的理论网格模型，通过仿真和试验验证模型的可靠性，揭示铜铝双金属管三维自由弯曲应变中性层的偏移规律，指出铜铝双金属管与单金属管 U-R 曲线的差异规律。

　　双金属管内外层金属的力学性能差异，导致整体的弯曲变形分析十分复杂。通过简化条件，假设管材变形遵循恒定体积的金属塑性成形原理，而管材应力应变关系满足材料本构模型。图 4.49 为铜铝双金属管自由弯曲的受力分析示意图。由图 4.49 可以看出，铜管的最小厚度小于铜铝双金属管中铜层的最小厚度，而铝管的最小厚度大于铜铝双金属管的最小厚度；铜管的最大壁厚大于铜铝双金属管中铜层的最大壁厚，而铝管的最大壁厚小于铜铝双金属管中铝层的最大壁厚。

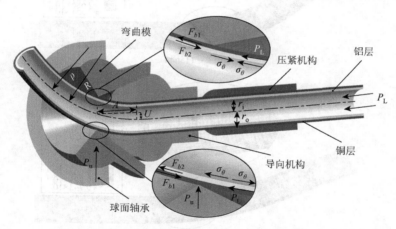

图 4.49　铜铝双金属管自由弯曲的受力分析示意图[30]

　　通过铜铝双金属管三维自由弯曲的有限元模拟，对上述理论模型进行了验证。首先，使用 CATIA 三维绘图软件建立三维模型，并导入 ABAQUS 仿真软件。管材采用 T1 普通铜和 6061-T6 铝合金复合双金属管。分析步骤设置为动力显式。相互作用被设定为通用接触。切向管与模具整体摩擦系数为 0.02。铜铝双金属管外径为 15mm，铜铝金属层厚度均为 1mm。模型中使用的元素类型是壳元素。双金属管的铝层被分成 9880 个单元，铜层被分成 11440 个单元。铜铝双金属管的壁厚分布受不同弯曲半径的影响。图 4.50 表示了不同弯曲半径的铜铝双金属管的壁厚分布，由图可知随着弯曲半径的增大，铜铝双金属管弯曲内侧的增厚逐渐减小，壁厚分布逐渐减小，弯曲外侧的壁厚减薄也被抑制。

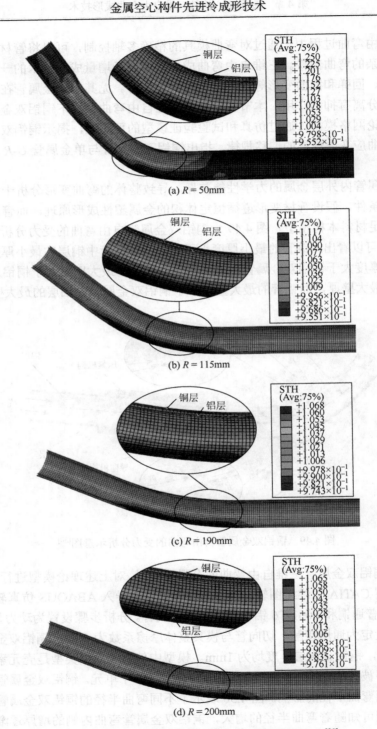

(a) R = 50mm

(b) R = 115mm

(c) R = 190mm

(d) R = 200mm

图 4.50　不同弯曲半径的铜铝双金属管的壁厚分布[30]

根据有限元模拟结果，对铜铝双金属管进行了三维自由弯曲试验。图 4.51 为实际的弯曲过程和成形管件。表 4.7 给出了铜铝双金属管弯曲半径的试验结果与三维数值模型的对比结果。从表可以看出试验成形效果良好，弯曲半径误差小于 3%。试验成形尺寸接近三维数值模型，验证了有限元模拟的可靠性。

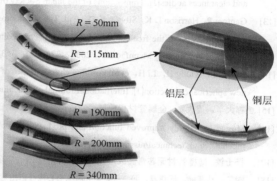

图 4.51　铜铝双金属管实际弯曲过程和成形管件[30]（见彩图）

表 4.7　铜铝双金属管弯曲半径的试验结果与三维数值模型的对比结果

三维数值模型	340	200	190	115	50
试验结果	336	202	186	115	49

参 考 文 献

[1]　Tekkaya A E，Homberg W，Brosius A. 60 Excellent Inventions in Metal Forming[M]. Berlin：Springer Vieweg，2015.

[2]　陶杰，熊昊，万柏方，等. 三维自由弯曲成形装备及其关键技术[J]. 精密成形工程，2018，10（4）：1-13.

[3]　Murata M，Ohashi N，Suzuki H. New flexible penetration bending of a tube：1st report，a study of MOS bending method[J]. Transactions of the Japan Society of Mechanical Engineers C，1989，55：2488-2492.

[4]　Murata M. Effects of inclination of die and material of circular tube in MOS bending method[J]. Transactions of the Japan Society of Mechanical Engineers C，1996，62（601）：3669-3675.

[5]　Gantner P. The characterisation of the free-bending technique[D]. Glasgow：Glasgow Caledonian University，2008.

[6]　Etaitech. J.NEU free bending machine [EB/OL]. http://www.etaitech.com/about/?118.html[2018-11-24].

[7]　郭训忠，马燕楠，徐勇，等. 三维自由弯曲成形技术及在航空制造业中的潜在应用[J]. 航空制造技术，2016，518（23-24）：16-24.

[8]　郭训忠，熊昊，王辉，等. 一种基于多足并联机器人的复杂构件三维自由弯曲成形方法：中国，CN106903191A[P]. 2017.

[9]　Goto H，Ichiryu K，Saito H，et al. Applications with a new 6-DOF bending machine in tube forming processes[C].

The 7th International Symposium on Fluid Power, Toyama, 2008.

[10]　Hoffmann M, Leischnig S, Naumann C, et al. HexaBend-Freiformbiegen Auf Einer Parallel Kinematischen Biegemaschine[M]. Fraunhofer: Institut für Werkzeugmaschinen und Umformtechnik, 2013.

[11]　Kikuchi. Research and development [EB/OL]. http://www.kikuchiseisakusho.co.jp/en/business/rd.html[2018-09-29].

[12]　Kawasumi S, Takeda Y, Matsuura D. Precise pipe-bending by 3-RPSR parallel mechanism considering springback and clearances at dies[J]. Transactions of the Japan Society of Mechanical Engineers, 2014, 80 (820): 1-16.

[13]　Gantner P, Harrison D K, Silva A K D, et al. The development of a simulation model and the determination of the die control data for the free-bending technique[J]. Proceedings of the Institution of Mechanical Engineers Part B Journal of Engineering Manufacture, 2007, 221 (2): 163-171.

[14]　Guo X Z, Xiong H, Li H, et al. Forming characteristics of tube free-bending with small bending radii based on a new spherical connection[J]. International Journal of Machine Tools and Manufacture, 2018, 133: 72-84.

[15]　鄂大辛, 周大军. 金属管材弯曲理论及成形缺陷分析[M]. 北京: 北京理工大学出版社, 2016.

[16]　Murata M. Highly improved function and productivity for tube bending by CNC bender [EB/OL]. http://www.tubenet.org.uk/technical/nissin.html[2018-11-11].

[17]　杨士铁. 薄壁管材无芯弯曲成形技术研究[D]. 广州: 广东工业大学, 2010.

[18]　熊昊, 马燕楠, 周曙君, 等. 三维复杂轴线空心构件自由弯曲成形技术研究[J]. 塑性工程学报, 2018, 25 (1): 100-110.

[19]　Guo X Z, Xiong H, Xu Y, et al. Free-bending process characteristics and forming process design of copper tubular components[J]. International Journal of Advanced Manufacturing Technology, 2018, 96 (9-12): 3585-3601.

[20]　熊昊, 万柏方, 陶杰, 等. 三维自由弯曲技术及变形区长度优化数值模拟研究[J]. 精密成形工程, 2018, 10 (4): 14-21.

[21]　刘忠利. 汽车扭力梁纵臂多工步成形数值模拟及试验研究[D]. 南京: 南京航空航天大学, 2016.

[22]　Yang H, Li H, Zhang Z Y, et al. Advances and trends on tube bending forming technologies[J]. Chinese Journal of Aeronautics, 2012, 25 (1): 1-12.

[23]　Li H, Yang H, Zhang Z Y, et al. Multiple instability-constrained tube bending limits[J]. Journal of Materials Processing Technology, 2014, 214 (2): 445-455.

[24]　Chatti S, Hermes M, Tekkaya A E, et al. The new TSS bending process: 3D bending of profiles with arbitrary cross-sections[J]. CIRP Annals-Manufacturing Technology, 2010, 59 (1): 315-318.

[25]　王林. 螺旋盘管的工艺研究及数值模拟[D]. 秦皇岛: 燕山大学, 2006.

[26]　靳凯, 郭训忠, 徐勇, 等. 一种螺旋式三维复杂弯曲件的自由弯曲成形方法: 中国, CN107008787A[P]. 2017.

[27]　张文毓. 双金属复合管的研究与应用[J]. 装备机械, 2016, (3): 70-73.

[28]　Wang X, Li P, Wang R. Study on hydro-forming technology of manufacturing bimetallic CRA-lined pipe[J]. International Journal of Machine Tools and Manufacture, 2005, 45 (4): 373-378.

[29]　潘毓滨. 金属复合管强力旋压工艺研究[D]. 哈尔滨: 哈尔滨工业大学, 2012.

[30]　Guo X Z, Wei W B, Xu Y, et al. Wall thickness distribution of Cu-Al bimetallic tube based on free bending process[J]. International Journal of Mechanical Sciences, 2019, 150: 12-19.

第5章 变径管空心构件旋压成形技术

金属管材旋压成形技术具有变形均匀、成形力小、材料利用率高、制造成本低、制件几何精度高及性能优越等突出优势，可实现圆筒、环形、拉瓦尔管形以及带筋的筒件和管件等的成形，是一种经济、快速成形回转体零件的重要方法[1]。诸多航空航天产品如鼻锥、燃烧室衬套、整流罩、发动机喷管、小锥体筒形零件等回转体部件特别适合采用旋压成形技术[2]。另外，汽车排气管等零件由于局部膨胀量很大，可直接大尺寸管坯实施旋压缩径成形。非回转大膨胀量汽车构件也可以首先采用旋压制坯，再采用液压胀形技术进行成形，可以显著降低制造难度。

本章首先介绍管材旋压成形技术原理及成形效果的影响因素等；进而介绍采用多道次缩径旋压成形技术整体制造高温合金细长变径管，并通过数值模拟及试验研究对其成形工艺及特点进行分析。

5.1 管材旋压成形技术及分类

5.1.1 简介

旋压是利用旋压工具对旋转坯料施加压力，使之产生连续的局部塑性变形，成形为所需的空心回转零件的塑性加工方法[2]。旋压成形过程中，先将坯料固定在芯模上，使芯模和坯料随着机床主轴一起转动，旋轮做轴向和径向的进给运动，使坯料产生连续的塑性变形，从而获得所需形状和尺寸的制件薄壁回转体零件[3]。旋压工艺的加工示意图如图 5.1 所示。

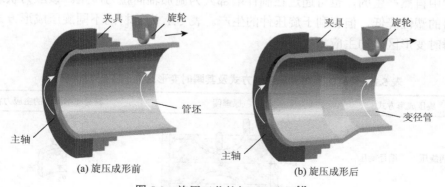

图 5.1 旋压工艺的加工示意图[4]

5.1.2　分类

管材旋压一般可分为普通旋压和强力旋压两大类[2]。

1）管材普通旋压

普通旋压是指在旋压过程中坯料形状发生变化但壁厚保持不变，基本成形方式主要有缩径旋压和扩径旋压[5]。

缩径旋压是指使用旋轮对旋转中的毛坯的中部或端部逐次地进行径向收缩变形的方法。在缩径旋压过程中，零件直径减小的同时材料沿轴向流动，壁厚也可能出现不变、变薄和增厚现象，壁厚的变化与材料的性质、缩径程度、旋轮几何形状、旋轮成形工艺参数等因素有关。根据工件的形状、材料和质量要求，可采用无芯模缩径旋压、内芯模缩径旋压及滚动芯模缩径旋压等方式。扩径旋压是将旋轮伸入旋转毛坯的内部并使之径向向外旋压，从而使工件直径扩张变形的旋压方法[2]。

2）管材强力旋压

旋压加工过程中壁厚明显减薄的方式称为强力旋压[3]。筒形件强力旋压是指在旋压过程中，旋轮对管状毛坯施加压力，使其壁厚减薄的成形方式，可用于加工筒形件和管形件。

5.1.3　变形区应力状态

管材旋压成形方式种类众多，但瞬时变形区中主要的主应力状态基本只有两种：两向受压和一向受拉或三向受压。由塑性成形原理可知，当管材变形区处于三向受压应力状态时，材料的塑性变形较好。旋压过程中的拉应力可以是在旋压过程中自然产生的，也可通过在制件端部人为施加轴向拉力产生。该应力状态使材料的塑性降低，但有利于旋压件的生产。表 5.1 为管材的不同旋压成形方式及其瞬时变形区内的主应力状态。

表 5.1　管材的不同旋压成形方式及其瞬时变形区内的主应力状态[2, 6]

旋压成形方式		原理图	瞬时变形区内的主应力状态
普通旋压	缩径旋压	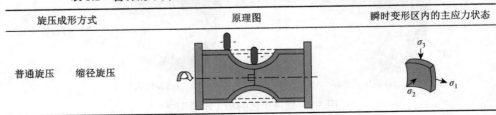	

续表

旋压成形方式		原理图	瞬时变形区内的主应力状态
普通旋压	扩径旋压		
强力旋压	正旋		
	反旋		

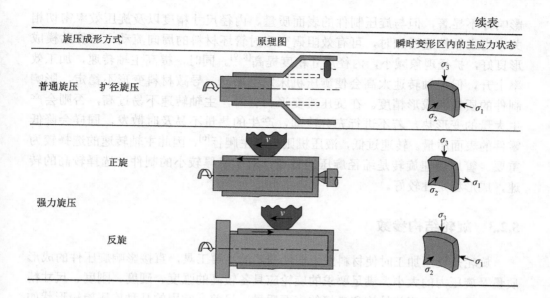

5.2　管材旋压成形关键工艺参数

合理的工艺参数的选择直接决定着材料在强力旋压时的变形过程，也就影响着旋压件的质量、旋压力的大小和旋压的生产效率[7]。旋压过程的关键工艺参数包括旋轮进给量、主轴转速、旋轮形状、芯模、旋压运动轨迹、润滑条件等。

5.2.1　旋轮进给量

旋轮进给量 f(mm/r)是旋轮的轴向移动速度 v_s 与主轴转速 w 之间的比值。不同旋轮进给量对于旋压成形过程及旋压制件的质量影响有显著差异。在一般情况下，增大旋轮进给量可使工件贴模性较好，有助于提升旋压制件内表面尺寸精度和生产效率。但旋轮进给量过大会使零件表面粗糙，因此为获得高精度的成形件，需要采取合理的旋轮轴向进给量。通常，对于体心立方晶格的金属材料，旋轮进给量一般取 0.1～1.5mm/r；对于面心立方晶格的金属材料，旋轮进给量一般取 0.3～3mm/r[2]。

5.2.2　主轴转速

主轴转速是指主轴带动芯模或坯料高速旋转的速度。主轴转速对旋压过程的影响并不显著，但与旋压制件的表面质量、内径尺寸精度以及旋压效率密切相关。当主轴转速增加时，可有效阻碍变形时管坯材料的周向流动，工件贴模成形良好，扩径现象减小，内径尺寸精度提高[8, 9]。同时，提高主轴转速，加工效率上升，但主轴转速太高会使旋压机床发生振动，导致材料变形不稳定，影响制件的质量和成形精度。在旋压难变形材料时，主轴转速不易过高，否则会产生大量的变形热，若不进行充分冷却，产生的热量不易及时散发，同样会降低零件的表面质量。转速过低，液压机则会产生爬行[6]，因此主轴转速的选择较为重要。管坯高速旋转是缩径旋压的特点，对于壁厚较小的制件，选择较高的转速，成形稳定性较好。

5.2.3　旋轮结构参数

旋轮是旋压加工时使材料发生塑性变形的主要工具，直接影响旋压件的成形质量及旋压力的大小。满足要求的旋轮应具备较高的强度、硬度、刚度、尺寸精度，以及合理的形状结构和良好的表面质量。目前，常用的几种旋压旋轮形状如图5.2所示[2]。

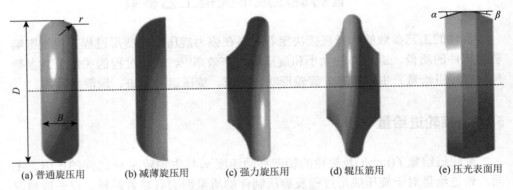

(a) 普通旋压用　　　(b) 减薄旋压用　　　(c) 强力旋压用　　　(d) 辊压筋用　　　(e) 压光表面用

图 5.2　常用的几种旋压旋轮形状

旋轮的结构参数通常包括旋轮直径 D、旋轮圆角半径 r、旋轮成形角 α 及退出角 β。对于旋轮直径 D，其大小对旋压加工过程的影响并不显著，取较大的直径值可提高旋压制件的直径精度及旋轮的使用寿命。旋轮直径的大小还受旋压装备结构的制约，旋轮直径的最小值受旋轮安装轴以及其他部件的机械强度限制。因此，应在一定的范围内对旋轮直径进行选择，在满足要求的前提下尽可能取较大值。实际生产中，筒形件及管材旋压成形常用的旋轮直径一般为 120～360mm[7]。本章采用的旋轮为旋压设备所配备的标准旋轮，直径为 140mm，如图5.3所示。

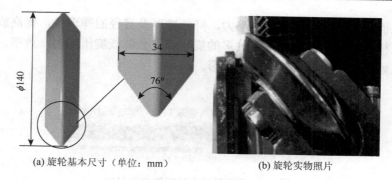

(a) 旋轮基本尺寸（单位：mm）　　　　(b) 旋轮实物照片

图 5.3　试验用普通旋轮

旋轮圆角半径 r 是影响旋压成形过程的重要结构参数。当 r 取值较大时，旋压力过大，不利于材料的稳定流动；当 r 取值较小时，会使零件表面产生切削现象，降低表面质量，如图 5.4 所示。旋轮圆角半径 r 的取值范围通常为（1～3）t_0（t_0 为毛坯厚度）[10]。根据旋轮圆角半径的确定方式，本章选取 $r=2$mm、$r=4$mm、$r=6$mm、$r=8$mm、$r=10$mm，研究旋轮圆角半径对高温合金管旋压成形质量的影响规律。

图 5.4　表面切削现象[4]

旋轮成形角 α 是影响筒形件变薄旋压的重要参数。本章采用普通标准旋轮进行旋压，防止旋压成形后高温合金变径管壁厚减薄严重。在旋压的过程中，因为退出角 β 几乎不与管件外表面接触，所以对旋压变形过程的影响不大。因此，本章对旋轮成形角 α 及退出角 β 的选择没有过多要求。

5.2.4　旋压运动轨迹

通过控制旋轮的运动轨迹，可达到所需的成形制件形状。普通旋压成形的轨迹主要涉及旋压道次和旋压压下量。一般情况下，旋轮的运动轨迹分为四种类型，有曲线型、直线型、往复曲线型及直线-曲线型。对于硬度低的材料进行单道次旋压时，单边压下量过大，易造成材料流动不稳定，旋轮前方材料堆积，并且成形制件表面会产生起皮现象（图 5.5）。采用多道次旋压成形可以减少每一道次的压下量，从而降低每道次的旋压成形力，降低壁厚及直径回弹现象，提高旋压总的变形量及模具使用寿命。但是，过多的旋压道次会降低旋压的生产效率，造成材料的加工硬化，不利于后续的旋压成形。

图 5.5　压下量过大时零件表面起皮

5.2.5　旋压的润滑与冷却

为降低旋压成形过程中管坯与旋轮、芯模之间的摩擦，防止成形过程中的热效应，降低加工过程中的成形阻力，提高零件表面质量，防止旋轮或芯模与管坯表面黏着，在成形时需要对管坯、旋轮及芯模进行润滑与冷却。不同的材料在旋压成形过程中使用的冷却润滑剂不同。铝、铜等延性强的薄金属板旋压成形时所需的旋压力较小，可以使用乳化液作为冷却液，机油作为润滑剂；旋压成形不锈钢、高温合金等金属时，材料变形释放大量的热并且所需的旋压力很大，则可采用容易吸热和散热的冷却剂或减小摩擦的润滑液，如防锈水溶性油、石蜡、二硫化钼等[2]。

5.3　高温合金变径管旋压成形技术应用

5.3.1　技术要求

高温合金变径管旋压成形件的质量包括成形件的几何尺寸精度、表面质量及微观组织。本节所要研究的高温合金变径管几何尺寸精度要求高，其几何尺寸精度是衡量零件是否合格的重要指标。变径管零件尺寸要求体现在外径、壁厚及同轴度等上，具体指标如下：

（1）外径公差：±0.10mm（变径的 $\phi12$、 $\phi10$、 $\phi8$ 三个规格均按此要求）；

（2）壁厚公差：直管部分壁厚为 1mm（+0.1mm/−0.05mm）；

（3）同轴度：≤0.2mm。

为获得达到上述要求或更高要求的高温合金变径管制件，需要考虑众多因素，如坯料本身缺陷或尺寸误差、旋压设备、工装设计及旋压参数的影响等。本章主要通过数值模拟研究缩径旋压工艺参数对旋压产品质量的影响规律，在数值模拟中选取旋压变径管的壁厚及直径作为评价指标进行分析，为实际试验提供理论依据，并进行相关试验以获得达到上述要求的高温合金变径管制件。在数值模拟和试验中获得的壁厚及直径的测量方式主要是从管坯夹持端开始至自由端，在其长度上的 16 个区域的截面上，各取四个测量点，进行厚度及内外径测量并取平均值，测量位置如图 5.6 所示。

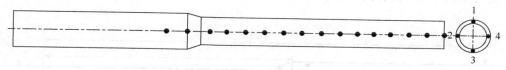

图 5.6 壁厚及直径测量位置

高温合金细长变径管表面需要加工出细小的通孔用于与其他部件相接，并输送高温介质。因此，为提高加工精度及降低管内高温介质的运输阻力，应具有较高的内外表面质量。毛坯内部不得有隔层、夹杂、裂纹和疏松等缺陷，毛坯表面不得有斑痕、加工印记、划伤等机械损伤[2]。本节高温合金变径管的表面粗糙度范围在内表面为 $R_a \leqslant 0.4$，外表面为 $R_a \leqslant 0.2$。

管坯材料在旋轮压力下产生塑性变形时，晶粒内部在一定的滑移面上沿一定的方向产生滑移，晶粒形状发生改变，从而引起材料外形的改变。在晶粒形状发生变化的同时，部分晶粒还发生转动，滑移面各滑移层的方向趋近于与金属流动的方向一致，使金属纤维沿材料流动方向分布并保持连续完整。冷旋变形后的材料微观组织变化很大，并且成形后旋压件的硬度、抗拉强度和屈服极限有所提高。高温合金变径管旋压成形后每段的变形量不同，使得同一根管件不同区域材料的组织及性能可能相差较大。因此，需要对高温合金变径管的微观组织及材料性能进行研究。

5.3.2 工艺分析

高温合金细长变径管主要应用在航空航天发动机管路系统中，其工作环境温度高，表面需要加工出细小的通孔用于与其他部件相接，并输送高温介质。因此，为提高管表面小孔的加工精度以及降低管内高温介质的运输阻力，高温合金变径管应满足尺寸精度高、内外表面质量好、力学性能及机械性能良好等要求。目前，高温合金变径管采用的制造方法主要是用不同管径的管坯焊接而成。在高温服役环境下，焊接变径管因焊缝中存在的各种缺陷，会降低承载能力或产生变形甚至裂纹，从而降低使用寿命。因此，本书采用旋压成形加工工艺实现变径管的整体成形，从而避免现有焊接成形方法的工艺缺点，提高零件的使用寿命。

　　1）旋压管坯的确定

　　高温合金细长变径管如图 5.7 所示，直径由 12mm 缩径到 10mm 再到 8mm，其特点是直径小、长度长、尺寸精度高、内外表面质量高。并且，三段变径管是在两段变径管的基础上进行旋压成形得到的。所以，根据三段变径管尺寸，考虑加工余量，在 CAD 软件中建模，测得体积为 7567mm³。零件需保持厚度不变，根据体积不变计算得到所需 ϕ12mm × 1mm 的管坯长为 220mm。

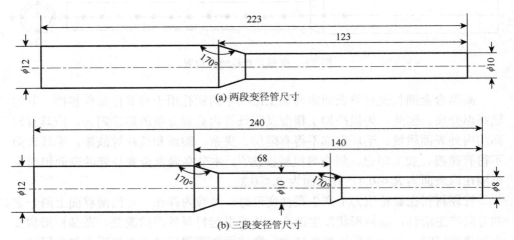

图 5.7　两种高温合金细长变径管基本尺寸（单位：mm）

　　2）旋压成形方式的确定

　　旋压成形的方式众多，根据零件形状特点可知，当变径管较为细长时，采用无芯模缩径旋压技术会产生各种缺陷，如图 5.8 所示。在成形第三段的过程中管坯成形区域较长且无芯模进行支撑，管坯晃动严重，在旋轮的作用下变形不稳定，旋压件同轴度降低且截面发生畸变（图 5.8（a））。无芯模成形时，管坯内表面会产生旋纹（图 5.8（b）），由于变径管过长，在后续的表面抛光处理过程中中间区域旋纹难去除。只在管坯末端加支撑以提高其稳定性，尽管旋压件同轴度和截面变形有所提高，但是壁厚增厚严重（图 5.8（c）），原因是管坯末端支撑限制了材料的轴向流动，材料出现径向流动，随着道次的增加，管坯壁厚增大。采用强力旋压技术，在压下量不大的情况下会产生裂纹，主要是由于变薄严重，材料的实际变形超过塑性变形承受能力，变径管在旋入端产生破裂，如图 5.9 所示。本章主要采用带芯模缩径旋压技术，如图 5.10 所示。带芯模缩径旋压技术可防止高温合金变径管旋压过程中壁厚严重增厚或减薄现象，提高变径管的尺寸精度。在旋压过程中，随着旋轮的进给，管坯会产生一定程度的跳动，使得不同区域材料流动的规律不同,对变径管的成形质量有一定的影响。因此,有必要对高温合金变径管缩径旋压成形材料的变形规律和工艺进行探索。

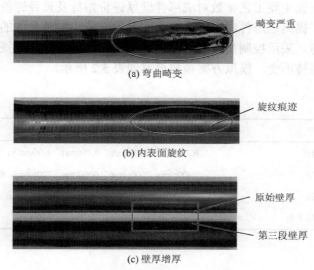

(a) 弯曲畸变

(b) 内表面旋纹

(c) 壁厚增厚

图 5.8 无芯模缩径旋压成形产生的缺陷

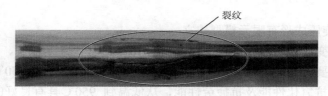

图 5.9 强力旋压成形产生的缺陷

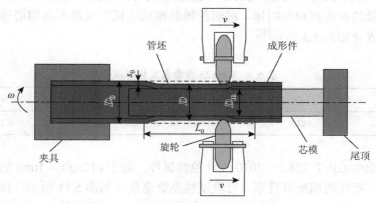

图 5.10 带芯模缩径旋压成形示意图[11]

L_0. 原始管坯长度;D. 成形后直径;D_0. 原始管坯直径;D_m. 芯模直径;s_0. 原始管坯壁厚;
v. 进给速度;ω. 主轴转速

3）旋压工艺参数的确定

高温合金变径管旋压成形的工艺参数对最终成形件的质量产生不同的影响。通过数值模拟研究主要工艺参数对成形件壁厚评价指标及直径评价指标的影响规律及影响程度，提高成形件成形质量，为实际的试验中加工参数的合理选择提供理论依据及参考。采用控制变量法，即研究一个工艺参数对成形规律的影响时，其他工艺参数保持不变。模拟方案参数设置如表 5.2 所示。

表 5.2　模拟方案参数设置

影响因素	工艺参数
旋轮进给量	0.25mm/r、0.50mm/r、0.75mm/r、1.00mm/r、1.25mm/r
主轴转速	400r/min、500r/min、600r/min、700r/min、800r/min
圆角半径	2mm、4mm、6mm、8mm、10mm
旋轮单边总压下量	1.00mm、1.05mm、1.10mm

5.3.3　有限元模拟

1）缩径旋压成形有限元模型建立

高温合金变径管材料为镍基高温合金 GH625。GH625 是以镍、铬固溶强化，以钼、铌为主要强化元素的固溶强化型镍基变形高温合金，在 650℃ 以下具有优良的耐腐蚀、抗氧化性能及抗疲劳性能，从低温到 950℃ 具有良好的拉伸性能并且耐盐雾气氛下的应力腐蚀，因此广泛地应用于航天发动机的燃油和液压管道、核水反应器的反应核和控制棒、潜艇的辅助推动电机以及海水蒸馏塔等[15-18]。其材料化学成分如表 5.3 所示[12]。

表 5.3　GH625 合金名义化学成分

元素	C	Cr	Nb	Mo	Fe	Mn	S	Al	Ti	Ni
质量分数/%	0.05	21.5	3.6	9	2	0.2	0.001	0.2	0.2	余量

按照国标 GB/T 228.1—2010 设计拉伸试样。对于 ϕ12mm × 1mm 的管材截取管段试样，管坯两端配有管塞，管段试样及管塞尺寸如图 5.11 所示。拉伸试验在新三思电子万能试验机上进行，试验速度为 4.8mm/min。通过拉伸试验获得 GH625 高温合金管工程应力-应变曲线，通过试验数据计算获得真实应力应变曲线及其本构方程如图 5.12 所示。

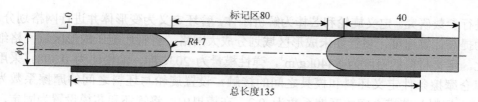

图 5.11　管段试样及管塞尺寸（单位：mm）

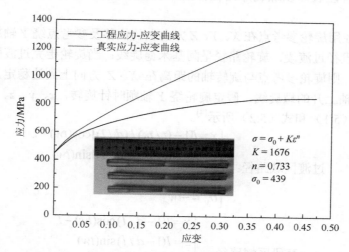

$$\sigma = \sigma_0 + K\varepsilon^n$$
$K = 1676$
$n = 0.733$
$\sigma_0 = 439$

图 5.12　GH625 高温合金管应力-应变曲线及其本构方程[13]

在 ABAQUS/Explicit 模块中建立如图 5.13 所示的有限元模型。因为三段管是在两段管的基础上旋压成形的，成形方式相同，所以本章通过两段管的旋压成形

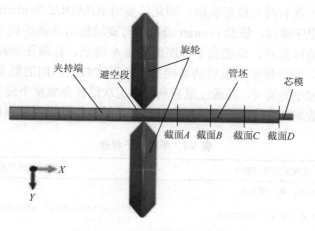

图 5.13　管材旋压 FEM 模型

进行参数研究。定义旋轮和芯棒为解析刚体，管坯定义为变形体并进行网格划分。为提高计算速度，将管坯未成形区域划分成大网格；将管坯旋压成形区域网格细化。定义材料的密度为 $8440kg/m^3$，弹性模量为 203GPa，泊松比为 0.308。采用库仑摩擦条件定义坯料和模具之间的接触，设置旋轮与坯料之间的摩擦系数为 0.1，坯料与芯模之间的摩擦系数为 0.2。在模拟中，将管坯和芯模设置为固定，定义旋轮沿管坯表面以螺旋形路径移动，以减小质量放大技术所产生的动态副作用[16]。

旋轮路径用旋轮参考点在 X、Y、Z 方向上的位移及参考点绕 Y 轴旋转的角度 θ_y 表示。在直径过渡段，旋轮路径呈阿基米德旋线；当旋轮走完过渡区时，压下量达到稳定，则旋轮参考点与旋转轴的距离在 X、Z 方向上到达稳定，旋轮路径表现为沿 Y 轴上升的螺旋线，假定旋轮绕 Y 轴顺时针旋转，x、y、z、θ_y 和时间 t 的关系如式（5.1）和式（5.2）所示[4]。

$$\text{过渡区域路径：}\begin{cases} x = l[1-(t/t_0)/(d/l)]\cos(tw)-l \\ z = l[1-(t/t_0)/(d/l)]\sin(tw) \\ y = vt \\ \theta_y = -tw \end{cases} \tag{5.1}$$

$$\text{直段区域路径：}\begin{cases} x = l(1-d/l)\cos(tw)-l \\ z = l(1-d/l)\sin(tw) \\ y = vt \\ \theta_y = -tw \end{cases} \tag{5.2}$$

式中，l 为旋轮参考点到旋转轴的距离；t_0 为过渡段旋压时间；d 为压下量；w 为主轴转速，$w=2\pi n/60$；v 为旋轮轴向进给速度。

由于一道次含有两种成形轨迹，因此需要对 ABAQUS/Explicit 模块进行二次开发，利用子程序端口，借助 Fortran 语言编写旋轮的运动轨迹程序，从而精确控制多道次缩径旋压路径，单道次子程序如表 5.4 所示。在旋压回程中，旋轮不对管坯进行成形，所以将采用重启动功能实现各道次数据之间的联系。该功能可略去回程路径子程序的编写，并通过重复利用单道次路径完成整个旋压过程，也可避免因后续成形数据不准确而造成模拟的从头开始计算，从而降低模拟计算的效率。

表 5.4　单道次子程序

过渡区域路径程序	直段区域路径程序
if(kstepeq.1)then(第一道次)	/
if(stepTime.LT.0.405)then(时间)	if(stepTime.GE.0.405.AND.stepTime.LT.12.0)then
THETA=3.1415926*20　!angle speed(转速)	THETA=3.1415926*20　!angle speed

续表

过渡区域路径程序	直段区域路径程序
```if(k.eq.1)then(指定第一个旋轮)```	```if(k.eq.1)then```

```
if(k.eq.1)then(指定第一个旋轮)
IF(JDOF(3).GT.0)THEN(Z 轴 方 向)rval(3,k)=
76*(1-stepTime/0.81/76)*SIN(THETA*stepTime)!
z-direction movement(Z 轴运动轨迹)
ENDIF
IF(JDOF(1).GT.0)THEN(X轴方向)
rval(1,k)=76*(1-stepTime/0.81/76)*
COS(THETA*stepTime)
rval(1,k)=rval(1,k)-76 !x-direction movement
(X轴运动轨迹)
ENDIF
IF(JDOF(2).GT.0)THEN(Y轴方向)
rval(2,k)=14.0*stepTime !y-direction movement
(Y轴运动轨迹)
ENDIF
IF(JDOF(5).GT.0)THEN(Y 轴旋转)
rval(5,k)=-(THETA*stepTime)(Y轴旋转轨迹)
ENDIF
endif
if(k.eq.2)then(指定第二个旋轮)
......
```

```
if(k.eq.1)then
IF(JDOF(3).GT.0)THEN
rval(3,k)=76.0*(1.0-0.5/76.0)*SIN(THETA*
stepTime)!z-direction movement
ENDIF
IF(JDOF(1).GT.0)THEN
  rval(1,k)=76.0*(1.0-0.5/76.0)*COS
(THETA*stepTime)-76      !x-direction
movement ENDIF
IF(JDOF(2).GT.0)THEN
rval(2,k)=14.0*stepTime !y-direction
movement
ENDIF
IF(JDOF(5).GT.0)THEN
rval(5,k)=-(THETA*stepTime)
ENDIF
endif
if(k.eq.2)then(指定第二个旋轮)
......
```

2）旋压过程及等效应力应变分析

图 5.14 为高温合金变径管多道次缩径旋压成形过程局部示意图。在缩径旋压成形过程中，高温合金变径管的直径以及管坯与芯模间的间隙随旋压道次的增加而逐步减小。在旋压成形过程中的前三道次中，管坯内径与芯模并未接触，相当于普通缩径旋压。在最后一道次中，管坯与芯模间不存在间隙，管坯内径与芯模接触。随着旋压过程的进行，相对于前几道次，最后一道次管坯贴模成形相当于强力旋压，该过程除了令管坯直径减小，壁厚也有所降低。因此，高温合金变径管的缩径旋压过程可分为两个阶段：普通旋压成形和强力旋压成形。图 5.15 为变径管缩径旋压的两种变形方式。由图可知，在普通旋压成形过程中，因间隙的存在，管坯材料可以向径向及轴向流动；而对于强力旋压成形，由于芯模的限制，材料主要向轴向流动。

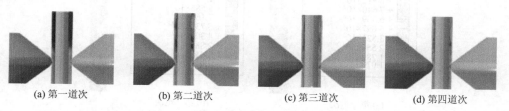

(a) 第一道次   (b) 第二道次   (c) 第三道次   (d) 第四道次

图 5.14   高温合金变径管多道次缩径旋压成形过程局部示意图

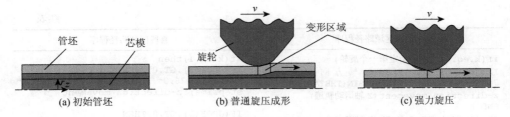

管坯　芯模

(a) 初始管坯　　　　(b) 普通旋压成形　　　　(c) 强力旋压

图 5.15　变径管缩径旋压两种变形方式

在旋压过程中，由于管坯较长，随着旋轮的进给，管坯会产生一定程度的跳动，不同区域材料流动的规律不同。因此，需对管坯进行轴向和周向应力应变分析。将管坯变形区域分为四个部分，对周向截面 $A \sim D$（图 5.13）进行应力应变及截面变化分析。

图 5.16 为高温合金变径管多道次旋压成形后沿轴向分布的等效应力云图。由图可知，随着旋压道次的增加，最大等效应力在逐渐增大。在最后一道次，旋压件自由端和过渡区域存在应力集中现象，该区域易发生壁厚减薄现象。图 5.17 为高温合金变径管多道次旋压成形后沿轴向分布的等效应变云图。在第一道次旋压完成后，靠近夹持端区域和末端区域的轴向应变分布都较为均匀，而位于管坯中间区域的应变较大，这主要是由于第一道次管坯与芯模间间隙最大，当旋轮运动到管坯中部时，管坯跳动严重，变形不均匀。第四道次旋压成形过程中，管坯内表面与芯模接触，管坯壁厚减薄，相对于前三道次，变形量增大，等效应变大幅度上升。

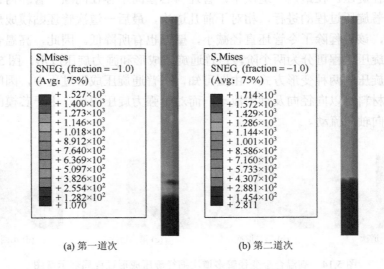

S,Mises
SNEG, (fraction = −1.0)
(Avg: 75%)

+ 1.527×10³
+ 1.400×10³
+ 1.273×10³
+ 1.146×10³
+ 1.018×10³
+ 8.912×10²
+ 7.640×10²
+ 6.369×10²
+ 5.097×10²
+ 3.826×10²
+ 2.554×10²
+ 1.282×10²
+ 1.070

S,Mises
SNEG, (fraction = −1.0)
(Avg: 75%)

+ 1.714×10³
+ 1.572×10³
+ 1.429×10³
+ 1.286×10³
+ 1.144×10³
+ 1.001×10³
+ 8.586×10²
+ 7.160×10²
+ 5.733×10²
+ 4.307×10²
+ 2.881×10²
+ 1.454×10²
+ 2.811

(a) 第一道次　　　　(b) 第二道次

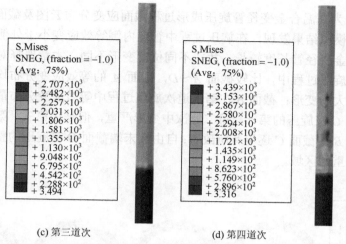

(c) 第三道次   (d) 第四道次

图 5.16 高温合金变径管多道次旋压成形后沿轴向分布的等效应力云图

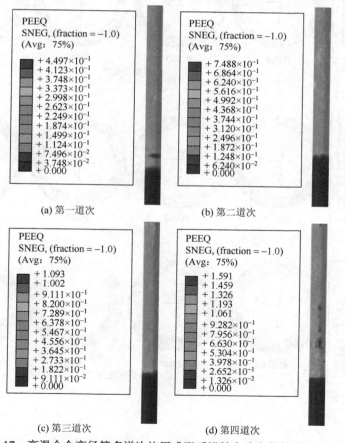

图 5.17 高温合金变径管多道次旋压成形后沿轴向分布的等效应变云图

　　图 5.18 为高温合金变径管旋压成形过程截面应变分布云图及截面变化图。根据截面变化模拟结果发现，在旋压过程中管坯内侧等效应变小于外侧等效应变；由于高温合金变径管长度较长，故在不同位置变形不同，本章选择对四个截面进行分析。在旋压过程中，比较截面 $A\sim D$，截面 A 的等效应变分布均匀并且截面没有发生较大的变形；截面 B 在第一道次旋压过程中等效应变分布最不均匀，截面 B 与截面 C 在旋压的第一、第二道次中变形严重，但是在第三、第四道次旋压过程中截面 B 与截面 C 逐步有所改善；自由端末端截面 D 在旋压的整个过程中都是畸变最严重的区域。

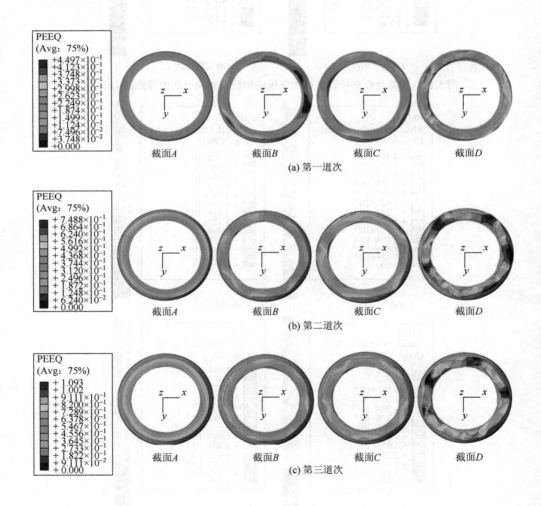

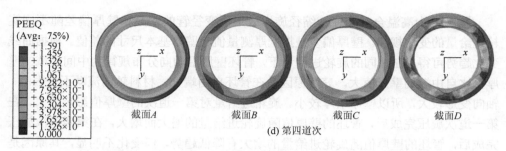

图 5.18　高温合金变径管旋压成形过程截面应变分布云图及截面变化图[13]

上述现象表明，在高温合金变径管多道次旋压成形过程中，管坯材料的均匀塑性变形发生在距夹持端较近的范围内，距夹持端越远，不均匀变形越严重。这主要是由于在旋压成形的初步阶段，左右旋轮圆角半径与管坯充分接触，接触区域基本一致，并且在旋轮的进给及施压下，管坯并没有发生跳动，旋压成形稳定进行。随着旋轮沿管坯轴线逐渐移动，管坯开始随旋轮的进给而产生跳动，左右旋轮与管坯的接触面积开始趋于不同，并且两轮在旋压过程中相对位置稍有偏移，使得两轮对管坯的压力夹角小于 180°，旋压变形不均匀，管坯截面发生畸变。当旋轮沿管坯轴线逐渐移动至管坯末端时，变形区域的材料自由流动不受限制，并且该区域旋轮前方并没有材料参与变形，因此管坯末端变形量及等效应变较大。在第四道次旋压成形过程中，管坯与芯模之间的间隙基本不存在，管坯内表面与芯模接触，高温合金变径管贴模成形，成形过程中管坯跳动减小，截面畸变有所改善。因此，最后一道次旋压成形相当于高温合金变径管的整形。

3）工艺参数对成形件质量的影响

旋轮进给量作为缩径旋压成形的重要工艺参数，对工件质量起到较大的影响。在旋压成形数值模拟中，选择旋轮的进给量为 0.25mm/r、0.50mm/r、0.75mm/r、1.00mm/r、1.25mm/r，工艺参数设置如表 5.5 所示。

表 5.5　高温合金变径管缩径旋压成形工艺参数设置

参数	旋压道次			
	1	2	3	4
旋轮圆角半径 r/mm	4	4	4	4
主轴转速 w/(r/min)	600	600	600	600
旋轮单边压下量 d/mm	0.25	0.25	0.25	0.25
旋轮进给量 f/(mm/r)	0.25/0.50/0.75/1.00/1.25	—	—	—
	1.0	1.0	1.0	0.25/0.50/0.75/1.00/1.25

图 5.19 为高温合金变径管缩径旋压成形后变径管的壁厚和壁厚偏差随不同旋轮进给量的变化规律。壁厚偏差是指壁厚测量值与壁厚基本尺寸的差值。根据曲线变化趋势可得，在相同的旋轮进给量下，管坯壁厚沿轴向分布规律为中间区域的壁厚值比自由端的壁厚值大，究其原因是在管坯自由端处，材料轴向流动不受限制，轴向变形较大，所以壁厚增厚较小。旋轮进给量对第一道次的壁厚值影响较大，在第一道次旋压完成后，管坯的壁厚值随旋轮进给量的增大而增大，在第四道次旋压完成后，管坯的壁厚值随旋轮进给量的增大有降低趋势，但变化不明显，其原因是管坯在第一道次是未贴模成形，当旋轮轴向进给量增大时，旋轮与管坯的接触面积增大，使得更多的金属材料参与变形，旋压力随之增大，并且径向旋压力较轴向旋压力大，管坯与芯模间存在较大间隙，材料易径向流动，管坯厚度增加。同理，在第四道次，管坯相当于强力旋压，芯模的存在限制了材料的径向流动，材料易沿管坯轴向流动，管坯轴向伸长量大，壁厚随旋轮轴向进给量的增大而减小。

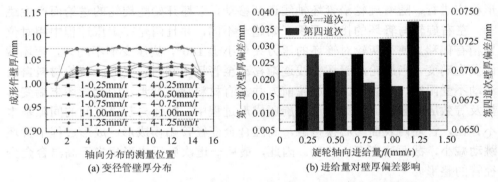

(a) 变径管壁厚分布　　　(b) 进给量对壁厚偏差影响

图 5.19　高温合金变径管缩径旋压成形后变径管的壁厚和壁厚偏差
随不同旋轮进给量的变化规律

图 5.20 为高温合金变径管缩径旋压成形后变径管的内径分布和内径扩径量随不同旋轮进给量的变化规律。内径扩径量是指内径相对于理论值的增量。从图 5.20（a）中可以发现，在旋轮进给量相同的情况下，第一道次旋轮内径的分布趋势与第四道次的相比，波动较为严重，该现象与截面变化原因一致。从图 5.20（b）中可以发现，在第一道次和第四道次旋压成形后，随着旋轮进给量的不断增大，成形件的内径扩径量在逐渐减小。在第一道次旋压成形中，旋轮进给量增大，管坯径向变形量大，又由于壁厚增厚，所以内径回弹量相对较小；在第四道次，旋轮进给量增大，材料流动主要集中在轴向，切向材料的流动相对较小，所以内径扩径量减小。但当旋轮进给量为 1.25mm/r 时，成形件的内径扩径量有一定的增大，主要原因是旋轮进给量过大，管坯材料的变形速度加快，旋轮前端材料隆起严重，旋压过后坯料切向所受拉应力较大，导致扩径量增大。

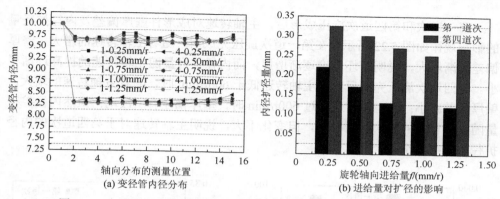

(a) 变径管内径分布　　　　　　　(b) 进给量对扩径的影响

图 5.20　高温合金变径管缩径旋压成形后变径管的内径分布和内径扩径量
随不同旋轮进给量的变化规律

综上所述，不同的旋轮进给量对于壁厚的影响都没有超过壁厚的极限值，根据不同的旋轮进给量对内径的影响规律，选择旋轮进给量为 1.00mm/r，但是，旋轮进给量对于成形件的表面质量有很大影响，旋轮进给量过大，成形件的表面粗糙，产生螺旋波纹，如图 5.21 所示。因此，在满足生产效率的前提下，设置前三道次旋轮进给量为 1.00mm/r，第四道次旋轮进给量为 0.25mm/r，后续通过改变旋轮压下量来降低最后一道次内径扩径量。

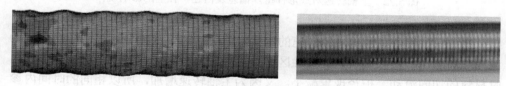

图 5.21　旋轮进给量过大产生的螺旋波纹

主轴转速影响旋压的加工效率，主轴转速与材料的塑性有关。在旋压成形数值模拟中，选择主轴转速为 400r/min、500r/min、600r/min、700r/min、800r/min，工艺参数设置如表 5.6 所示。

表 5.6　高温合金变径管缩径旋压成形工艺参数设置

参数	旋压道次			
	1	2	3	4
旋轮圆角半径 r/mm	4	4	4	4
旋轮进给量 f/(mm/r)	1.0	1.0	1.0	1.0
旋轮单边压下量 d/mm	0.25	0.25	0.25	0.25
主轴转速 w/(r/min)	400/500/600/700/800	—	—	—
	600	600	600	400/500/600/700/800

第一道次和第四道次旋压成形后，主轴转速对成形件壁厚偏差及内径扩径量的影响规律如图 5.22 所示。在第一道次旋压完成后，随着主轴转速的增大，壁厚偏差逐渐增大，说明管坯厚度逐渐增厚，而内径扩径量随主轴转速的提高逐渐减小。第四道次旋压完成后，当主轴转速低于 600r/min 时，随着主轴转速的增大，壁厚偏差减小；当主轴转速超过 600r/min 时，壁厚偏差有所波动；虽然内径扩径量随主轴转速的增大逐渐减小，但变化不大，说明主轴转速对于第四道次的内径扩径量影响较小。

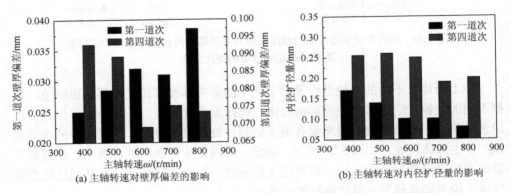

(a) 主轴转速对壁厚偏差的影响　　　　　　(b) 主轴转速对内径扩径量的影响

图 5.22　主轴转速对成形件壁厚偏差及内径扩径量的影响规律

在旋压过程中，随着主轴转速的增大，单位时间内旋轮与坯料接触的变形区域面积增加，旋轮与坯料间的接触区由点接触变为近似环形，有效地限制了变形时材料的切向流动，扩径现象减小。又因为主轴转速增加，所以相同的时间内参与旋压变形的金属体积增加，金属塑性变形的速度提高，三个方向的旋压力增加，由于第一道次间隙的存在，材料易径向流动，壁厚增大；第四道次管坯贴模成形，径向力增大，壁厚减小。

由上述分析及图中曲线变化趋势可得，第四道次主轴转速低于 500r/min 时，壁厚偏差接近壁厚公差上限。为提高旋压效率，根据不同的旋轮进给量对内径扩径量的影响规律，选择主轴转速为 600~800r/min。

旋轮圆角半径是旋轮必不可少的结构参数之一，是获得高质量旋压件的重要工艺参数。旋轮圆角半径与旋压坯料的软硬程度、壁厚和减薄率等因素有关，一般材料的硬度大，旋轮圆角半径可取较小值；材料较软，旋轮圆角半径取较大值。在旋压成形数值模拟中，选择旋轮圆角半径为 2mm、4mm、6mm、8mm、10mm，工艺参数设置如表 5.7 所示。

表 5.7　高温合金变径管缩径旋压成形工艺参数设置

参数	旋压道次			
	1	2	3	4
主轴转速 w/(r/min)	600	600	600	600
旋轮进给量 f/(mm/r)	1.0	1.0	1.0	1.0
旋轮单边压下量 d/mm	0.25	0.25	0.25	0.25
旋轮圆角半径 r/mm	2/4/6/8/10	—	—	—
	4	4	4	2/4/6/8/10

　　第一道次和第四道次旋压成形后，旋轮圆角半径对成形件壁厚偏差及内径扩径量的影响规律如图 5.23 所示。可见，在第一道次旋压完成后，随着旋轮圆角半径的增大，壁厚的增厚呈上升趋势。这是由于在第一道次材料未贴模成形时，随着旋轮圆角半径的增大，旋轮管坯外表面接触区域增大，且跟未成形区域材料过渡较为平缓，轴向旋压力相应较小，从而导致轴向拉应力较小，管坯伸长量较小，又因为管坯与芯模之间存在较大间隙，因此，材料保持不变或是径向流动，壁厚易增大。在第一道次，内径扩径量随旋轮圆角半径的增大有一定的减小，说明成形件回弹量有所减缓，但变化趋势不大。

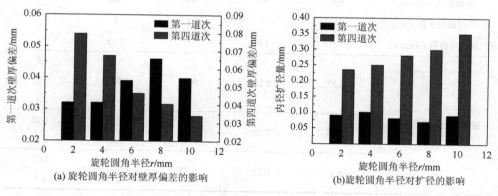

图 5.23　旋轮圆角半径对成形件壁厚偏差及内径扩径量的影响规律

　　在第四道次旋压完成后，随着旋轮圆角半径的增大，壁厚的增厚呈下降趋势；成形件内径扩径量随旋轮圆角半径的增大而增大。当旋轮圆角半径增大时，接触面积的增加会导致旋压力增加，第四道次管坯贴模成形，旋压力的增加使得壁厚易减薄；同时，在第四道次，旋压力的增加提高了材料的切向和轴向流动量，但是旋轮圆角半径的增大，也会造成材料轴向流动困难，导致成形件的内径扩径量增大。

　　由上述分析可得，在第四道次，减小旋轮圆角半径有利于工件的贴模成形，保证成形件的尺寸精度，但当旋轮圆角半径为 2mm 时，壁厚偏差过大。因此，在壁厚达到要求的情况下，考虑内径扩径量的变化，由于第一道次内径扩径量变化不大，选择旋轮圆角半径为 4mm 为宜。

　　在高温合金变径管的缩径旋压成形过程中，控制旋轮压下量相当于控制减薄旋压工艺中的减薄率参数。根据上述模拟研究可知，高温合金变径管的缩径旋压存在壁厚增厚及扩径现象。由于每一道次内径扩径量和壁厚的积累，第四道次的壁厚偏差和内径扩径量远大于第一道次的，所以研究高温合金变径管的第一道次及第四道次压下量对旋压成形件成形质量的影响规律，需对高温合金变径管整个过程进行研究，表 5.8 为高温合金变径管缩径旋压每道次参数设置。主轴转速设置为 600r/min，旋轮圆角半径 4mm，前三道次旋轮进给量为 1.0mm/r，第四道次旋轮进给量设置为 0.25mm/r，目的是为了提高零件的表面质量。

表 5.8　高温合金变径管缩径旋压每道次参数设置

参数	旋压道次				总压下量
	1	2	3	4	
主轴转速 w/(r/min)	600	600	600	600	
旋轮圆角半径 r/mm	4	4	4	4	
旋轮进给量 f/(mm/r)	1.0	1.0	1.0	0.25	
旋轮单边压下量 d/mm	0.25	0.25	0.25	0.25	1.0
				0.3	1.05
				0.35	1.1
	0.35	0.25	0.25	0.2	1.05
				0.25	1.1
	0.45	0.25	0.25	0.1	1.05
				0.15	1.1

　　当压下量不同时，厚度沿管坯轴向分布的规律如图 5.24 所示。由图可知，在第一道次旋轮压下量相同时，前三道次壁厚值随道次的增多而逐渐增大，并且有超过管坯壁厚上限误差的趋势，第四道次成形件壁厚值相对第三道次有所减小。在前三道次中，随着单边总压下量的增大，管坯壁厚值在逐步增大，原因是前三道次旋压成形管坯变形区域主要受剪切-缩径变形，使得管坯直径减小的同时壁厚有所增大；在第四道次，成形件管坯贴模成形相当于强力旋压，壁厚相对第三道次有所减薄。图 5.24 中第二、第三道次的管坯壁厚沿轴向分布规

律与第一、第四道次的基本一致，中间区域的壁厚值比自由端的壁厚值大。相对于第三、第四道次，第一、第二道次的壁厚值波动较为严重，并且不同压下量之间的壁厚差值较大，这主要是由于前两道次管坯与芯模的间隙较大，材料流动不及第三、第四道次稳定，壁厚有所波动。在第一道次压下量和第四道次压下量分别为 0.25mm 和 0.35mm 的情况下，第四道次管坯贴模成形时，壁厚减薄趋势严重。

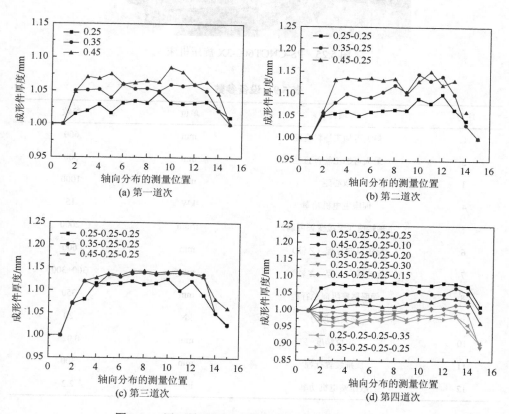

图 5.24　压下量不同时，厚度沿管坯轴向分布的规律

5.3.4　试验及微观组织分析

高温合金变径管采用 PS-CNCT600-3X 旋压机床（图 5.25）进行试验。该设备在机床床身、伺服大扭矩主轴、控制系统、液压系统、润滑系统及电器控制系统等方面具有先进性，可进行铝合金、不锈钢及难变形金属材料等对称及非对称构件的旋压成形。具体参数如表 5.9 所示。

图 5.25　PS-CNCT600-3X 旋压机床

表 5.9　设备参数

序号	项目	单位	参数
1	最大可加工坯料直径	mm	600
2	最大可加工管件直径	mm	300
3	双心距	mm	1000
4	伺服主电机功率	kW	15
5	主轴转速（无级变频可调）	r/min	2000
6	旋轮纵向行程（Z 轴）	mm	600
7	旋轮横向行程（X 轴）	mm	300+300
8	伺服尾座纵向总行程	mm	350
9	最大尾顶力	kN	20
10	定位精度	mm	0.025
11	反推装置行程	mm	300
12	液压站电机功率	hp[①]	2.2

　　高温合金变径管的缩径旋压成形试验装置如图 5.26 所示，试验具体操作步骤如下：在主轴三爪卡盘上预装好夹具，用百分表测夹具跳动，对夹具跳动进行调整；将旋轮安装在刀架上，通过旋轮安装螺钉的调整，确定左右两旋轮的位置，使得两旋轮处于同一平面上；打开控制屏上工艺程序目录表，在控制界面上调出所需的程序，进行模拟加工，确定无误后，运行程序进行空走模拟，确保旋压路径的准确性，避免旋轮碰撞到主轴；将坯料安装在主轴上，将芯模安装在尾顶上，

① 1hp=745.7W。

芯模表面涂上润滑油；启动主轴高速运行，在坯料表面涂上润滑油；打开旋轮运动开关，旋轮开始沿旋压路径进行高温合金变径管缩径旋压成形，在旋压过程中，不断在坯料表面涂上润滑油，降低旋压过程中的摩擦以及进行坯料冷却；成形完成后，控制尾顶后退，取下坯料。

图 5.26　高温合金变径管的缩径旋压成形试验装置

零件表面的粗糙度及完整性与零件的使用性能密切相关，尤其是耐磨性能、疲劳强度及配合质量。表面粗糙度高的零件，受到的摩擦力大，磨损程度高；较小的表面粗糙度值，有助于提高零件的耐蚀性和配合质量[14]。GH625高温合金变径管若应用于航空发动机中，应具备较高的表面质量。由于数值模拟无法对成形件表面粗糙度进行评价，所以通过试验对零件表面质量进行研究。

毛坯内部不得有隔层、夹杂、裂纹和疏松等缺陷，毛坯表面不得有斑痕、加工印记、划伤等机械损伤[2]。为降低坯料及模具对成形件内外表面质量的影响，试验中采用的坯料及模具都具有较低的表面粗糙度。在试验中，主要研究了旋轮轴向进给速度、主轴转速对旋压件表面质量的影响规律。采用SJ-210 便携式粗糙度仪对变径管表面粗糙度进行测量，采用 BRUKER 三维形貌仪对管坯外表面进行观测。旋压高温合金变径管坯内外表面粗糙度为 0.324μm和 0.16μm。

图 5.27（a）为轴向进给速度对零件内外表面粗糙度的影响。由图可知，管坯外表面粗糙度随轴向进给速度的增大而增大。当轴向进给量为 1.25mm/r 时，粗糙度到达到最大。这主要是由于在相同的转速下，轴向进给速度越大，即旋轮沿管坯轴向运动的速度越快，旋轮与管坯外表面接触越不充分，留下大量的

旋压痕迹，使得零件表面粗糙度增大。图 5.28 为采用不同轴向进给速度成形的变径管外表面形貌图，图中黑色区域及黑点表示未扫描到的区域。当轴向进给量为 0.25mm/r 时，零件表面几乎观察不到旋纹，表面粗糙度较低，并且与原始管坯粗糙度相差不大。当轴向进给量为 0.75~1.25mm/r 时，旋纹清晰可见，旋纹之间的间隙随进给量的增大而增大。内表面粗糙度随着轴向进给量的增大有一定的上升趋势，但粗糙度变化不大，保持在 0.2~0.25μm，所以轴向进给量对管坯内表面粗糙度影响不大，原因在于芯模内表面光滑，最后一道次管坯内表面与芯模贴合，内部旋纹在一定程度上有所消除，内表面的粗糙度低于原始管坯的。

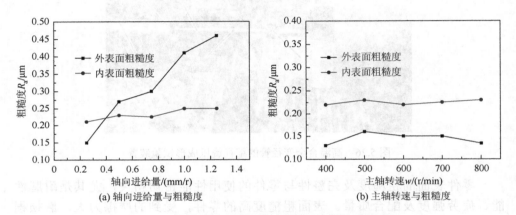

(a) 轴向进给量与粗糙度　　　　　　　　(b) 主轴转速与粗糙度

图 5.27　工艺参数对变径管内外表面粗糙度的影响

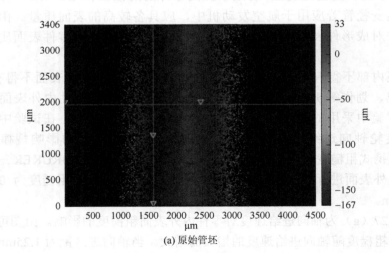

(a) 原始管坯

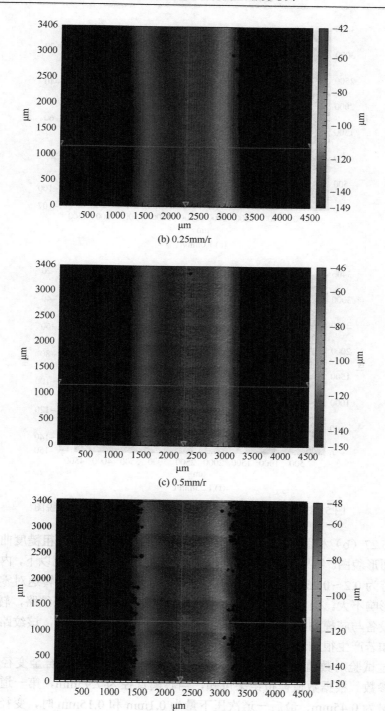

(b) 0.25mm/r

(c) 0.5mm/r

(d) 0.75mm/r

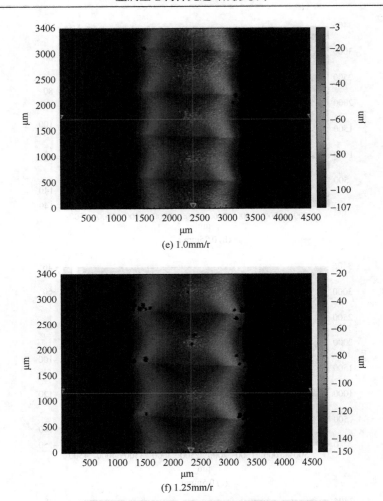

(e) 1.0mm/r

(f) 1.25mm/r

图 5.28　采用不同轴向进给速度成形的变径管外表面形貌图

图 5.27（b）和图 5.29 为不同主轴转速下的零件内外表面粗糙度曲线及变径管外表面形貌图。结果表明外表面粗糙度保持在 0.16μm 左右或以下，内表面粗糙度仍保持为 0.2～0.25μm，内外表面粗糙度变化不大，说明主轴转速对零件表面粗糙度的影响不大。但由图 5.29 可知，管坯外表面并无明显旋压纹路，转速过低，会导致设备与芯模的振动，从而使得管坯外表面产生振动纹路，该纹路异于旋压痕迹，如若产生很难通过后续的抛光去除。

通过试验对数值模拟结果进行验证，并确定三段管高温合金变径管旋压成形工艺参数。根据数值模拟结果可知，当芯模直径为 7.95mm，第一道次旋轮单边压下量为 0.45mm，最后一道次压下量为 0.1mm 和 0.15mm 时，变径管的壁厚和直径基本达到尺寸要求。根据零件表面质量研究结果可知，旋轮轴向进给量为

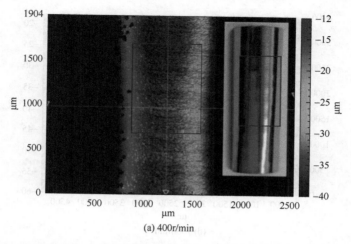

(a) 400r/min

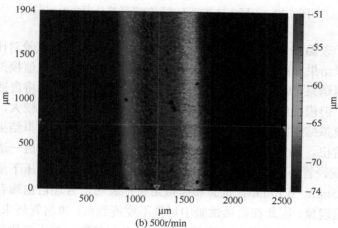

(b) 500r/min

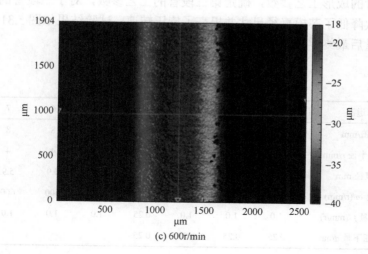

(c) 600r/min

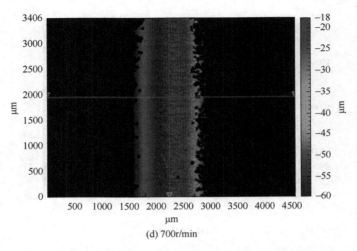

(d) 700r/min

图 5.29　不同主轴转速下成形的变径管外表面形貌图

0.25mm/r 时，表面质量高，所以采用如表 5.10 所示参数进行试验对比和验证，试验结果与模拟结果如图 5.30 所示。试验结果表明，试验值较数值模拟结果小，数值波动较模拟结果平缓，其原因是虽然在数值模拟中采用的网格自适应技术减小了网格畸变，但模拟结果仍存在部分网格畸变，测量数据波动较大，壁厚、外径试验结果与模拟结果的最大误差分别为 3.7% 和 1.5%，所以模拟结果是有效的。从图中也可看出，当第一道次旋轮单边压下量为 0.45mm，最后一道次压下量为 0.10mm 时，变径管外径超过 10.1mm。因此，最终选择旋轮单边压下量为 0.45mm、0.25mm、0.25mm、0.15mm。试验和模拟结果都表明，管坯自由端存在扩径和壁厚减薄的严重现象，因此在后续试验中尽量不要旋到头，再将管坯末端余量切除。根据两段管的成形工艺参数，确定第三段管的工艺参数，对于三段管的旋压，在最后一道次降低了芯模直径尺寸并提高了旋压转速。试验结果如图 5.31 所示，切除加工余量后最终零件如图 5.32 所示。

表 5.10　试验工艺参数

旋压道次	1	2	3	4	5	6	7	8
外径值/mm	10	10	10	10	8	8	8	8
旋轮圆角半径 r/mm	4	4	4	4	4	4	4	4
芯模直径/mm	7.95	7.95	7.95	7.95	5.9	5.9	5.9	5.9
主轴转速 ω/(r/min)	600	600	600	600	600	600	600	800
旋轮进给量 f/(mm/r)	1.0	1.0	1.0	0.25	1.0	1.0	1.0	0.25
旋轮单边压下量 d/mm	0.25	0.25	0.25	0.25				

续表

旋压道次	1	2	3	4	5	6	7	8
	0.45	0.25	0.25	0.1	—	—	—	—
	0.45	0.25	0.25	0.15	—	—	—	—
旋轮单边压下量 d/mm	0.25	0.25	0.25	0.25	0.25	0.25	0.25	0.25
	0.45	0.25	0.25	0.15				0.25
	0.45	0.25	0.25	0.15	0.5	0.25	0.25	0.25
	0.45	0.25	0.25	0.15	0.5	0.25	0.25	0.2

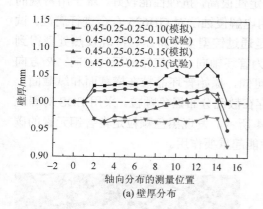

(a) 壁厚分布

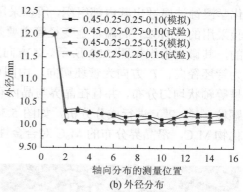

(b) 外径分布

图 5.30 变径管壁厚及外径分布

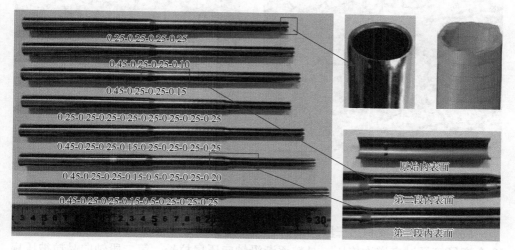

图 5.31 试验结果（见彩图）

图 5.32　最终旋压成形件

　　由于 GH625 镍基高温合金的化学稳定性很高，抗蚀性能较好，难于用常规的化学浸蚀法腐蚀出其内部组织，所以采用电解侵蚀法对 GH625 合金进行腐蚀。试验采用的 GH625 高温合金变径管主要是通过锭型多次挤压、冷轧及热处理得到的，其微观组织如图 5.33 所示。Z 方向为管坯轴向，即旋轮的运动方向；R 方向为管坯径向；T 方向为管坯切向。由图可知，原始管坯晶粒在横截面和纵截面上呈等轴状均匀分布，并且在晶界与晶内存在散乱分布黑色颗粒。采用 EDS 对黑色颗粒（1#，2#）进行成分分析，如图 5.34 所示，发现黑色颗粒是富含钼元素的碳化物 M_6C，沿晶界分布的 M_6C 对合金性能起重要作用。

(a) 纵截面　　　　　　　　　　　　　　　(b) 横截面

图 5.33　原始管坯微观组织

　　旋压后，第二段和第三段纵截面上晶粒变化及分布情况如 5.35 图所示。高温合金变径管经过多道次旋压，晶粒逐渐沿轴向压扁拉长。第二段轴向晶粒被压扁但拉伸不明显，并且内外表面晶粒变形程度相差不大。与第二段相比，第三段轴向晶粒变形更为明显，轴向有明显的拉长，并且外表面晶粒较内表面变形量更大。

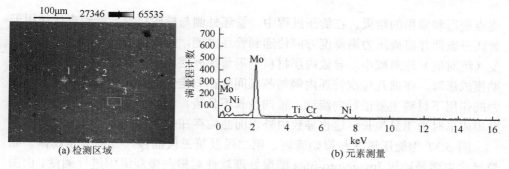

(a) 检测区域　　　　　　　　　　　　　　(b) 元素测量

图 5.34　EDS 测量结果

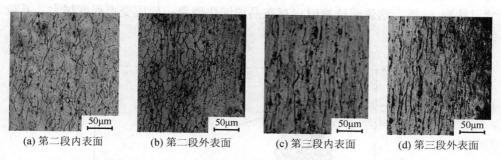

(a) 第二段内表面　　(b) 第二段外表面　　(c) 第三段内表面　　(d) 第三段外表面

图 5.35　变径管第二段和第三段纵截面上晶粒变化及分布情况

第二段和第三段横截面上晶粒变化及分布情况如图 5.36 所示。横向晶粒分布不均匀性较轴向更为显著。第二段变径管内侧晶粒与原始管坯相比，变化不大；但外侧晶粒被拉长并存在切向扭转，具有一定的方向性。相对于第二段横向，第三段变形量更大，管坯内侧晶粒被压扁并且有明显细化，外侧晶粒拉长扭转严重。

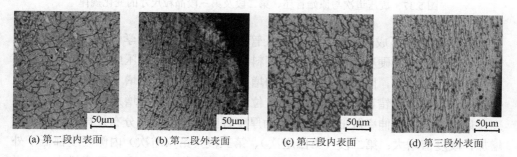

(a) 第二段内表面　　(b) 第二段外表面　　(c) 第三段内表面　　(d) 第三段外表面

图 5.36　变径管第二段和第三段横截面上晶粒变化及分布情况[4]

轴向和周向晶粒内外表面呈现变形分布不一致主要是旋压变形是局部加载、

逐点变形和累积的结果。在旋压过程中，管坯外侧与旋轮接触，旋轮直接作用于管坯外表面并将旋压力沿厚度方向传递到管坯内侧，作用范围逐渐增大，应力应变（绝对值）逐渐减小，导致内层材料变形量比外层要小。同时，高温合金在未贴模成形时，在前几道次管坯内侧与芯模间存在一定的间隙，所以在径向和周向力的作用下材料主要沿径向流动，轴向拉长不显著，而内侧晶粒只有在管坯内侧贴模成形时被明显拉长，这也导致内外表面晶粒存在差异。

　　图 5.37 为旋压道次与原始管坯、第二段及第三段晶粒尺寸的变化规律。晶粒尺寸主要是通过 Image-pro-plus 图像处理软件对横向微观组织进行测量。由图可知，随着旋压道次的增加，平均晶粒尺寸在逐渐减小，在第三段平均晶粒尺寸已达到 9 级，这说明冷旋时，存在晶粒细化现象；旋压变形程度越大，晶粒细化越明显。

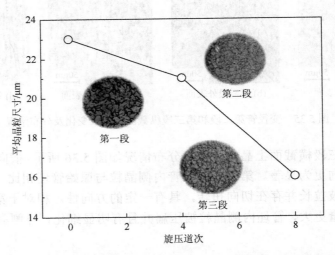

图 5.37　旋压道次与原始管坯、第二段及第三段晶粒尺寸的变化规律

　　表 5.11 为旋压成形后高温合金变径管不同区域材料的力学性能，可知旋压成形后材料的强度及硬度值远大于原始坯料，延伸率减小。旋压成形后晶粒内部存在大量的位错积塞，随着旋压变形量的增大，位错密度不断增大，并且容易产生位错缠结，使得位错移动的阻力增大，位错开动所需要的力增加，所以材料的强度及硬度增大，延伸率降低。图 5.38 为厚度方向的显微硬度分布规律，旋压道次增加，硬度值增大；第二段（第四道次）、第三段（第八道次）内侧硬度都低于外侧硬度。由晶粒大小可知，随旋压道次的增加，晶粒细化，所以硬度增大。对于高温合金冷旋压成形，外侧变形量大于内侧，外侧材料加工硬化较内侧严重，所以硬度更大。

表 5.11　旋压成形后高温合金变径管不同区域材料的力学性能

试样状态		抗拉强度/MPa	延伸率/%	硬度/HV
原始管坯		861	40	268
旋压成形后	第二段	1457	15.5	471.1
	第三段	1705	10.0	504.7

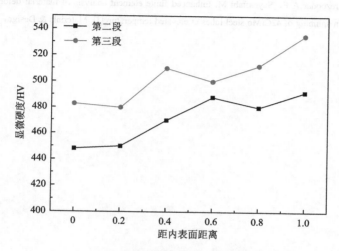

图 5.38　旋压件厚度方向的显微硬度分布规律

参 考 文 献

[1] 马兴海, 李玉梅, 肖广财, 等. 先进钣金成形技术在航天制造领域应用分析[J]. 航天制造技术, 2011, (5): 69-72.

[2] 王成和, 刘克璋, 周路. 旋压技术[M]. 福州: 福建科学技术出版社, 2017.

[3] 刘建华, 杨合, 李玉强. 旋压技术基本原理的研究现状与发展趋势[J]. 重型机械, 2002, (3): 1-4.

[4] 黎波. GH625 高温合金管缩径旋压成形数值模拟及实验研究[D]. 南京: 南京航空航天大学, 2018.

[5] 中国锻压协会. 航空航天钣金冲压件制造技术[M]. 北京: 机械工业出版社, 2013.

[6] 耿艳青. 多道次普通旋压成形工艺试验及数值模拟研究[D]. 南昌: 南昌航空大学, 2012.

[7] 徐洪烈. 强力旋压技术[M]. 北京: 国防工业出版社, 1984.

[8] 王大力, 马世成. 主轴转速对旋制工件内径精度的影响[J]. 机械工人, 2002, (8): 75-76.

[9] 何艳斌, 程秀全, 夏琴香. 旋压件的成形质量及其控制参数[J]. 机电工程技术, 2005, 34 (9): 37-39.

[10] 陈适先, 贾文铎, 曹庚顺, 等. 强力旋压工艺与设备[M]. 北京: 国防工业出版社, 1986.

[11] Guo X Z, Li B, Jin K, et al. A simulation and experiment study on paraxial spinning of Ni-based superalloy tube[J]. The International Journal of Advanced Manufacturing Technology, 2017, 93 (9-12): 4399-4407.

[12] 吾志岗, 李德富, 郭胜利, 等. 变形条件对 GH625 合金高温变形动态再结晶的影响[J]. 稀有金属, 2016, 34 (6): 833-838.

[13]　黎波，袁其炜，靳凯，等. GH625 高温合金管缩径旋压成形数值模拟及试验研究[J]. 航空制造技术，2017，537（18）：36-42.

[14]　张晋. 机械加工表面质量对零件的使用性能的影响及控制措施[J]. 山东工业技术，2017，（1）：21.

[15]　方旭东，韩德培，李阳. 热处理对 GH625 合金热挤压管材组织及力学性能的影响[J]. 热加工工艺，2013，42（8）：204-206.

[16]　闫士彩. Inconel625 合金高温高速变形行为及其管材高速热挤压工艺优化[D]. 大连：大连理工大学，2010.

[17]　刘志超，周海涛，李庆波，等. GH625 合金的热变形行为[J]. 热加工工艺，2010，39（12）：31-35.

[18]　Zoghi H，Arezoodar A F，Sayeaftabi M. Enhanced finite element analysis of material deformation and strain distribution in spinning of 42CrMo steel tubes at elevated temperature[J]. Materials & Design，2013，47（9）：234-242.

第6章 复杂空心构件超高压脉动液压成形技术

管材液压成形技术采用液体作为传力介质，通过液压力与模具型腔的共同作用，将标准的管材成形出结构复杂的单一整体空心构件，代替传统焊接或铸造工艺，既节省工序又发挥了材料的最大效能，具有制模简单、周期短、成本低、产品质量好、形状和尺寸精度高等特点[1-4]。但是，伴随着薄壁、深腔、大尺寸、局部小圆角及低塑性材料等更为复杂特征相耦合的零件产品的需求与日俱增，液压成形过程中常常出现管材贴模不完全、起皱及破裂等失效现象，从而限制了其进一步的推广和应用。与传统液压成形工艺中液体压力的单调变化有所不同，超高压脉动液压成形技术是指管材端部在轴向补料过程中，管材内部液体压力随时间增长的同时可以进行周期性的升降或波动，最终在液体的高压与模具的共同作用下使管材成形为特征更为复杂的空心构件。脉动液压成形属于一项新兴且先进的管材成形技术，能够显著提高管材的成形能力和成形质量。本章主要从工艺原理、成形机制、材料特性、设备研制、参数优化以及在新型轻量化汽车零部件中的示范应用等方面对脉动液压成形技术进行详细的介绍和分析。

6.1 脉动液压成形的工艺原理和成形机制

伴随液压成形技术的不断发展，对于加载路径的研究已经历了内压随时间单线性增加和多阶段折线增加两个阶段。而脉动加载是指管材液压成形中管坯内压在升高的同时以一定的频率和幅值脉动变化，也称波动加载，典型加载方式如图 6.1 所示。

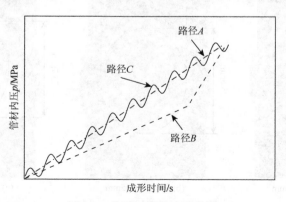

图 6.1 典型加载方式示意图

日本学者首次提出了脉动内压的概念[5]。随后的十多年间，主要有来自日本、中国和伊朗的学者对脉动液压成形技术进行深入的研究[6-18]。研究发现，脉动加载方式通过间歇性地控制内压与补料，从而利于材料流动，减小局部过度减薄来提高成形性和填充性。以形状简单的 T 形三通管为例，如图 6.2 所示，采用图 6.2（b）所示的三种内压加载路径，试验结果如图 6.3 所示，可明显地观测到脉动加载方式不但可以有效地避免局部剧烈变形区形成的过度减薄造成的胀破，还可以大大提高边角处的填充程度，减小圆角半径。内压的脉动在该过程中的作用如图 6.4 所示，在单次的加载-卸载过程中，当内压上升时，壁厚会发生一定程度的降低，而当内压发生下降时，在推进补料过程中管件不再发生径向的扩大，此时的材料流动可以有效地补充因为胀形而造成的壁厚减薄，从而有效提高了成形性能[8]。

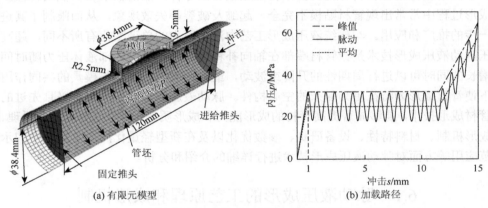

(a) 有限元模型   (b) 加载路径

图 6.2   T 形管的液压成形工艺模拟试验及加载路径[8]

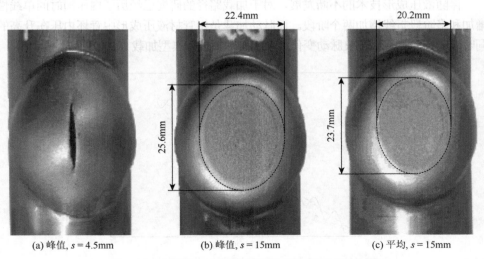

(a) 峰值, $s = 4.5$mm   (b) 峰值, $s = 15$mm   (c) 平均, $s = 15$mm

图 6.3   T 形管在三种内压加载路径下的试验结果[8]

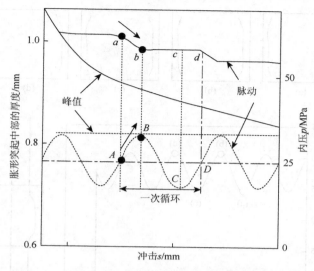

图 6.4　线性和脉动加载方式对管件壁厚减薄的作用[9]

　　管材内压的周期性波动，引起管坯坯料与模具之间不断地发生接触—分离—接触的过程，从而有效改善了润滑条件，降低了摩擦系数，提高了端部进给补料量。如图 6.5 所示，对某 T 形三通管进行脉动液压成形试验，发现支管高度得到显著提升，而轴向冲头位移发生阶梯式递增的现象。

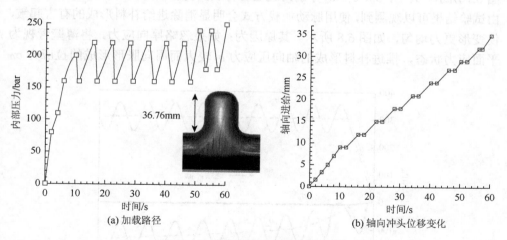

图 6.5　T 形管脉动液压成形试验[10]

　　除了对成形过程中摩擦作用的改善，脉动加载方式还可以改变变形集中区的应力分布状态，从而消除管材胀形过程中出现的有害起皱等缺陷，如图 6.6所示。

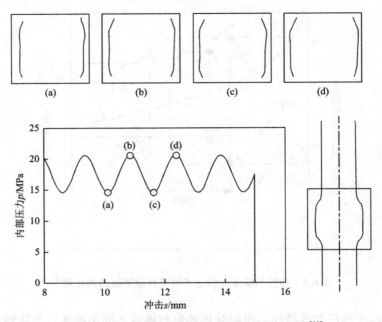

图 6.6　脉动加载方式消除管件表面起皱的过程[11]

　　对管件的线性加载和脉动加载两种方式下材料的三向应力参量的监测结果如图 6.7 所示。其中，σ_θ、σ_y、σ_z 分别为选取管材表面材料的周向、径向和轴向应力，由试验结果可以观测到，使用脉动加载方式会明显消除进给补料形成的有害起皱，使变形更为均匀，如图 6.8 所示。其原因为：如果忽略厚向应力，将薄壁管视为平面应力状态，推进补料形成的轴向压应力 σ_z 较大而周向胀形形成的拉应力 σ_θ

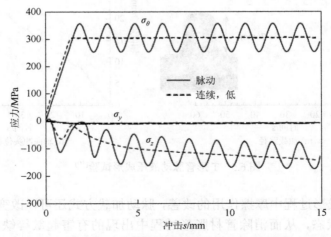

图 6.7　线性加载和脉动加载两种方式下材料三向应力参量的监测结果[11]

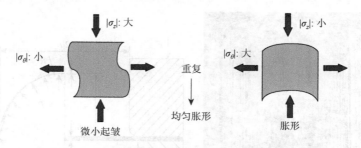

图 6.8　线性加载和脉动加载的微元体受力分析[11]

较小，微受力单元在该应力作用下会形成垂直于进给方向的皱褶，不利于管件成形，而在脉动加载作用下，随着加载—卸载过程的进行，σ_z 与 σ_θ 的大小关系不断发生周期性变化，从而在局部不断形成凸起，抵消了传统线性加载方式下形成的皱褶[12-14]，从而使整体的变形更均匀。

6.2　脉动加载提高奥氏体不锈钢成形性的微观机理

6.1 节分析了脉动加载提高管材在液压成形过程中成形能力的主要成因是脉动加载能够改善管坯与模具之间的摩擦作用和应力状态。然而也有很多研究发现，当接触表面调节到几乎接近无摩擦状态时，脉动加载依然有提高管材成形性的效果，因此还应存在与材料组织结构相关的微观机理。本节以奥氏体不锈钢作为重点研究对象，对脉动加载的增塑机理进行系统介绍。

6.2.1　奥氏体不锈钢管材和板材自由胀形验证试验

板材自由胀形试验材料选取固溶态 304 不锈钢，规格为 200mm×200mm×0.46mm。自由胀形试验装置的结构如图 6.9 所示。首先将板材放置于下模，板材边缘通过上压边圈压紧，其胀形区域为直径 100mm 的圆形。当下推杆上升开始推进下模液室时，液室内的油产生压力并对板坯起到胀形作用。由于上模只有一个压边圈作用，而无型腔约束，板材受力变形属于自由胀形过程。因此，在试验过程中板材与模具表面之间被认为是无摩擦力作用的。在液压胀形过程中，压力通过计算机数据采集系统采集。由于试验设备无法实现油压周期性的波动控制，因而在试验中采用循环加载—卸载—再加载的方式近似脉动载荷的情况。液压胀形试验所用的加载路径如图 6.10 所示，其中虚线表示单调加载方式，实线表示循环加卸载方式。循环加卸载方式是受外加力控制的，当它加载到接近预先设定值时将自动卸载，卸载到接近零时重新加载。换句话说，外加力是间歇式的。板材胀形试验是在一个恒定的推杆速度下进行的[19]。

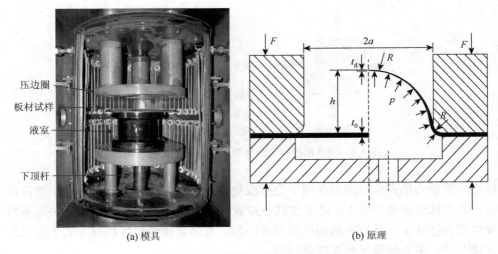

(a) 模具　　　　　　　　　　　　　　　　(b) 原理

图 6.9　自由胀形试验装置的结构

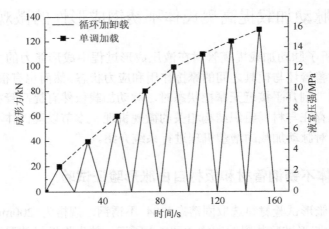

图 6.10　液压胀形试验所用的加载路径

图 6.11 对比了单调加载和循环加卸载方式所得胀形不同阶段的板材试样。根据试验结果可知单调加载在成形力达到 120kN 时板材发生胀破，而在循环加卸载条件下成形力达到 130kN 时才被胀破。因此，循环加卸载方式可以提高板材的最大成形力 F_{max}，并且通过三坐标测量仪测量不同阶段试样的轮廓形状发现，在达到相同成形力条件下试样的胀形高度也不同，如图 6.12 所示，其中带圆点的线表示循环加卸载液压胀形后试样的高度，带五角星的线表示单调加载液压胀形后试样的高度。在第一次卸载之后的每个成形力阶段，板材在循环加卸载条件下的胀形高度比单调加载情况下的更大，并且通过循环加卸载方式胀形的板材，其成形极限高度 H_L 显著地增加。

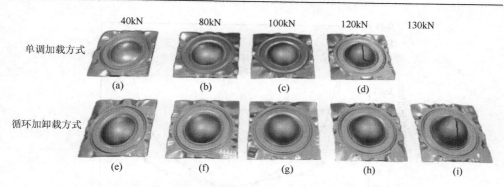

图 6.11　单调加载和循环加卸载方式所得胀形不同阶段的板材试样

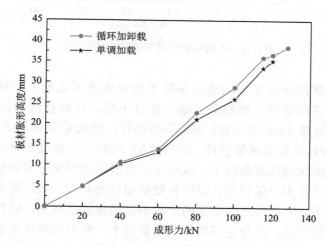

图 6.12　不同加载路径下成形力增长过程中试样的胀形高度

选取图 6.11 中成形力为 120kN 时的两种加载方式下的试样（d）和试样（h），对其壁厚分布情况进行比较，见图 6.13。根据测量结果可知，在单调加载条件下试样壁厚的变化比在循环加卸载条件下的幅度大，从板材试样的边部到中心部呈明显单调递减的趋势。换言之，在循环加卸载情况下，胀形板的壁厚分布更均匀。两种加载方式下板材破裂时的主要参数见表 6.1。从上述试验结果可知循环加卸载方式能够显著提高不锈钢板材的成形性能。

表 6.1　板材破裂时的主要参数

加载路径	F_{max}/kN	H_L/mm	t_d/mm	R_d/mm
单调加载	119	35.19	0.263	55.42
循环加卸载	128	38.56	0.280	52.79

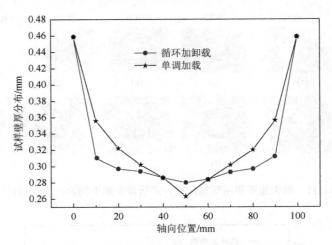

图 6.13　不同加载方式下试样的壁厚分布

　　管材自由胀形是在无轴向进给条件下的无模液压成形，管材在成形过程中两端不进行进给补料，摩擦条件基本保持不变。试验材料为长度 380mm、外径 20mm、壁厚 1mm 的 AISI 304 不锈钢管。试验结果如图 6.14 所示，图中试样（a）为脉动加载成形管件，试样（b）为线性加载成形管件。从成形件的轮廓可以看出脉动加载条件下，成形件的变形区变形量分布比较均匀。在变形区的外轮廓几乎为一条直线，说明各处的变形量基本一致。而在线性增加的液压加载路径下，成形件在变形区的外轮廓呈明显的纺锤形，说明变形主要集中在变形区中间部位，越靠近两端，变形量越小，整个变形区变形量分布不均（图 6.15）。

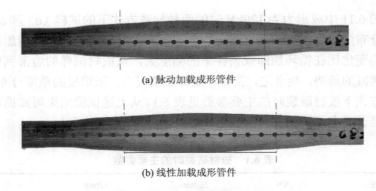

(a) 脉动加载成形管件

(b) 线性加载成形管件

图 6.14　液压成形试验结果

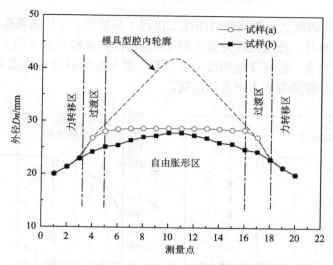

图 6.15　304 不锈钢管成形区外径沿轴向分布

通过对管材和板材分别开展的自由胀形验证试验，说明了在摩擦和材料流动影响很小的情况下，脉动加载可以改善奥氏体不锈钢的成形效果，因此对于脉动加载提高成形性，除了应力状态的影响因素，还应存在其他与材料组织结构相关的微观机理[20-22]。

6.2.2　循环加卸载条件下奥氏体不锈钢的力学行为

在室温下选取直径为 20mm、壁厚为 1mm 的 AISI 304 不锈钢薄壁管材进行拉伸。管材试样经 1150℃固溶处理，随后快速水冷，得到过饱和亚稳奥氏体单相组织。拉伸试验按照国家标准 GB/T 228.1—2010 制备试样。按照国标要求整管拉伸时，采用管端加塞头的方式进行夹持。试样长度为 150mm，标距段为 25mm。

图 6.16（a）～（d）给出了不同加载方式下室温拉伸获得的工程应力-工程应变曲线。从试验结果来看，随着应变速率的降低，循环加卸载方式下试样的强度及延伸率均显著提高，而单调加载方式下试样的强度有明显提高，但其延伸率略有增加。在应变速率为 $1.0 \times 10^{-2} \mathrm{s}^{-1}$ 时两种加载方式下试样的强度和延伸率几乎没有差异，其工程应力-工程应变曲线基本重合。但随着应变速率的不断降低，对比传统的单调加载拉伸，循环加卸载拉伸方式能够提高 304 不锈钢的强度和延伸率。并且随着应变速率的降低，其力学性能的提高更加显著。当应变速率减少到 $1.0 \times 10^{-3} \mathrm{s}^{-1}$ 时，循环加卸载拉伸方式下的断后延伸率和强度分别提高了 24.3% 和 9.2%。如图 6.16（a）所示，单调加载拉伸方式下没有出现明显的屈服点，弹性变形向塑性变形过渡比较平缓。在循环加卸载拉伸方式下，在第一次卸载之前也没

有屈服点，但当卸载之后再加载时曲线上出现了屈服点，并且随着变形量的增加，屈服点越来越明显。在工程应变量达到 0.4 之前两种加载方式下的工程应力-工程应变曲线比较吻合，但应变量超过 0.4 以后，循环加卸载拉伸曲线上出现了很多山丘状起伏，并伴随有应力平台的出现。

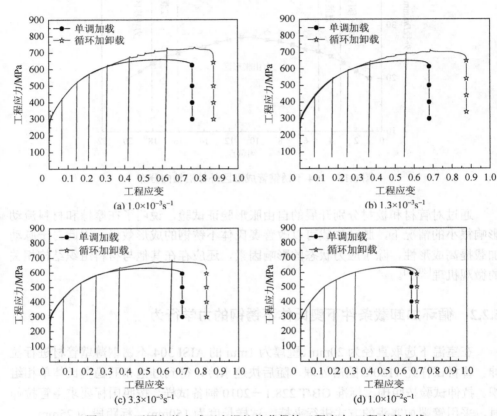

图 6.16　不同加载方式下室温拉伸获得的工程应力-工程应变曲线

在室温变形时，随着应变速率的降低，在循环加卸载方式下 304 不锈钢的强度及延伸率都有显著提高。图 6.17 为应变速率为 $1.0 \times 10^{-3} s^{-1}$ 时拉伸试样的中部最大变形区宏观照片。从两种加载方式的拉伸试样的缩径区观察到，循环加卸载试样出现了多条剪切痕，而单调加载试样仅有一条。因此，直观上判断循环加卸载方式增强了 304 不锈钢在室温时抵抗缩径的能力。

图 6.18 为室温拉伸应变速率为 $1.0 \times 10^{-3} s^{-1}$ 时两种加载方式下的应变硬化速率随真应变的变化规律。可以看到，单调加载下应变硬化速率随着真应变的增加缓慢降低，而循环加卸载下当真应变超过 0.2 之后应变硬化速率反而出现了一个上升的过程，经计算其数值约为单调加载方式下的两倍。并且伴随着每次再加载

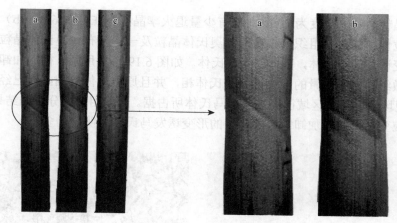

图 6.17　应变速率为 $1.0×10^{-3}s^{-1}$ 时拉伸试样的中部最大变形区宏观照片

a. 单调加载；b. 循环加卸载；c. 原始态

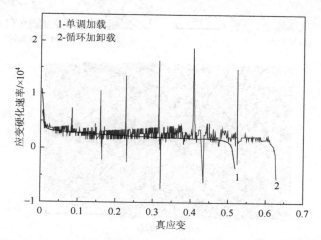

图 6.18　室温拉伸应变速率为 $1.0×10^{-3}s^{-1}$ 时两种加载方式下的应变硬化速率随真应变的变化规律

过程，应变硬化速率曲线都出现一次阶跃式的提高。因此，可以证明加载方式主要影响了 304 不锈钢的应变硬化行为，从而导致其力学性能的提高。众所周知，304 不锈钢的硬化行为主要受其形变诱发马氏体相变的影响。因而，可以认为循环加卸载方式可能对 304 不锈钢形变诱发马氏体相变行为产生影响。

6.2.3　循环加载条件下奥氏体不锈钢的组织演变及增塑机理

应变速率为 $1.0×10^{-3}s^{-1}$ 时试样的原始组织如图 6.19（a）所示，主要为等轴奥氏体晶粒，其晶粒度为 20μm，还有少量退火孪晶的存在。图 6.19（b）中，单调加载拉伸下的显微组织为被拉长的奥氏体晶粒及一些分布在奥氏体晶粒和晶界上的形变诱发的马氏体，基体仍为奥氏体。如图 6.19（c）所示，循环加卸载拉伸导致显微组织出现大量的应变诱发马氏体相，并且原奥氏体母相晶界已经很难观察到。视场中大部分区域已经被条状马氏体所占据。从金相定性分析的结果发现，在相同应变量下循环加卸载方式获得的形变诱发马氏体相明显增多。

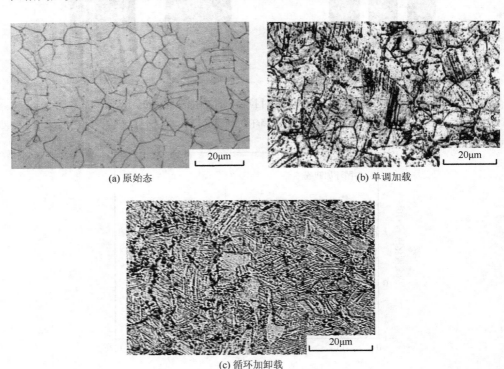

(a) 原始态　　　　　　　　　　　　　　　　　　(b) 单调加载

(c) 循环加卸载

图 6.19 　304 不锈钢不同加载方式下的显微组织

随后，通过基于 X 射线衍射的原位拉伸试验进一步观测在循环加卸载过程中奥氏体不锈钢中的物相变化并进行定量分析[23]。图 6.20 为拉伸卡具装配在 D8 advance X 射线衍射仪上进行原位观测的实际过程。选用循环加卸载方式，如图 6.21 所示，当应变达到 A 点时外加载荷不卸除，在保载状态下对试样变形区中心扫描一次，然后将外加载荷卸除，也就是在 B 点再对试样同一位置进行一次扫描。当载荷再次加载到 C 点时，再重复进行循环式的扫描。根据上述拉伸试验的结果，在室温下用不同加载方式试样的工程应变达到 0.4 以后力学性能才开始出现明显差异。因此，原位观测试验选取在应变分别为 0.3、0.4、0.5、0.6以及临近断裂时进行加载—卸载的循环，并对试样进行 X 射线衍射分析。衍射角度（2θ）为 40°～100°，各衍射峰为 γ(111)、γ(200)、γ(220)、γ(311)、α'(110)、α'(200)、α'(211)。

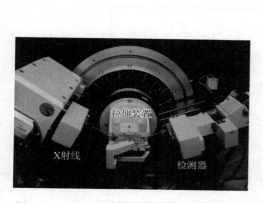

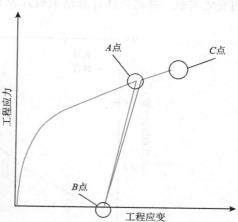

图 6.20　拉伸卡具装配在 D8 advance X 射线
衍射仪上进行原位观测的实际过程

图 6.21　原位 XRD 在循环加卸载过程中
的检测路径

原位拉伸试验的 XRD 检测结果如图 6.22 所示。图 6.22 中标注各个衍射峰对应的相组分及晶面指数。从图 6.22 中可以看到，在初始未变形试样中仅存在奥氏体单相，随着变形的发生，由于存在内部应力，奥氏体相的衍射峰向更高的角度偏移。可以发现随着应变的增加，诱发的马氏体相与奥氏体相对应的衍射峰强度之比在外力卸载前后的变化越来越大，尤其是对于 α'(110) 和 γ(111) 这两个晶面

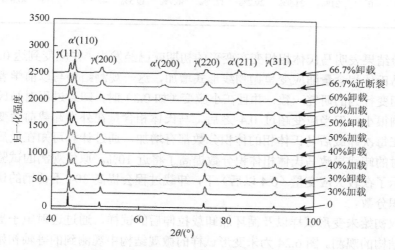

图 6.22　原位拉伸试验的 XRD 检测结果

取向的马氏体相和奥氏体相的变化更为显著。采用直接比较法对拉伸变形过程中各个加卸载点的马氏体相含量进行定量计算，图 6.23 为马氏体相体积分数随应变的变化关系，并将具体计算结果列入表 6.2 中。

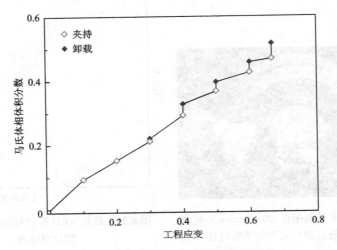

图 6.23　马氏体相体积分数随应变的变化关系

表 6.2　马氏体相体积分数的定量计算结果

变形量	0	0.3	0.3	0.4	0.4	0.5	0.5	0.6	0.6	0.67	0.67
加载状态	卸载	保载	卸载	保载	卸载	保载	卸载	保载	卸载	保载	卸载
马氏体相体积分数	0	21%	21.9%	29.2%	32.7%	36.7%	39.5%	42.5%	45.7%	46.8%	51.5%

　　试验结果表明马氏体相相变在变形的初期就已经发生。在应变到达 0.4 之前，试样的马氏体相含量随应变呈抛物线形式增加，这一观测结果与以前学者对 304 不锈钢相变行为的研究一致，并且在小应变（如 0.3）时，卸载过程对马氏体相含量的影响很小。但当应变超过 0.4 之后，马氏体相含量在外力卸载前后变化十分明显，在每次卸载后马氏体相的体积分数都有增加，通过计算可知在最后一次临近断裂时的卸载导致马氏体相体积分数提高了将近 10%。原位观测的试验及计算结果揭示了在较大应变量（0.4 以后）下，卸载过程会提高 304 不锈钢的诱发马氏体相体积分数。

　　选取初始未变形试样以及循环加卸载拉伸后的试样，通过透射电子显微镜进行微观结构的观测。图 6.24 为未变形试样的微观结构中观测到的等轴初始奥氏体相形貌。图 6.25 为经过一定变形后试样中出现的诱发板条状的 α' 马氏体相形貌。

图 6.26 为透射电镜下观测的循环加卸载拉伸临近断裂时卸载后所得试样的微观组织形貌。在奥氏体相与马氏体相两相界面上并没有观测到大量胞状位错组织，而在离界面一定距离的区域观察到明显的位错塞积。

(a) 奥氏体相

(b) 选区电子衍射谱

图 6.24　未变形试样的微观结构中观测到的等轴初始奥氏体相形貌

(a) α′马氏体相

(b) 选区电子衍射谱

图 6.25　经过一定变形后试样中出现的诱发板条状的 α′ 马氏体相形貌

　　应变量低于 0.4 时位错密度相对较低，卸载过程对马氏体相相变的作用很小。而当应变量超过 0.4 以后，如图 6.27（a）所示，在两相交界面上，出现大量的位错运动并发生堆积，此时不仅有大量的位错塞积还产生了胞状结构的位错，因此

(a) 全局分布　　　　　　　　　　(b) 局部放大A　　　　　　　　　　(c) 局部放大B

图 6.26　透射电镜下观测的循环加卸载拉伸临近断裂时卸载后所得试样的微观组织形貌

位错之间产生的内应力也就是常说的背应力逐渐增大，抑制了先形核的马氏体相继续长大。而当如图 6.27（b）所示外加载荷被逐渐卸除时，原先塞积在两相界面上的位错会在内应力的作用下沿反向滑移，那些错配的位错结构以及胞状位错也会得到一定程度的减少。通过长程自由通道塞积的位错形成的内部应力也在外力卸载以后得到释放。整个回流过程会导致先形核马氏体相板条的长大。与此同时，卸载过程导致位错密度降低，可以使奥氏体母相得到软化。如图 6.27（c）所示，再次加载时奥氏体晶粒容易发生切变，使马氏体相的形核位置增多。拉伸试验中观察到应力应变曲线上出现很多的山丘状起伏，并伴随有一个应力平台，被认为是一种软化、硬化现象。这正是奥氏体相向马氏体相转变造成的。当应变达到临界值时马氏体相变开始发生，这个过程会伴随着应力下降，逐渐软化。这是一个马氏体条带初始形成的阶段。随后试样处于马氏体相和奥氏体相的混合状态，在这个阶段变形需要更大的外加应力，因此导致了硬化。随着应变量增加，马氏体相转变量不断增加，外加应力出现了多次较为明显的突降，每一次应力的突降，从微观结构上看，是试样的不同位置出现了大量的新的马氏体相条带导致的。随着应变继续增加，在新的地点出现马氏体相/奥氏体相混合区域以后，应力会趋于平缓，而旧的马氏体相条带会逐渐变宽甚至相互融合，这个过程即应力应变曲线上出现的应力平台。

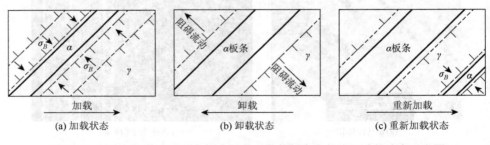

(a) 加载状态　　　　　　　　　　(b) 卸载状态　　　　　　　　　　(c) 重新加载状态

图 6.27　循环加卸载方式下背应力随马氏体相相变和位错运动的演变示意图

因此，卸载过程对马氏体相形核和长大两方面的作用导致最终形变诱发的马氏体相体积分数增加，相变诱发塑性（TRIP）效应得到增强，从而奥氏体相不锈钢的成形能力得以提高。

6.3　管材超高压脉动液压成形设备的研制

基于脉动加载的增塑机理和成形机制，自主设计并研制了管材超高压脉动液压成形设备[24]。图6.28为该设备总体设计的液压系统原理图。此超高压系统按功能可以分为三个主要的子系统：水平侧推缸进给系统、乳化液充液系统和增压系统。下面按各部分在整个系统中动作的先后顺序对各控制部分的设计思路及关键技术进行详细介绍。

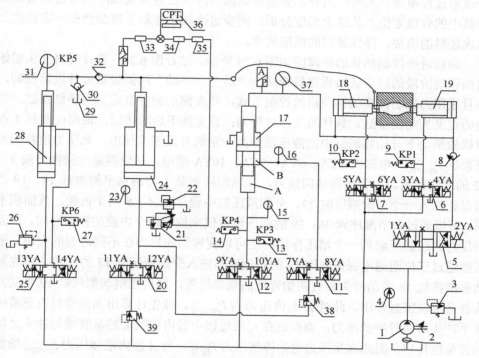

图6.28　管材超高压脉动液压成形设备总体设计的液压系统原理图

1. 轴向柱塞泵；2. 过滤器；3、26. 溢流阀；4、15、16、37. 压力表；5、6、7、11、12. 三位四通电磁换向阀；8、30、32. 单向阀；9、10、13、14、27. 压力继电器；17. 分配液压缸；18、19. 水平侧推缸；20、25. 三位四通电磁换向阀；21. 先导电磁比例溢流阀；22. 先导溢流阀；23. 压力表；24. 超高压增压缸；28. 充液油缸；29. 乳化液油箱；31. 电接点压力表；33. 反馈放大器；34. PID控制器；35. 比例放大器；36. 计算机；38、39. 顺序阀

6.3.1　轴向进给补料控制系统

该超高压脉动液压成形设备改变了大部分液压成形系统所采用的水平冲头同步进给的思路，在设计时将两冲头在自由移动阶段的动作分开控制。一般来说，

冲头通过水平侧推缸控制移动，同步进给是目前大部分液压成形系统采用的思路，其目的是实现对管材端口的密封，同步进给方便系统控制。首先，在试验过程中，往往会出现端口卷边的现象，这是由于在侧推缸水平进给的过程中，当两端冲头同时进给到接触管材端口时会对管材产生冲击，管材端口产生卷边。卷边严重时会在进给过程中划伤模具，因此应尽量避免。其次，当侧推缸同时进给时，如果位移控制不好，冲头接触管材端口时速度会较快，冲击力也较大，由于管材内部还没有填充高压液体，所以管壁没有由内向外的力支撑，此时在两侧冲击力的作用下会产生不利于管材胀形的死皱，一旦出现死皱，管坯就不能继续利用了，整个成形过程很容易失败；另外，分别控制两侧冲头更容易实现冲头与初始管坯在模具中的合理定位。从这个角度分析，同步进给如果控制不理想会在一定程度上造成坯料的浪费，降低管材的成形效率。

轴向进给控制部分的原理图如图 6.29 所示，结合图 6.28，设计时将冲头初始自由移动阶段的同步进给思路转换成一"静"一"动"两侧推缸分开进给控制，并且采用力控制冲头的轴向进给控制方式。将左侧的侧推缸定义为静侧推缸，右侧的定义为动侧推缸。具体的动作过程为：首先按下启动按钮，轴向柱塞泵 1 在电机的带动下开始将油缸中的液压油按照一定的升压速度抽出，此压力值称为系统泵压 P_{system}。电磁铁 1YA、6YA、7YA、10YA 通电，三位四通电磁换向阀 7、12 的右路接通。为了提高轴向推力，在轴向柱塞泵 1 与两水平侧推缸 18、19 之间设计加入一个分配液压缸 17，分配液压缸中设计有 A、B 两个内腔，其面积不同，可以通过调节顺序阀 38、39 的油压设定值来控制两个内腔的接入时间，从而不仅对系统油压起到一个增压作用，还可以变换轴向推力在不同时刻的大小。液压油通过三位四通电磁换向阀 12 的右侧通路进入分配液压缸 17 的 A 腔，首先推动静侧推缸 18 带动冲头靠近初始管坯的端部位置，然后控制动侧推缸 19 带动冲头前进实现密封作用。此时 A 腔内压力为 P_{system}。预先计算出当管材内充液时水平冲头对两管端的推力，要保证在充液过程中管内空气能够从管端与冲头之间的接触区排出，因此称此压力值为排气压力 $P_{排气}$，当 A 腔内液体压力 P_{system} 增加至 $P_{排气}$ 时，压力继电器 13 发出指令控制右侧冲头停止前进。然后向管内填充乳化液，填充完毕后执行"密封预加载"命令，A 腔内液体压力继续增长，直到压力继电器 13 设定的初始密封压力值 $P_{密封}$ 时停止，此时管材两端已承受了足够大的密封力。当执行"加压并推进"命令后，顺序阀 39 开通，并且电磁换向阀 20 的 12YA 通电，系统压力 P_{system} 进入增压缸 24 的下腔，推动增压缸中活塞杆开始向上运动，高压液体开始注入管材内部，两侧水平冲头的推力同时随着管内油压的增长成比例增长，并且同时向内推进管坯。当 P_{system} 达到顺序阀 38 设定值时，分配液压缸 17 的 B 腔接通，此时分配液压缸的 A、B 两腔内压力均为 P_{system}，共同作用在活塞杆上，相当于提高了分配缸的面积比，使输出的轴向推力的增速发生变化，为管材两端进给补料提供足够的推力。系统水平侧推缸输出的最大压强为 70MPa，即水平冲头的轴向最大推力可达 200kN。从上述轴向进给系统的动作描述可知，在整个过程中分配液压缸 17 内的高、低压腔的面积比可以通过调节顺序阀 38 的设定压力值随时进行改变，从而提高水平推力增长速度。在本系统里当只接通分配液压缸 17 的 A 腔时，分配液压缸的输出压力约为 $1.25P_{system}$；当 A、B 两腔同时工作时，分配液压缸的输出压力变为 $2.71P_{system}$。通过增压缸的作用，管内压力被放大到 $12.25P_{system}$。如图 6.30 所示，管内液压按照一定速度线性增长，t_c 为分配液压缸 B 腔接通的时刻，相当于压力变化的临界点，此后轴向推力的路径发生改变。因此，通过调节 t_c 的大小就可以获得不同加载路径的轴向推力，为研究加载路径的匹配关系提供了前提条件。

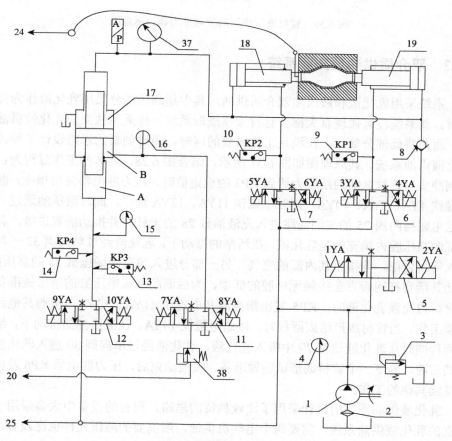

图 6.29　轴向进给控制部分的原理图

1. 轴向柱塞泵；2. 过滤器；3. 溢流阀；4、15、16、37. 压力表；5、6、7、11、12. 三位四通电磁换向阀；
8. 单向阀；9、10、13、14. 压力继电器；17. 分配液压缸；18、19. 水平侧推缸；20、25. 换向阀；24. 增压缸；
37. 压力表；38. 顺序阀

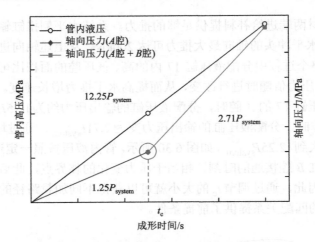

图 6.30　管材液压成形的轴向推力调控示意图

6.3.2　双介质供油及充液系统

系统采用乳化液和液压油双介质供油，其中超高压部分采用乳化液作为传力介质。新系统没有像现有大部分管材液压成形系统一样采用独立的乳化液供油系统，而是将此部分简化，在满足工作需要的同时，通过创新的思路设计了独特的乳化液供油系统。其原理图如图 6.31 所示，结合图 6.28，具体的工作过程为：当左侧冲头与管材之间的接触力达到 KP3 的设定值时，压力继电器发出指令，断开电磁铁 4YA、7YA、10YA，同时电磁铁 11YA、13YA 通电，此时液压油通过三位四通电磁换向阀 25 的左侧通路进入充液油缸 28 的无杆腔并推动活塞进给。乳化液缸的高压腔内填充的是乳化液，在活塞的推动下，乳化液经过单向阀 32 一部分充入管材内部，并排出其内部的空气，另一部分进入超高压增压缸 24 的高压腔，推动其活塞杆回程直至接触无杆腔的低端，为后面超高压增压缸的增压做准备。当管材内充满乳化液时，KP5 发出指令断开电磁铁 11YA、13YA，接通其他回路继续工作。当管材成形结束回程时，接通电磁铁 14YA，在液压油的推动下，活塞杆回程同时从乳化液油箱 29 中吸入乳化液，乳化液经过单向阀 30 进入乳化液缸的高压腔，为下一个管材成形试验做准备。吸液结束后，压力继电器 KP6 发出指令继续其他的工作。

乳化液供油系统的设计采用了比较独特的思路，现有的设备中大多采用一个独立的乳化液供油系统，需要两个电动机供油，所需要的液压元件也比较多，整个系统比较复杂，而且设备的成本高。新研发的液压系统只采用一个电机，增设了一个乳化液油箱存储乳化液。通过与超高压增压缸的高压腔连接，将乳化液分成两部分，既满足了向管材内填充乳化液的要求，又可使单动增压缸回程并为其

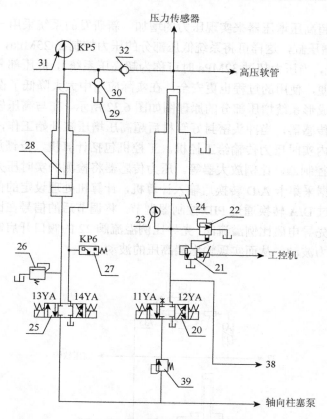

图 6.31　乳化液供油系统原理图

20、25. 三位四通电磁换向阀；21. 先导电磁比例溢流阀；22. 先导溢流阀；23. 压力表；24. 超高压增压缸；26. 溢流阀；27. 压力继电器；28. 充液油缸；29. 乳化液油箱；30、32. 单向阀；31. 电接点压力表；38、39. 顺序阀

提供增压所需的乳化液，缩减了工艺过程。设置单向阀既能防止高压液体的回流，又能实现乳化液缸回程时的吸油工作，方便下一次试验的进行。总而言之，新系统乳化液充液部分的设计既满足了管材成形过程中乳化液充液、排气、增压缸回程、充液缸吸液的要求，又简化了工艺过程，减少了液压元件，节约了设备的成本。

6.3.3　超高压发生装置及脉动油压控制

管材液压成形系统的增压部分是整个系统的核心部分，输出压力的高低决定着管材的成形效果，加载方式的不同会影响管材的胀形率。新的设备要求最大输出压力可达到 300MPa，并且可实现不同方式的加载。目前，国内外常规液压系统的最高压力等级只能达到 32～40MPa，远达不到试验要求，在管材液压成形系

统中需要使用超高压增压器来实现压力的增加。新研发的系统采用一个增压比为
12：1 的单动增压缸，这样可将系统低压部分的压力控制在 25MPa，小于 32MPa
（对于液压系统，当压力超过 32MPa 时可称为超高压系统），低压部分的液压元件
在选择时更方便，使用的过程也更安全，在实际应用中大大降低了设备的成本。

　　管材液压成形系统增压部分的原理图如图 6.32 所示，在与高压软管连接的管
路中设置压力传感器，当冲头密封好管材后超高压增压缸开始工作，压力传感器
将检测到的管内实时压力传输给工控机。工控机包括计算机、反馈放大器、PLC
控制器、PID 控制器、比例放大器等。压力传感器将检测的实时压力转换成电压
信号，经过数据采集卡 A/D 转换后输入计算机，计算机处理设定的信号与检测到
的信号后，经过 D/A 转换通过 PID 控制器调节，将调节后的信号在比例放大器中
放大后作用于先导电磁比例溢流阀，先导比例溢流阀 22 的阀口开启卸荷实现增压
缸低压端的压力波动，从而实现输出端高压的波动。

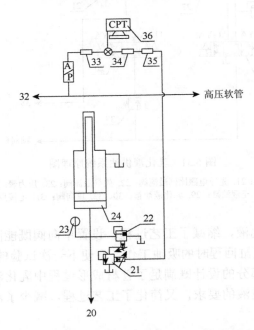

图 6.32　管材液压成形系统增压部分的原理图

20. 三位四通电磁换向阀；21. 先导电磁比例溢流阀；22. 先导比例溢流阀；23. 压力表；24. 超高压增压缸；
32. 单向阀；33. 反馈放大器；34. PID 控制器；35. 比例放大器；36. 计算机

　　新系统可以实现压力的脉动加载，在设计时，由于系统要求的输出内压较高，
所以采用了先导电磁比例溢流阀来控制超高压增压缸低压端的压力，从而实现内
高压的波动输出。先导电磁比例溢流阀与普通先导比例溢流阀的先导阀相比，由

比例电磁铁代替了先导阀中的调压弹簧和调压装置，通过该比例电磁铁可以得到与电流成正比的电磁吸力，即溢流阀的调定压力可由输入的电流信号决定。管材液压成形系统的输出压力比较高，而且在管材成形的过程中要求对内压力的控制持续、精确。先导电磁比例溢流阀具有响应快、压力变换连续、控制精度高等特点，同时先导电磁比例溢流阀可以减少压力变换带来的冲击和系统中的元件数量，抗污染能力强，工作可靠。因此，为实现系统增压过程中内压力精确、连续的波动，在设计时选用了意大利 ATOS 先导电磁比例溢流阀作为控制系统内压力的主要元件。

图 6.33 为复杂空心构件超高压脉动液压成形设备。其系统中三个关键执行机构的驱动油缸采用竖直排布方式，能够有效节省设备元件所占空间。油路中所用各种电磁阀门及继电器都集中布置于一个整体阀块上，使用时方便各元件的调节，并且也能最大限度地节省设备的占用空间。

图 6.33　复杂空心构件超高压脉动液压成形设备

6.3.4　计算机操控系统

计算机操控系统以工业控制计算机或 PLC 为核心，其他控制元件包括数据采集板卡、压力与位移传感器和信号放大器等。控制系统通过 PLC 对电器元件进行控制，根据设定的加载曲线向各控制元件（伺服阀、电磁阀等）发出指令，驱动执行元件（增压器、水平侧推缸等）动作，同时压力传感器、位移传感器将内压和轴向位移的变化反馈给计算机，使计算机按照曲线的要求输出控制量，实时控制各执行元件的动作，实现轴向位移和内压的匹配等加载曲线控制，完成管材液压成形的全自动生产过程，如图 6.34 所示。通过计算机控制系统对管材液压成形系统中的各执行机构发送动作指令，按照工序分别实现"预充乳化液"、"密封预加载"和"加压并推进"三个关键功能，实现试验及生产过程的自动化。

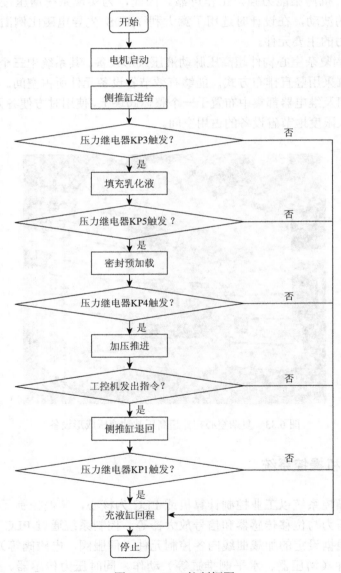

图 6.34　PLC 控制框图

　　同时控制系统应具有可视化友好界面，方便对成形过程的实时监控和动态记录输出。本章采用 LabVIEW 软件对上位机进行编程，包括对控制电压信号生成和对压力的采集、利用其功能软件实现 PID 控制并且要实现相关试验测试数据的前台显示和记录。图 6.35 为开发系统中使用的工控机实物图，其中左侧为电脑显示界面，右侧为液压系统中所有执行机构的控制按键。采用 LabVIEW 编程软件进行操作界面的开发，图 6.36 为主控制界面，整体界面采用了 windows 窗口化界面风格，使试验人员操作更加快捷方便。主界面中分别有油压控制界面和侧推缸控制界面两个选项，可在试验过程中进行任意切换，从而对管材液压成形过程中的油压以及轴向进给情况进行监测。油压控制界面上允许对多种典型加载路径曲线进行参数设定，如单线性加载、多段线性加载、正弦脉动加载、三角脉动加载及阶梯式加载等。以正弦脉动加载路径为例，点击进入油压控制界面后出现图 6.37 所示的控制界面，在左侧参数输入框内可针对具体波形的升压速度、幅值和频率以及压力等关键参数进行设定。并可通过右侧油压随时间的变化曲线直观地对整个试验过程进行观测。其中曲线 1 为预先设定的加载曲线，而曲线 2 则代表试验实际检测的内压变化曲线，当内压达到预先设定的最大值时系统自动进行卸载。可以看到设定值与实测值重合程度较好，也证明了本系统中闭环控制系统的响应速度以及控制精度很高。试验完毕后系统采集到的所有数据信息将以.txt 格式文件进行保存，在后续数据操作中可绘制出内压力-时间变化曲线，侧推缸压力-时间变化曲线、侧推缸位移-时间变化曲线、内压力-侧推缸位移变化曲线等。图 6.38 为侧推缸控制界面。

图 6.35　工控机实物图

图 6.36　主控制界面

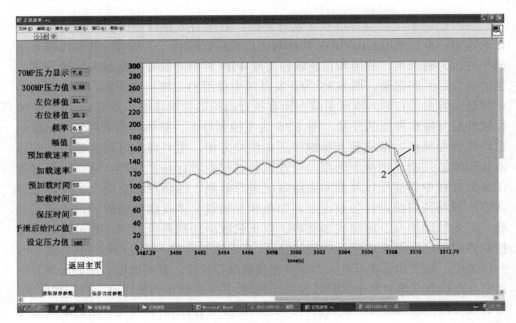

图 6.37　油压控制界面

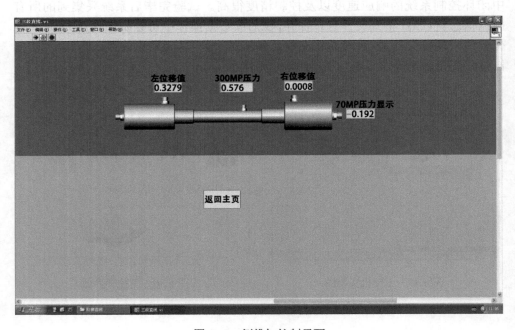

图 6.38　侧推缸控制界面

6.4　管材超高压脉动液压成形工艺参数优化

由于矩形截面空心构件具有大的抗弯模量，所以其在汽车装备关键零部件如发动机托架、仪表盘支架及扭力梁等重要结构件中均具有重要的应用。因此，选用具有矩形截面特征的试验件开展脉动液压成形的工艺开发和参数优化。图 6.39 为试验模具型腔的具体几何尺寸。模具型腔截面虽为矩形，但其轴向与周向的过渡圆角各不一样，整体为非对称结构。横截面各圆角半径由小到大依次为 3mm、4mm、5mm、6mm。另外，模具型腔最大截面周长为 92.26mm。液压成形所需坯料为 $\phi20\times1$mm 的 304 不锈钢圆管，初始坯料周长为 62.8mm。当管坯实现完全贴模时，坯料最大变形量为 46.9%。

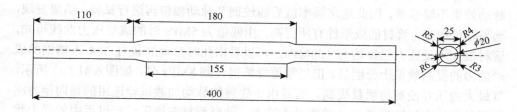

图 6.39　试验模具型腔的具体几何尺寸（单位：mm）

加载路径在管材液压成形过程中具有重要的作用。采用超高压脉动加载路径可以提高管材的成形极限。为比较脉动加载路径与其他形式加载路径的实际成形效果，选用了线性加载方式与脉动加载方式进行对比研究。采用脉动加载路径，试验中参数尽量取整数，例如，频率选取 0.2Hz、0.5Hz、1Hz、2Hz；幅值选取 3MPa、5MPa、8MPa、10MPa、20MPa 等。先选取较小的频率和幅值进行设置，然后再不断提高设定参数值。采用不同轴向推力路径、基准加载速率、波形的幅值以及频率的脉动加载液压成形试验所得最终管材最大内压与总补料量进行比较分析。当幅值固定为 3MPa 时，调节频率参数所得到的管材最大承受内压都不太高。但与线性加载路径相比，当频率为 0.5Hz 时，破裂压力能达到 119MPa，如图 6.40（a）所示。分析原因主要是当频率较高时，在一个周期内波形的升降压速率过快，导致 304 不锈钢成形能力下降，其最大承受内压均未超过 100MPa。而当频率较低时，其内压波动效果不明显，近似于线性加载的情况，因此最大承受内压就会与线性加载时接近。因此，选取中间频率，既能使波动效果明显，又不会造成单个周期内内压波动的升降压速率增加过大。

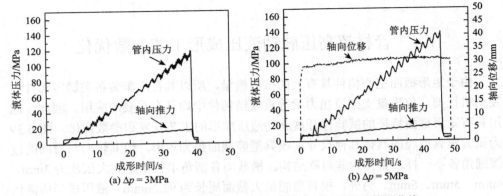

图 6.40　单一脉动加载路径下所采集的脉动加载试验数据曲线

　　综合上述分析，认为选用 0.5Hz 的频率是比较适宜成形的，但是幅值过小使脉动效果不够显著，因此选定频率值后通过调节脉动幅值再进行试验。结果发现，随着幅值提高，管材的成形性有所提高。由幅值为 5MPa 时的成形压力曲线可知，管材最大承受压力已经达到 138MPa，可以看出此时脉动加载对 304 不锈钢的成形能力的提高效果十分明显。但当幅值继续提升到 8MPa 时，如图 6.41（a）所示，其最大内压并没有再明显提高。这是由于先前的脉动加载试验选用的轴向推力路径都是分配液压缸仅接入 A 腔的最小推力，此时管材在液压成形过程中的受力状态决定了其已经达到成形极限的范围，因此要想使管材内压能够继续提高，实现管材后期完全贴合模具，就要提高轴向推力。如图 6.41（b）所示，当采用在胀形开始阶段分配液压缸 A、B 两腔完全接入最大轴向推力路径时，所得最大内压可达到设定压力 150MPa，并且未发生破裂。继续提高设定内压到 170MPa，当波动幅值增加到 10MPa 时，选用何种推力路径，管材都能够达到设定值而不出现任何失稳现象，如图 6.42 所示，管材成形能力提升。结合上述结果可发现，液压成形试验过程中通过对波形参数的调节，可以明显影响 304 不锈钢管材的成形能力。尤其是当频率为 0.5Hz，幅值为 10MPa 时，最大成形压力可达 170MPa 且管材不发生破裂，并且在相同内压路径下选择最大推力路径比最小推力路径所得到的轴向进给补料量要增多一些，如图 6.41（a）与（b）及图 6.42（a）与（b）。但是值得注意的是，幅值在 10MPa 以下成形过程中轴向进给补料量相比单线性加载没有明显增多。脉动加载下最大补料量发生在幅值为 10MPa 且选取最大轴向推力路径时，其数值为 16mm，这与前面分析的单线性加载结合最大轴向推力路径时获得的补料量相同。

　　为实现在管材成形的同时使管坯两端轴向进给量增大，继续提高脉动的幅值进行试验，并且此后的试验全部选用最大轴向推力路径进行配合。首先保持其他参数条件不变，将脉动幅值提高到 20MPa，但是得到的管材最大内压反而比幅值

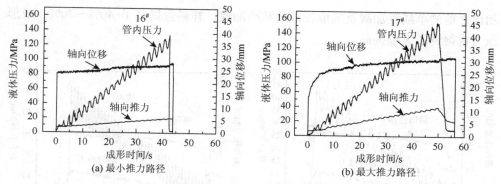

图 6.41　ω =0.5Hz，Δp =8MPa 时采用不同轴向推力所得脉动加载试验曲线

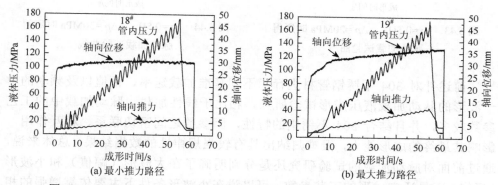

图 6.42　ω =0.5Hz，Δp =10MPa 时采用不同轴向推力所得脉动加载试验曲线

为 10MPa 时小，在内压达到 130MPa 左右就发生了破裂。这是由设定 20MPa 的幅值下单个周期内波形的内压升降速率过大造成的。因此，将基准加载速率降低到 2MPa/s 和 1MPa/s 再进行试验，结果试样均达到了 200MPa 的最大设定压力而未发生任何失稳现象，此结果说明降低加载速率之后再配合幅值为 20MPa 的脉动加载可使管材的成形能力显著提高。以基准加载速率为 2MPa/s 的试验为例，图 6.43 为其试验过程采集的实际数据曲线。可以看到当幅值提高到 20MPa 时，内压曲线的脉动效果很明显，并且波形控制得十分精确，在整个胀形过程中内压曲线未出现走样。伴随内压曲线波动的同时，轴向推力曲线也出现了周期性的波动，对应当管内压力处于波形的峰值时轴向力则处于波谷，反之，当内压降至波谷时，轴向力则达到了峰值。这样的加载路径关系导致管材与模具之间的摩擦力周期性地减小，从而使轴向补料位移发生了波动式的增加，每当内压降至波谷时轴向冲头的推进作用就更容易发生，因此进给补料也会有一个明显提高，最终得到的总补料位移量达到 22mm。而将幅值提高到 30MPa，见图 6.44，最终成形压力达到 230MPa 未发生破裂并且总补料位移量提高更加明显，达到 31mm，

相比之前的单线性加载及幅值较低的脉动加载，补料量提高了 40%～70%，成形压力也得到了大幅提高。

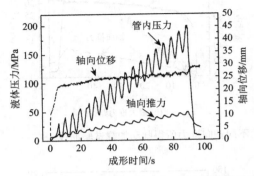

图 6.43　ω=0.5Hz，Δp=20MPa 时所得脉动加载试验曲线

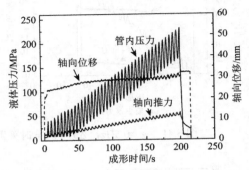

图 6.44　ω=0.5Hz，Δp=30MPa 时所得脉动加载试验曲线

前述针对 304 不锈钢管材进行了不同基准加载速率、幅值以及频率的单一波形的脉动加载液压成形试验研究，相比于线性加载，脉动加载中的工艺参数较多，并且结合 304 不锈钢的特性，因参数之间密切联系、相互作用，影响其最终的成形能力，很难归纳出具有较强规律性的数据结果。总体来说，通过前面对脉动加载的试验研究还是分别明确了在大波形（幅值）和小波形（幅值）下最适宜成形的工艺参数。可以说在小波形条件下主要依靠增强的相变增塑（TRIP 效应）机制提高 304 不锈钢管材的成形能力。而当采用大的波形时，相变增塑效应可以增强，与此同时又能够显著提高轴向冲头的补料量，两方面效果共同作用导致 304 不锈钢管材最终的成形能力得到显著提高。但是不能采用过高的加载速率，因此大幅度的升降压过程需要花费相对较长的时间，降低了成形效率。前面分析提到如果选择合理的工艺参数，大波形（幅值）和小波形（幅值）都有提高 304 不锈钢管材液压成形能力的效果，因此下面将两种不同大小幅值及频率的波形组合使用进行研究。选取之前经过参数优化的两组大小波形。首先进行的是先小后大波形组合，如图 6.45（a）所示，可以发现两组不同参数波形结合得很好，压力曲线在中间过渡阶段并没有出现控制不精确的现象，可以反映出自主研发的液压成形试验机对压力输出具有很高的控制能力。通过先小后大的波形组合，最终管材达到了 230MPa 的设定压力未发生破裂，可见其成形能力得到了明显提升。与此同时，可以观察到当开始小波形阶段时在轴向位移曲线上比较平滑没有波动，而当进行大幅值的脉动加载时位移曲线上出现了前面观测到的明显的波动。然后再进行先大后小波形组合的脉动加载试验，所得试验数据绘制的曲线如图 6.45（b）所示，

两种波形结合程度较好。最大内压同样达到了预先设定的 230MPa。位移曲线上依然是在先出现的大幅值波形上出现波动式的增加，然后在小波形的时候趋于平缓。

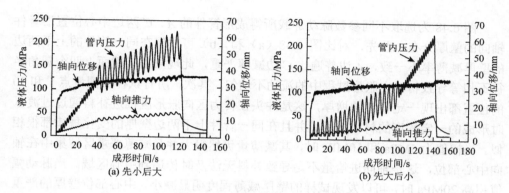

(a) 先小后大　　　　　　　　　　　(b) 先大后小

图 6.45　组合波形下脉动加载试验曲线

图 6.46 为模具变形区横截面尺寸，四个不同大小圆角导致其矩形各边长不相等，为方便起见将四个边分别命名为 A 边、B 边、C 边、D 边。由于针对一个成形管件要分别测量四个边的壁厚值，操作较困难，并且在试验过程中观测的破裂多数在 A 边和 C 边上发生，所以对管件壁厚分布沿轴向（长度方向）进行测量时重点选用 A 边和 C 边的中心位置。

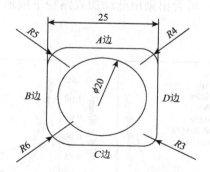

图 6.46　模具变形区横截面尺寸（单位：mm）

图 6.47 为通过线切割将成形管件 A 边和 C 边的中心部位沿轴向切开并选取的测量参考位置。在管材变形区沿轴向依次选取等间距的 20 个测量点，其中 1、2、19、20 四个点的位置位于管件的传力区和过渡区，其余各点都落在胀形区。对各点壁厚进行测量，测量精度为 0.001mm。

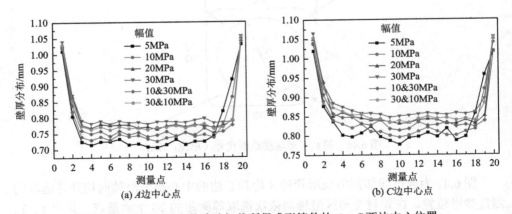

图 6.47　通过线切割将成形管件 A 边和 C 边的中心部位沿轴向切开并选取的测量参考位置

图 6.48 为选取不同参数脉动加载所得成形管件的 A、C 两边中心位置沿管件轴向的壁厚分布。首先，对比图 6.48（a）和（b）可发现在同一管件的上下两边的壁厚减薄率不一致，A 边普遍比 C 边减薄严重，此现象是横截面上四个圆角半径不相等导致材料在胀形过程中的流动不均匀。其次，所有试样在测量点 1 和 20 的位置都出现一定程度的增厚，这是冲头在传力区向胀形区推进补料通过过渡区时形成的一定程度的材料堆积。并且在同一管件上下两边壁厚的变化规律都很相似。当幅值为 5MPa 和 10MPa 时，其减薄量仍然很大并且减薄严重区域集中在轴向中心部位，这是轴向进给量不足导致补料无法及时传递到中心区域。当脉动幅值超高 20MPa 时，可以发现试样的壁厚减薄程度明显减小，中心部位壁厚的严重减薄现象得以改善，壁厚分布均匀性明显提高。而采用先小后大波形组合方式的试样成形后的壁厚值虽然有明显提高但是壁厚分布依然存在明显波动，这是在前期管材发生自由胀形阶段小幅值波形导致进给量不充足所致。采用先大后小波形组合方式的试样的壁厚值虽然略小于先小后大波形组合方式试样的，但是与幅值为 20MPa 的试样的基本一致，并且壁厚分布也十分均匀。采用先大后小波形组合方式可以使管材在前期自由胀形阶段通过采用大幅值波形对其充分推进补料，因此在后期整形阶段只需要采用小幅值波形进一步增强其硬化能力。图 6.49 为不同加载路径下的成形效果，可看出采用脉动加载路径下成形效果明显优于线性加载路径。

图 6.48　选取不同参数脉动加载所得成形管件的 A、C 两边中心位置沿管件轴向的壁厚分布

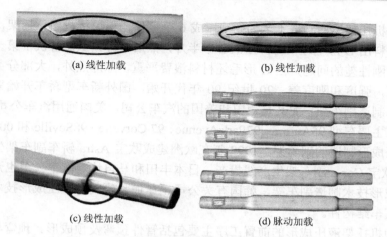

(a) 线性加载　　　　　　　　　(b) 线性加载

(c) 线性加载　　　　　　　　　(d) 脉动加载

图 6.49　不同加载路径下的成形效果（见彩图）

6.5　脉动液压成形技术应用

6.5.1　汽车发动机托架

　　汽车发动机托架是轿车底盘前桥的一个重要零件，其形状多为 U 形，如图 6.50 所示。其作为发动机、变速箱的关键支承结构件，受力复杂。为减轻质量，通常设计成不同形状和尺寸的空心截面，典型截面有长椭圆形、方形、梯形等，截面时常存在曲率半径较小的圆角，这给成形带来了很大困难。

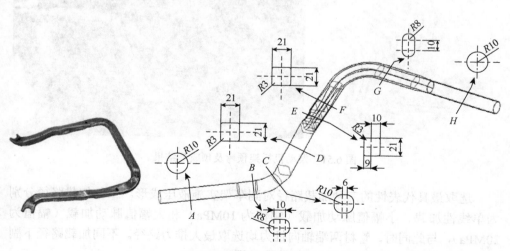

图 6.50　某发动机托架及典型截面（单位：mm）

发动机托架早期制造工艺为先冲压成 6 个零件，再焊接成整体托架，后经过改进先下料出 U 形毛坯，再冲压成 2 个半片，然后对焊，虽然解决了第一代零件多和整体刚性差的问题，但 U 形毛坯材料浪费严重，除焊点外，大部分截面不是封闭截面，强度和刚度差。20 世纪 90 年代开始，国外新车型轿车开始采用液压成形技术制造副车架，尤其是德国和美国的汽车公司。美国通用汽车公司从 1995 年开始在主要车型 95Aurora、97Park Avenue、97 Corvette、98Seville 和 00Le Sabre 应用液压成形制造的副车架。1999 年在欧洲建成欧宝 Astra 轿车副车架生产线。2000 年欧宝 Corsa 副车架生产线投产。日本丰田和马自达等汽车公司也开始应用内高压成形技术制造副车架，韩国有关公司正在加紧研制用液压成形技术生产副车架等汽车结构件。

发动机托架液压成形的前置工序主要包括管件预弯及预成形。预弯与预成形结果如图 6.51 所示。预弯工序中，主要防止截面的过度畸变和弯曲段外侧的过度减薄；预成形的目的是将管坯完全放入模腔，防止合模时不必要的挤压变形使管坯产生破坏，另外还可以通过预成形使管坯有一定的形状改变，更加贴合模腔的截面形状，可以降低液压成形的难度，在较低的压力下达到贴模状态。经过合模预成形之后的管坯已经可以完全进入模具并且在水平方向保持良好的平直度，从而能够有效保证后续液压成形时冲头与管坯对中密封的效果。经过合模预成形之后的管坯如果不出现咬边等缺陷，可以不从模具中取出，再次合模后直接进入副车架管材液压成形工序。

图 6.51　发动机托架预弯及预成形结果

选取最具代表性的三种加载路径对副车架实施液压成形。三种加载路径分别为单线性加载、小幅值脉动加载（幅值为 10MPa）和大幅值脉动加载（幅值为 20MPa），与此同时，管材两端轴向推力均选取最大推力路径。不同加载路径下副车架液压成形试验所采集到的数据曲线见图 6.52。

图 6.53 为采用单线性加载获得的管坯存在的缺陷形式。从图 6.53 中可发现，

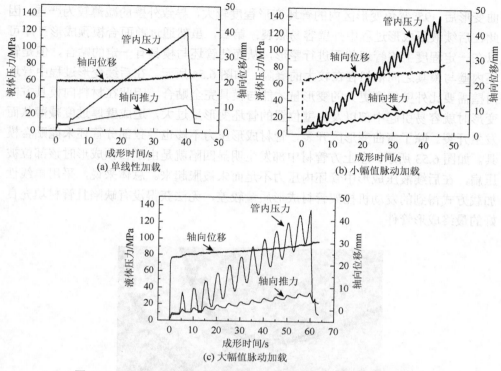

图 6.52 不同加载路径下副车架液压成形试验所采集到的数据曲线

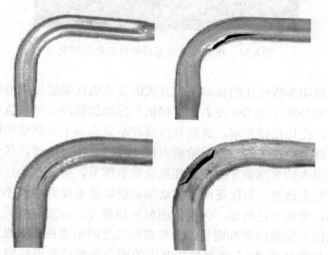

图 6.53 采用单线性加载获得的管坯存在的缺陷形式

发生开裂的位置都集中在 95°的弯角变形区，并且在管材的内壁、中部及外壁上都有可能发生开裂。开裂位置比较分散的原因可以概括为两点：第一，通过预弯曲变形后，95°弯角变形区内的管坯变形程度较大，导致外壁的减薄较为严重，因此在后续液压成形过程中外壁容易胀裂；第二，虽然通过前面合模预成形工序可以在一定程度上将管坯截面进行整形，从而使管坯与模具有一定的贴合，但是管坯内壁与模具之间依然存在较大的缝隙，如图 6.54 所示。在后续变形过程中管坯内壁需要比外壁得到更大的变形量才能与模具完全贴合，因此在材料向模具方向变形时就容易引起中部以及内壁位置的管坯变形量过大，造成壁厚过度减薄从而发生开裂。除了弯曲变形区开裂，管材成形压力不够也导致部分管坯未能贴合模具。如图 6.53 所示，左上方管材中部发生明显凹陷就是由于在预成形时该部位被压扁，在后续液压成形中管坯内压力不足而未被胀起来。总体来说，采用单线性加载方式得到的发动机托架管材成形质量较差，无法获得没有缺陷且管材填充良好的最终成形管件。

图 6.54　模具中预成形后管材弯角区情况

　　采用经过前期参数优化的脉动加载方式的发动机托架液压成形能够将管坯的最大承受内压提升到 140MPa 左右。小幅值的脉动加载冲头轴向位移曲线与单线性加载时相似，变化比较平缓，进给补料量较小。而对于大幅值的脉动加载，位移曲线上有明显的阶梯式增长，进给量有很大提高。如前所述，尽管管材在二次弯角区域需要很大的变形量才能使管坯完全贴合模具，但是脉动加载液压成形过程中管坯并未发生破裂，再次证明了脉动加载能够显著提高 304 不锈钢管材的成形能力。此外，值得一提的是，无论选用何种加载方式，发动机托架液压成形试验中轴向冲头的位移进给量都明显小于先前研究过的矩形截面的直管液压成形，这是由于副车架构件的"Z"字形轴线其中的两个弯角位置造成轴向推进的阻力增大，补料相比于直线轴线零件要困难。

　　图 6.55 为两种脉动加载方式下终成形管件在二次弯角变形区的对比，其中图 6.55（a）为幅值为 10MPa 下所获得试样，图 6.55（b）为幅值为 20MPa 下所

获得试样，可以看出在大幅值波形条件下管件内壁获得的变形量更大，并且一些局部过度的小圆角区域也得到了充分的成形。图 6.56 给出了幅值为 20MPa 时获得的副车架终成形管件及各部位放大照片。从外观上看，管件对模具的填充完全，外形轮廓清晰且无任何缺陷。

下面对幅值为 20MPa 的脉动加载试样的各个典型截面的壁厚分布进行测量，前面已经介绍过此款发动机托架液压成形模具的截面变化情况及各截面具体尺寸，其中一些截面的形状尺寸相同，如 B 与 G、D 与 F，具有相同形状尺寸的截面在变形过程中的变化也较相似，因此只需选取其中一个进行测量即可。此外，A 与 H 为未变形区域截面也无须进行测量，最终选择测量截面为 C、E、F、G，每个截面选取 8 个测量点，如图 6.57 所示，其中 1 号测量点为管材内侧，5 号测量点为管材外侧。

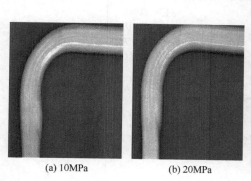

(a) 10MPa　　　(b) 20MPa

图 6.55　两种脉动加载方式下终成形管件在二次弯角变形区的对比

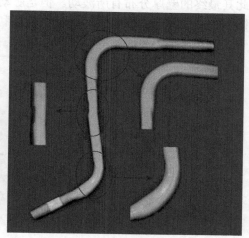

图 6.56　幅值为 20MPa 时获得的副车架终成形管件及各部位放大照片

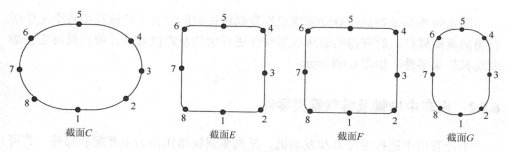

截面C　　　截面E　　　截面F　　　截面G

图 6.57　典型截面测量点示意图

测量的各截面壁厚分布见图 6.58。从壁厚的分布情况来看，具有矩形截面特征的截面 E 和 F 的壁厚波动最小并且减薄率控制在 20%以内，最小壁厚大约在 0.8mm。因为前面的预弯曲变形和预成形工序对截面 E 和 F 所处位置的影响很小，所以其变形规律与前面研究的直管胀形结果一致，通过脉动加载方式能够提高 304 不锈钢的成形质量。而具有椭圆形截面特征的截面 C 和 G 的壁厚分布波动较大，这是由于截面 C 和 G 正好处于两个弯曲的变形区，在合模预成形的过程中弯曲变形区的变形量最大，管坯被压扁，材料的流动不均匀。而截面 C 和 G 的最小壁厚都出现在管坯内侧上的 1 号测量点位置，这是由于在预成形后弯曲变形区的管坯与模具之间存在较大缝隙，在后续液压成形过程中该位置所需变形量增大，减薄相对严重。然而最小壁厚值为 0.75mm，依然能够保证壁厚减薄率不超过 30%。前面的预弯曲变形和预成形工序导致了截面 C 和 G 的变形不均匀且变形量大，因此其最终的壁厚分布有所波动。但是脉动加载液压成形方式显著地提高了 304 不锈钢管材的成形能力，从而确保试验顺利完成，得到最终的副车架成形零件。

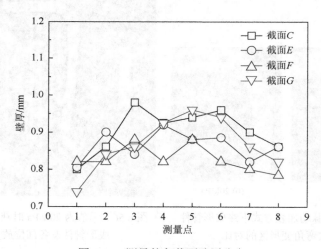

图 6.58 测量的各截面壁厚分布

图 6.59 为基于超高压脉动液压成形发动机托架的制备工艺流程中各个工序所获得的典型样件。对获得的液压成形管件进行切边及焊接处理，得到最终完整的发动机托架零件，如图 6.60 所示。

6.5.2 汽车中冷管及排气管类零件

中冷管用于连接中冷器和发动机，是汽车涡轮增压器的主要配套部件，其可以进一步降低增压器所压缩高温空气的温度，降低发动机的热负荷，提高发动机

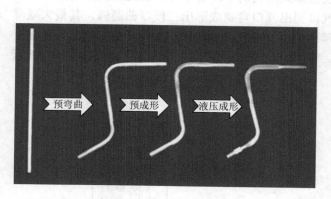

图 6.59　基于超高压脉动液压成形发动机托架的制备
工艺流程中各个工序所获得的典型样件（见彩图）

图 6.60　最终完整的发动机
托架零件

进气端气体质量，因此可以增加发动机的功率。图 6.61 为传统工艺中冷管结构和
新型工艺中冷管结构示意图。传统工艺制造的中冷管，是分别应用弯曲、缩口和
扩口几个工艺加工中冷管的各个相应部分，然后利用焊接工艺焊合到一起。这种
传统工艺存在生产效率低、零件质量重、成本高、材料利用率低等问题，而一体
化液压成形工艺所使用模具少且成形效率高，在加工中冷管这类复杂变截面空体
构件时具有不可替代的优势。

　　某重型卡车用中冷管的初始管坯直径为 70mm，该直径与出气端直径相同，
由出气端到进气端管坯直径逐渐增大，进气端最大直径达 100mm，最大变形率
超过 42.9%，并且该种类型中冷管上有很多小圆角结构，圆角半径从 2.5mm 到
5mm 不等，增加了零件的贴模难度。零件主要由 4 个直壁段、3 个圆角段组
成，壁厚为 1.2mm 的三维空间变截面空体构件，应用传统工艺加工此类零件
难度较大。

(a) 传统工艺制造的拼焊式中冷管　　　　　　　　　(b) 液压成形整体式中冷管

图 6.61　传统工艺中冷管结构和新型工艺中冷管结构

　　若采用液压成形工艺开发整体式结构的中冷管零件，首先需要采用数控绕弯工艺，将其直管坯依次从进气口到出气口弯制成形出三段弯曲圆弧，其最大减薄率可以控制在 15%。中冷管零件的进气端和出气端管材直径尺寸变化较大且相应直壁段的长度不同，经测算，零件中间部位应变超过 0.6，模拟结果如图 6.62 所

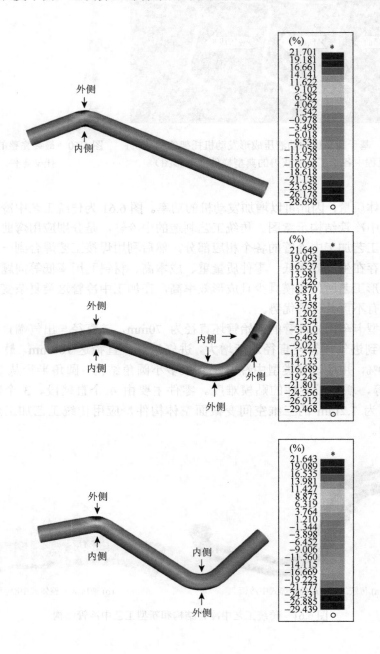

图 6.62　三步绕弯有限元模拟与试验结果

示。因此采用常规单线性加载方式，中冷管在中间直段处壁厚易发生过度减薄而导致开裂。另外，中冷管零件的三维空间弯曲特征，在线性加载条件下，两侧的轴向进给难以将材料补充到中部大变形区域，致使局部因过度减薄而发生破裂，如图 6.63 所示。

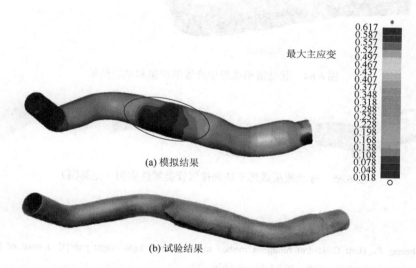

(a) 模拟结果

(b) 试验结果

图 6.63　线性加载条件下管材局部减薄严重导致开裂的情况

　　采用脉动液压成形工艺能够显著改善端部的进给补料，并且能够同时提高材料的硬化效果，有效抑制局部过度减薄，并且配合有限元仿真分析和参数优化，可以有效解决轴向进给和内压力配合不当造成的折叠或者胀破等缺陷。脉动液压成形中冷管的模拟和试验结果如图 6.64 所示。

　　此外，采用管材超高压脉动液压成形，充分发挥其技术特点和优势，成功实现了多种复杂变截面的不锈钢排气管类零件的工艺开发和工业应用，如图 6.65 所示。

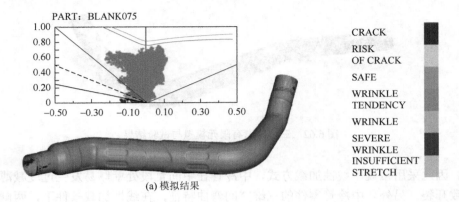

(a) 模拟结果

(b) 试验结果

图 6.64　脉动液压成形中冷管的模拟和试验结果

图 6.65　脉动液压成形不锈钢排气管类零件实例（见彩图）

参 考 文 献

[1]　Dohmann F，Hartl C. Hydroforming—a method to manufacture light-weight parts[J]. Journal of Materials Processing Technology，1996，60（1-4）：669-676.

[2]　Zhang S H. Developments in hydroforming[J]. Journal of Materials Processing Technology，1999，91（1-3）：236-244.

[3]　Muammer K，Altan T. An overall review of the tube hydroforming（THF）technology[J]. Journal of Materials Processing Technology，2001，108（3）：384-393.

[4]　Ahmetoglu M，Altan T. Tube hydroforming：State-of-the-art and future trends[J]. Journal of Materials Processing Technology，2000，98（1）：25-33.

[5]　Mori K，Patwari A U，Maki S. Finite element simulation of hammering hydroforming of tubes[J]. Computational Fluid and Solid Mechanics，2003，15：498-501.

[6]　Hama T，Asakawa M，Fukiharu H，et al. Simulation of hammering hydroforming by static explicit FEM[J]. ISIJ International，2004，44（1）：123-128.

[7]　Mori K，Patwari A U，Maki S. Improvement of formability by oscillation of internal pressure in pulsating hydroforming of tube[J]. CIRP Annals-Manufacturing Technology，2004，53（1）：215-218.

[8]　Loh-mousavi M，Mori K，Hayashi K，et al. 3-D finite element simulation of pulsating T-shape hydroforming of tubes[J]. Key Engineering Materials，2007，340：353-358.

[9]　Loh-Mousavi M，Bakhshi-Jooybari M，Mori K，et al. Improvement of formability in T-shape hydroforming of tubes by pulsating pressure[J]. Proceedings of the Institution of Mechanical Engineers，Part B：Journal of Engineering Manufacture，2008，222（9）：1139-1146.

[10]　Khalili K，Ahmadi-Brooghani S Y，Ashrafi A. Investigation on the effect of pulsating pressure on tube-hydroforming process[J]. Key Engineering Materials，2011，473：618-623.

[11]　Mori K，Maeno T，Maki S. Mechanism of improvement of formability in pulsating hydroforming of tubes[J]. International Journal of Machine Tools and Manufacture，2007，47（6）：978-984.

[12]　Xu Y，Zhang S H，Zhu Q X，et al. Effect of process parameters on hydroforming of stainless steel tubular components with rectangular section[J]. Materials Science Forum，2013，749：67-74.

[13]　Xu Y，Zhang S H，Cheng M，et al. Application of pulsating hydroforming in manufacture of engine cradle of austenitic stainless steel[J]. Procedia Engineering，2014，81：2205-2210.

[14]　Xu Y，Zhang S H，Cheng M，et al. Formability improvement of austenitic stainless steel by pulsating hydroforming[J]. Proceedings of the Institution of Mechanical Engineers，Part B：Journal of Engineering Manufacture，2015，229（4）：609-615.

[15]　徐勇，张士宏，马彦，等. 新型液压成形技术的研究进展[J]. 精密成形工程，2016，8（5）：7-14.

[16]　林小波，王炳德，刘莹. 波动加载管材液压成形系统关键问题的研究[J]. 机械工程与自动化，2011，（6）：90-92.

[17]　Yang L F，Rong H S，He Y L. Deformation behavior of a thin-walled tube in hydroforming with radial crushing under pulsating hydraulic pressure[J]. Journal of Materials Engineering Performance，2014，23（2）：429-438.

[18]　徐勇，马彦，张士宏，等. 高能率脉动冲击液压成形方法：中国，CN106238552A[P]. 2016.

[19]　张士宏，徐勇，程明，等. 脉动液压成形技术与设备[J]. 机械工程学报，2013，49（24）：1-6.

[20]　Xu Y，Zhang S H，Song H W，et al. The enhancement of transformation induced plasticity effect on austenitic stainless steels by cyclic tensile loading and unloading[J]. Materials Letters，2011，65（11）：1545-1547.

[21]　Xu Y，Zhang S H，Cheng M，et al. In situ X-ray diffraction study of martensitic transformation in austenitic stainless steel during cyclic tensile loading and unloading[J]. Scripta Materialia，2012，67（9）：771-774.

[22]　徐勇，张士宏，程明，等. 加载方式对奥氏体不锈钢力学性能和马氏体相变的影响[J]. 金属学报，2013，49（7）：775-782.

[23]　徐勇，马彦，张士宏，等. 电机和液压复合驱动方式下材料组织性能原位测试装置：中国，CN105223079A[P]. 2016.

[24]　张士宏，徐勇，程明，等. 波动加载管材液压成形超高压系统：中国，CN202123142U[P]. 2012.

第7章 薄壁管材液压锻造成形技术

随着零件的结构设计越来越趋向于复杂化、精密化，在成形如小圆角、大变形、复杂截面等零件结构特征时，对传统液压成形技术提出了挑战[1-6]。薄壁管材液压锻造成形技术依托于传统液压成形技术，同时融合了传统锻造技术在成形精密零件上的优势[7]，成了可成形截面特征复杂且局部变形量大、圆角小的薄壁空心构件的一种先进塑性加工技术[8]。本章重点介绍了薄壁管材液压锻造技术的研究现状、工艺原理、成形机理、关键工艺参数及常见成形缺陷，同时借助于有限元仿真对两种具有代表性的管材液压锻造成形工艺过程进行仿真分析，并进行试验对比验证。该技术目前虽处于起步阶段，但在汽车结构件、航空航天零件等工程领域具有广泛的应用前景，对该项技术的不断研发与完善，具有重要的工程意义。

7.1 薄壁管材液压锻造工艺原理

液压成形技术是将管坯放置在密闭的模具型腔内，通过左右冲头的位移实现进给补料并兼具密封功能。管坯在内压的作用下发生膨胀，并最终贴合模具成形[9]。由于在胀形的过程中，管坯的截面周长始终增大，即管坯在周向上始终处于拉应力状态，从而造成了在成形大变形量特征零件时，出现破裂失稳的概率增大。Hwang 等[10]针对管材的大变形量成形开展了研究，并提出了一种通过可动模具设计来增加补料量，从而成形大变形量管件的方法。但是，可动模具的设计提高了密封的要求，同时也增加了制造成本。此外，对于带有局部小圆角特征的零件，圆角半径越小，所需内压越高，这就给液压成形设备中高压系统的设计带来挑战，同时也增加了成本。因此，在新一代产品设计制造中，应力状态、高压系统限制了传统液压成形技术的应用。

精密锻造应用封闭模具进行无飞边的热锻造，所得产品基本接近最终零件，是一种近净成形技术[11]。该工艺所用的模具有上冲头和下冲头、一个或者多个凹模，以及成形工艺过程中夹持模具的设备。在坯料成形过程中，上冲头向下运动，坯料在上表面法向上受到压应力作用，这就保证了工件良好的力学性能，即工件的难破坏性及与应力相关的纤维织构取向，加之锻造设备吨位较大，对小圆角等的成形较为容易。因此，精密锻造是一种重要的制造工艺。图 7.1 为精密锻造技术的成形原理示意图。但是对于锻造工艺，加工空心构件具有较大的局限性。

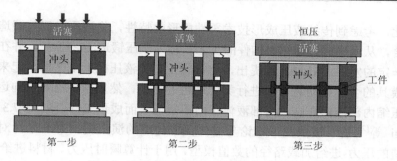

第一步　　　　　　　　第二步　　　　　　　　第三步

图 7.1　精密锻造技术的成形原理示意图[12]

　　考虑到精密锻造技术在大变形量、小圆角零件上的成形优势，国内外学者在解决锻造空心构件问题上进行了广泛而深入的研究。Chen 等[13]引入了注射锻造成形厚壁管状件的工艺，将注射型腔里的材料以一种类似挤压的形式注射入模腔中，材料通过轴向与径向的流动充满模腔，图 7.2 为该工艺示意图。

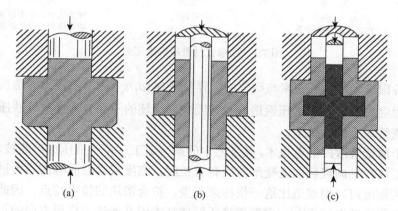

(a)　　　　　　　　　　(b)　　　　　　　　　　(c)

图 7.2　注射锻造成形工艺示意图[14]

　　Qin 等[15, 16]开发出厚壁管件上加工法兰环的工艺，首先向管状件内部加入聚合物填料，然后应用可移动冲头压缩内部聚合物填料，使其沿轴向缩短而沿径向膨胀，对厚壁管内壁施加压力以促使其以塑性变形的方式成形，但是内部聚合物的特殊受力状态使得工件壁厚分布不均匀，该工艺方法不稳定，造成工件诸如表面折叠和填不满的缺陷。Chavdar 等[17]提出了熔点相差较大的两种材料的锻造工艺，其中芯部材料为低熔点的玻璃、铝合金、镁合金等，高熔点的钢作为外部包覆材料，在成形过程中，芯部材料通过加热处于熔融状态，而外部包覆材料因温度的升高变形抗力降低，在综合因素作用下，最终成形质量高的轻量化目标零件。但是，该工艺需在高温下进行，造成了很大的能量损耗，增加成本的同时还存在一定的环保问题。

　　因此，考虑到传统液压成形技术柔性成形的特性，将液压成形与锻造工艺的优势结合，从而形成目标空心构件的工艺，称为液压锻造工艺[18, 19]，并在近些年得到了一定的发展。Muller 等提出，将锻造工艺和液压成形工艺结合起来，首先用上下模具的合模运动对工件进行类似镦粗的加工，然后冲头沿着轴向运动，通过冲头压缩内部液体介质，内部液体压力不断增大而成形工件，如图 7.3 所示。Alzahrani 等[20]基于塑性变形理论与零件变形轮廓的演变提出了一个针对厚壁管液压锻造的压力-进给加载路径的数值模型，用于计算瞬时压力、材料进给、应力、应变及一些其他的几何参数，以便于在数值模拟时进行初始工艺设计。

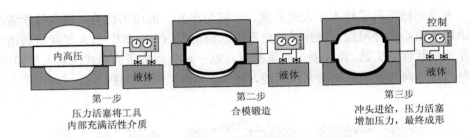

第一步　　　　　　　　　　　　　　　第二步　　　　　　　　　　　　　第三步
压力活塞将工具　　　　　　　　　　　合模锻造　　　　　　　　　　冲头进给，压力活塞
内部充满活性介质　　　　　　　　　　　　　　　　　　　　　　　　增加压力，最终成形

图 7.3　厚壁管材液压锻造工艺

　　在各国学者的不断探索与研究中，厚壁管材 $(d_i/s_o \leqslant 10)$ 的液压锻造技术得到了一定程度的发展[21]。液压锻造技术按照成形管坯的不同分为厚壁管液压锻造技术和薄壁管液压锻造技术。

　　对于薄壁管液压锻造技术，其工艺中的第一道工序符合液压成形的技术特点，第二道工序在轴向或径向上变形前后有着长度、高度或者截面等的增大过程，即其变形的程度可以用锻造比这一指标来衡量，符合锻造的技术特点，因此可以将该道工序称为锻造过程[22]。薄壁管液压锻造技术因其锻造力作用方向的不同可细分为轴向液压锻造和径向液压锻造。对于薄壁管，在胀形阶段，虽然会进行轴向的进给，但是摩擦力的存在使材料的流动受到影响，从而导致壁厚的快速减薄，更加容易出现破裂缺陷[23, 24]。Chu 等[25]对具有不同截面周长的汽车 B 柱在液压锻造过程中的起皱缺陷进行了分析，获得了临界支撑应力的计算方法，但是，该零件的变形量较小。本章将以两个典型的具有大变形量、小圆角特征的薄壁空心构件的工艺过程为例，详述薄壁管轴向液压锻造与薄壁管径向液压锻造的工艺参数解析、塑性流动性分析及最终优化后的工艺应用。

7.1.1　轴向液压锻造成形原理

　　轴向液压锻造技术采用薄壁空心管件作为初始坯料。图 7.4 为轴向液压锻造成形原理[26]，在该工艺中，第一步为将流动介质注入空心管件，同时用可移动的冲头密封对部件两端实现密封，在对液态介质加压的同时配合相应的轴向进给，实现工件的预成形；第二步为在保证管材密封状态下，借助管材内部恒定压力的支撑，通过一个额外的沿轴向作用的锻造力，使材料在径向上持续变形，从而避免管材液压成形中常出现因进给量过大而产生的起皱、屈曲缺陷；第三步为锻造后的再次持续增压，这一过程主要是针对局部小变形区域（如小圆角）的精确整形，使整个管件完全贴合模具，从而确保成品的几何外观尺寸。

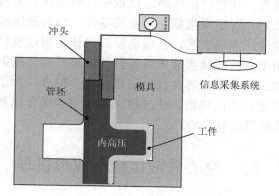

图 7.4 轴向液压锻造成形原理[27]

7.1.2 径向液压锻造成形原理

径向液压锻造工艺仍以薄壁管材为原始坯料，与轴向液压锻造工艺不同的是，该工艺适用于前后工序径向截面形状变化较大的薄壁空心构件的成形过程。其工艺原理如图 7.5 所示。

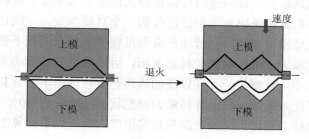

图 7.5 径向液压锻造工艺原理

整个工艺过程分为三道工序，第一道工序为液压成形工序，该工序主要用于管坯的预成形过程，具体工艺过程与传统的液压成形过程一致。第二道工序为退火工艺，第一道工序的变形，不可避免地会造成材料的加工硬化，使得后续的变形抗力变大，增大了对成形设备的吨位要求；此外，加工硬化也对材料后续的变形延伸率造成很大的影响，如果无中间退火热处理，则在后续工序中，零件在大变形区域出现破裂或严重减薄的概率将大大增加。第三道工序为恒压锻造与高压精整阶段，即将预成形管坯移至锻造模具中并注入液体介质，使预成形管坯内形成起支撑作用的恒定内压，以避免在锻造过程中预成形管坯被严重压扁而无法成形出预期的异形截面。不同于轴向液压锻造过程中的锻造压力来自于额外的推头装置，在径向液压锻造过程中，锻造压力来自于上模向下运动所产生的压力。此外，对于周向截面复杂的零件，轴向液压锻造工艺很难实现成形，而利用径向液压锻造工艺，在锻造模具设计合理以及预成形坯料性能达标的前提下，可简单、快捷地实现最终零件的成形。在恒压锻造过程结束后，零件的某些部位如过渡小圆角等并没有与模具完全贴合，为了得到精确的零件尺寸，需在锻造后进行高压精整，使过渡区圆角完全贴合模具而达到零件的预期尺寸，精整工序过程没有进给。

7.2　空心件液压锻造成形机理

初始屈服压力是指管材开始发生塑性变形所需要的内压。这里假设管材为承受内压作用的圆柱壳体，在柱坐标系下，轴向应力 σ_z 和径向应力 σ_θ 的比值 $\sigma_z / \sigma_\theta = \xi$，则初始屈服压力 p_s 计算公式[28]为

$$p_s = \frac{1}{1-\xi}\frac{2t}{d}\sigma_s \tag{7.1}$$

式中，σ_s 为材料屈服强度（MPa）；t 为管材壁厚（mm）；d 为管材直径（mm）；ξ 为轴向应力 σ_z 和径向应力 σ_θ 的比值。

在液压预成形阶段，轴向进给可以在很大程度上减少成形区壁厚减薄和提高膨胀率，而且补料量也是确定水平缸行程的一个重要参数。一般在理想状态下，假设变形前后壁厚没有变化，则管坯在成形过程中满足表面积不变条件。根据成形后的工件表面积等于成形前的管材表面积，可以得到理想状态下的补料量。但在实际成形过程中，受摩擦的存在以及加载路径变化的影响，管材壁厚必然会存在减薄现象，因此一般情况下，补料量为理想状态补料量的 60%～80%。对于简单形状的变径管件，根据上述的表面积相等原理，可得如下计算方程：

$$l_0 = \frac{Dl'}{d} + \frac{D^2 - d^2}{2d\sin\alpha} + (l_1 - l) \tag{7.2}$$

$$l = l_0 - l_1 = \frac{Dl'}{d} + \frac{D^2 - d^2}{2d\sin\alpha} - l \tag{7.3}$$

式中，l_0 为管材初始长度（mm）；l_1 为工件长度（mm）；l 为成形区长度（mm）；α 为过渡区半锥角（°）；l' 为最大直径处长度（mm）；d 为管材外径（mm）；D 为工件最大外径（mm）。

在轴向液压锻造方式下，由额外的推头对预成形管材施加锻造压力。以预成形管材为受力分析对象，则其共受到预成形管坯内部高压液体给予的压力 F_p、预成形管坯与模具之间的摩擦力 F_μ 以及预成形管坯本身发生塑性变形所需的变形抗力 F_t 的作用，假设锻造压力为 F_a，则有力平衡方程：

$$F_a = F_p + F_\mu + F_t \tag{7.4}$$

$$F_p = S_1 \times p_i \tag{7.5}$$

$$F_\mu = l_\mu \times p_i \times \mu \tag{7.6}$$

$$F_t = S_2 \times \sigma_s \tag{7.7}$$

式中，S_1 为推头与工件接触面积（mm²）；l_μ 为推头与工件接触区长度（mm）；μ 为摩擦系数；S_2 为变形区面积（mm²）。

在变形过程中，随着锻造过程的进行，预成形管坯内腔液体在局部区域体积发生一定变化，从而造成内压出现局部性的波动。此外，随着持续塑性变形，管坯出现一定程度上的加工硬化。此时，F_t 的大小需要考虑材料硬化所造成的影响。材料进入塑性段后，其硬化规律可用如下数学模型来表述。

$$\sigma = A + B \times \exp(-C \times \varepsilon^m) + D \times \exp(-E \times \varepsilon^n) \tag{7.8}$$

式中，未知参数 A、B、C、D、E、m、n 可通过拉伸试验获得。

预成形管坯经恒压锻造工序后，工件大部分已成形，此时，需要增大压力以成形截面过渡圆角并保证工件尺寸精度，该阶段变形量较小，并不需要进给，此时，整形所需的压力 p_c 可用式（7.9）进行大致估算。

$$p_c = \frac{t}{r_c} \times \sigma_s \tag{7.9}$$

式中，r_c 为工件截面最小过渡圆角半径（mm）；t 为过渡圆角处的平均厚度（mm）；σ_s 为整形时材料流动应力（MPa）。

以薄壁管材为例，若只考虑轴向应力 σ_z 和径向应力 σ_θ，则可认为管材处于平面应力状态。但在变形过程中，某一时刻管材上不同点及同一点在不同时刻的应力状态都将有很大的差别。

在预成形阶段初始充液时，冲头的行进位移主要起密封作用，可认为管材处于轴向的单向受压应力状态，因此对应的应变状态为轴向压缩、径向伸长及厚度增加，而变形过程中，管材初期沿径向变形较小，仍可近似认为管材处于平直状态。此时，管材的应力状态为径向受拉、轴向受压，而对应的应变状态则与径向应力和轴向应力的数值大小有关，如图 7.6（a）、（b）所示。

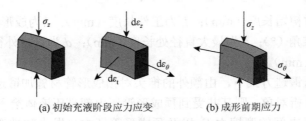

(a) 初始充液阶段应力应变　　　　　　(b) 成形前期应力

图 7.6　预成形应力应变状态

由塑性流动法则：

$$d\varepsilon_t = -\frac{d\varepsilon_i}{2\sigma_i}(\sigma_\theta - \sigma_z) \qquad (7.10)$$

式中，$d\varepsilon_t$ 为厚度方向的应变；σ_i 为应力张量。可见，应变分为三种情况：

当 $\sigma_\theta > |\sigma_z|$ 时，有 $d\varepsilon_t < 0$，此时壁厚减薄；

当 $\sigma_\theta < |\sigma_z|$ 时，有 $d\varepsilon_t > 0$，此时壁厚增加；

当 $\sigma_\theta = |\sigma_z|$ 时，有 $d\varepsilon_t = 0$，此时壁厚不变，管材处于平面应变状态。

当变形量逐渐增大出现明显的预成形鼓包时，管材的应力状态则相应地转变为双向受拉状态。此时，σ_θ 与 σ_z 均大于零，因此不管是在径向还是轴向总是伸长，壁厚必然是减薄，如图 7.7 所示。

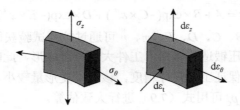

图 7.7　预成形后期应力应变状态

在锻造阶段，内压的存在，使管材在周向上受到拉应力。在锻造初期，管材在轴向受到压应力，即管材处于一拉一压的应力状态，此时的应变状态与预成形初期的应变状态相似。而锻造的后期，工件径向与模具接触，受到模具的约束，此时径向应变逐渐变成零，工件受到轴向的压应力作用而处于平面应变状态，壁厚会出现一定的增厚，而总体的壁厚变化则取决于初期与后期变形的共同作用。

在整形阶段，成形区管材绝大部分已与模具接触，只有过渡圆角局部区域尚未完全与模具贴合。这一阶段就是要通过增大成形内压来使过渡圆角逐渐贴紧模具，以成形出所需圆角大小。此时，过渡圆角区的受力相当于内压作用下的圆环壳，应力状态两向受拉，在周向和轴向都发生拉伸变形，壁厚减薄。

与轴向液压锻造相比，径向液压锻造方式主要由以一定速度运动的上模提供锻造所需压力。若同样以预成形管坯为受力分析对象，则工件在变形区受到恒定的内压 F_p' 和预成形管坯发生塑性变形所需的变形抗力 F_t 作用，径向液压锻造方式下的锻造压力计算公式可表示为

$$F_a' = F_p' + F_t \tag{7.11}$$

$$F_p' = S_1' \times p_i \tag{7.12}$$

式中，S_1' 为工件变形区在水平面上的投影面积（mm^2）。

在预成形阶段以及精整阶段，其应力应变状态与轴向液压锻造相似，而在锻造阶段，由于是径向锻造，此时无轴向力作用，所以轴向应力为零，而总应力状态根据截面的形状不同呈现出局部区域受拉或受压的应力状态。在内凹区域主要为周向受拉、径向受压的应力状态，在外凸区域主要为两向受拉的应力状态，但是不论何种应力状态，周向上的受拉必然会导致壁厚的减薄。

7.3 空心件液压锻造成形技术应用

7.3.1 Ω形薄壁空心构件液压锻造成形

以某 Ω 形薄壁空心构件为例，通常应用不锈钢进行制造，以防止腐蚀和生锈。因此，本小节采用 304 奥氏体不锈钢作为研究材料，其在室温下的应变诱导马氏体相变特性，导致该材料的强度高、韧性好。图 7.8 给出了工件的几何结构和尺寸。管材为焊管，壁厚为 1.5mm。初始管坯的外径为 128mm，胀形后要求直径达到 175mm。因此，工件的中间部位沿着周向的变形率较大，达到 38%。工件边缘位置的过渡圆角也较小，分别为 1mm 和 4mm。壁厚的减薄率必须在 20%以内，这意味着变形后允许的壁厚为 1.2mm。

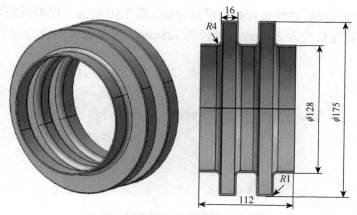

图 7.8 工件的几何结构和尺寸（单位：mm）

　　按照工件几何尺寸，很难通过液压工艺直接成形尺寸精度满足要求的零件。根据零件的轴对称特征，为了提高成形效率，将液压锻造模具设计成一模能够生产两个零件的构造。本小节研究所用的液压锻造原理如图 7.9 所示。整个成形工艺主要分成三步：低压胀形、中压锻造和高压整形。首先将液体注入管状坯料，然后应用两个冲头进行密封。通过液压工艺，将管坯加工到过渡形状，用外部增压器对内部液体进行增压，用以代替冲头的运动，具体如 7.9（a）所示。当内部液体压力保持或者随着实际锻造力增加时，将过渡形锻造到近终形状，如图 7.9（b）所示。在锻造过程中，尽管没有必要轴向进给管材，但是因锻造过程引起的轴向长度减小，为了密封管材两个端部，必须给定冲头行程，并且该行程要等于锻造工具的行程。最后，继续对内部液体进行增压，迫使管材充分填充模具型腔，尤其是边界位置，具体如图 7.9（c）所示。冲头和锻造工具同时保持静止。当成形结束后，冲头和锻造模具返回初始位置，打开闭合的模具。应用超声波测量仪测量成形零件的厚度。

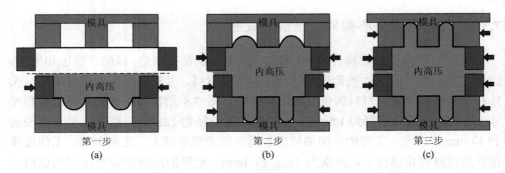

图 7.9　Ω形薄壁空心构件轴向液压锻造工艺过程（见彩图）

　　应用有限元模拟软件进行数值模拟分析。图 7.10 给出了模拟所采用的有限元模型，所用管坯长度为 212mm，外径为 128mm。模拟过程也分为三个阶段：低

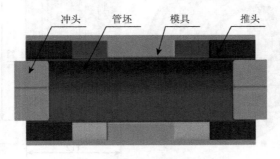

图 7.10　模拟所采用的有限元模型

压胀形、中压锻造和高压整形。为了简化模型，只模拟工具与管材的接触面。建立 Belytschko-Tsay 5 节点四边形壳体单元，管材单元的数目为 3976。冲头、锻造工具和外模具设置成三维分析的刚度单元，由于单元的类型，所以刚度体不划分网格和分析。基于罚函数原理规定模具和管材之间的接触。应用库仑摩擦法则，模拟中管材和模具表面的摩擦系数定义为 0.1。

　　数值模拟和试验中所采用的三种载荷路径，也就是内部载荷和冲头行程之间的关系如图 7.11 所示。三种载荷路径分别定义为路径 1、路径 2 和路径 3。三种载荷路径的不同主要集中在液压和锻造工步，而最后阶段的整形压力相同。

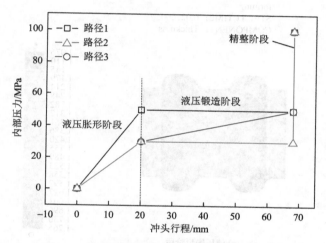

图 7.11　数值模拟和试验中所采用的载荷路径

　　在路径 1 中，液压胀形力为 50MPa，在后续的锻造阶段保持不变。在路径 2 中，液压力为 30MPa，在后续的锻造阶段保持不变。在路径 3 中，液压力在锻造阶段，由最初的 30MPa 增加到 50MPa。冲头和锻造工具的行程对于所有的载荷路径都相同。此外，将管材自由胀形成"山形"，并将该形状作为液压阶段的过渡形。模拟和试验都围绕三种不同的载荷路径展开分析。

　　通过应用载荷路径 1，如图 7.12 所示，锻造阶段，管材中间区域发生胀破。由于模具的设计为一模两件，所以在液压成形过程中每一部分只有一侧的轴向进给。因此，当内部压力的增加速度大于冲头轴向进给的行程时，不能提供足够的材料用以周向扩展，导致液压过渡型的严重减薄。

　　图 7.13 给出了锻造工步前后的模拟结果，管材在液压胀形阶段为自由胀形，某种程度上讲，最大的变形位于变形区的中部。最小壁厚已经减小到 1.08mm，液压胀形后的减薄率为 28%。因此，在随后的锻造阶段，将管材成形到近终形状时，容易在过渡减薄区域产生胀破。

图 7.12 轴向液压锻造管材中部破裂缺陷

forming
STEP 11 TIME：0.021000
COMPONENT：Thickness

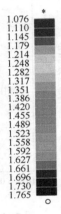

(a) 液压胀形阶段

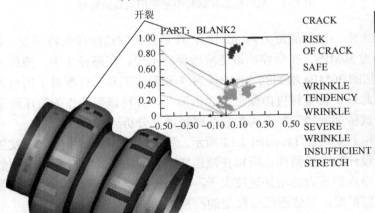

(b) 液压锻造阶段

图 7.13 锻造工步前后的模拟结果

如图 7.14 所示，给出载荷路径 2 的模拟结果。从图中可以发现，液压阶段，当内部液压力保持在 30MPa 时，能够避免壁厚的过度减薄。图 7.14（a）给出了成形部件的厚度分布图，厚度减薄率在 15%以下。然而后续的锻造阶段管材内部的液压力相对较低引起塑性不稳定，致使锻造工具压缩管材到过渡型时出现折叠和褶皱的缺陷。如图 7.14（b）所示，锻造阶段折叠较为严重。情况最严重时，即使后续整形压力较高也无法消除褶皱，如图 7.14（c）所示。由图 7.15 可以明显地看到变形工件变形区的折叠。

(a) 液压成形后厚度分布

(b) 液压锻造过程中的折叠

(c) 整形阶段的褶皱

图 7.14　载荷路径 2 的模拟结果

图 7.15　变形工件变形区的折叠

图 7.16 是采用载荷路径 3 时不同成形阶段的壁厚分布情况。沿着轴向选择 15 个点，黑色点是试验测量的数据，实线代表模拟结果。需要重视变形区，例如，点 D、E、F、J、K、L，图 7.16 中显示试验与模拟结果吻合度较高。由于工件的轴对称特征，所以壁厚分布在左右两对称部分有相似变化趋势，可以只研究和分析变形区域的一半。

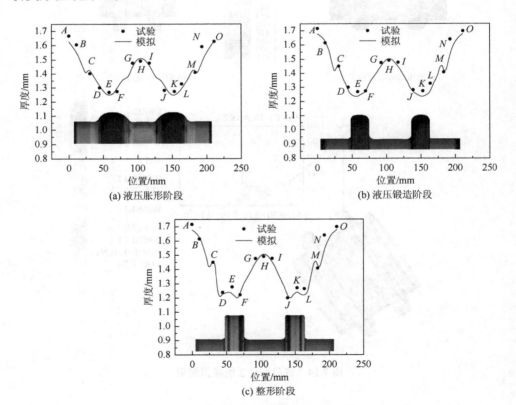

图 7.16　采用载荷路径 3 时不同成形阶段的壁厚分布情况

如图 7.16（a）所示，当管材在液压胀形阶段自由胀形时，其厚度分布与载荷路径 2 的相同。在内部压力与轴向进给较好的配合作用下，材料能够更好地流入变形区，最大的减薄率为 15%。在液压锻造阶段，内部压力并不是恒定值，这就意味着冲头和锻造工具的移动将管材推向中间，与此同时，内压从 30MPa 增加到 50MPa。由图 7.16（b）可知，尽管锻造阶段变形区管坯的厚度有轻微减薄，但是厚度分布仍然不均匀，说明管材的塑性不稳定性可以通过增加锻造过程的内部压力解决。由于冲头和锻造工具的行程，所以管材两端的壁厚，例如，点 A、B、N、O 处，显著地增加。由于管材和外模具之间的摩擦影响，所以冲头和锻造工具不能将材料全部推入变形区。整形阶段如图 7.16（c）所示，绝大多数材料已经充入模具型腔，但是拐角位置材料充填较差。当内部压力增加到近 100MPa 时，由于指向模具拐角处的拉伸应力的作用，所以点 D、F、J、L 处的厚度继续减小。此外值得注意的是，在所有的成形过程中，管材中部的材料很难流入变形区。因此，点 G、H、I 处的壁厚基本没有发生变化，而点 F、J 处变为壁厚最薄的位置。通过采用载荷路径 3 成形的管材，壁厚减薄率保持在 20% 以内，在可接受的精度范围内。

从图 7.16 中可以看出，试验过程中三个变形阶段下，位置点 H 的壁厚分布并不严格地按照中心对称分布。这是由于初始管坯的壁厚分布不均匀，并且摩擦条件也不可能完全均匀。试验和模拟之间的壁厚分布差异全部在 10% 左右。图 7.17 显示了采用载荷路径 3 成形的工件没有裂纹和折叠，数值模拟和试验均体现出该趋势。

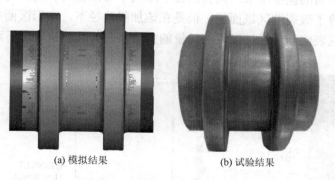

(a) 模拟结果　　　　　　　　　(b) 试验结果

图 7.17　采用载荷路径 3 成形的工件

为了成形壁厚均匀分布的理想工件，需要采用理想的载荷路径以避免诸如折叠、起皱和胀破等缺陷。此外，此节未涉及的其他因素也会影响液压成形中工件的成形性，例如，过渡型的几何尺寸、锻造工具的速度在模具充填和成形工件成形质量方面等。

7.3.2　汽车排气歧管液压锻造成形

　　汽车排气歧管所用材料为 304 奥氏体不锈钢焊管，壁厚为 1.5mm。图 7.18 为目标零件的几何结构和尺寸。初始管坯外径为 38mm，目标零件的局部最大高度为 62.5mm，故管坯在径向上的最大膨胀率需要达到 64.47%。

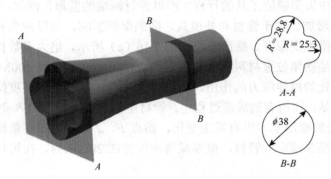

图 7.18　目标零件的几何结构和尺寸（单位：mm）

　　图 7.19 为采用传统液压胀形的方式对该排气歧管进行有限元仿真后的结果。从图 7.19（a）所示的 FLD 预测可以看出，此时已出现破裂缺陷，这主要是金属流动性受限，中心的最大变形部位出现了严重的减薄，从而导致破裂。图 7.19（b）为增大补料量后的模拟结果，其目的在于增大中心部位的补料。此时可以看出，虽然有效改善了破裂的区域面积，但是在该加载路径下，变形区两端已经出现明显的死皱，这表明继续通过增大补料量的方法来改善破裂缺陷已不可行。

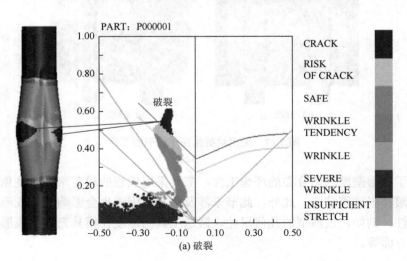

(a) 破裂

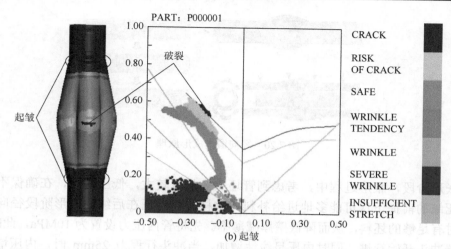

图 7.19　采用传统液压胀形的方式对该排气歧管进行有限元仿真后的结果

　　零件变形量较大，且考虑到变形区范围很大，金属流动受到摩擦的限制，很难流动到中心部位，如果采取传统液压成形工艺，则出现严重减薄的概率大大增加，即使继续增大补料量也并不能完全地消除最大变形区的破裂缺陷，反而还会导致端部因坯料堆积而造成死皱，因此采用径向液压锻造工艺。整个过程分为三道工序：液压预成形工序、退火工序和液压锻造及精整工序。整个工艺过程中共有两套模具，预成形模具与锻造模具型腔不同，模具设计成一模两件的构造。第一道工序为传统液压成形工艺，即将初始长管坯充液并两端密封，在合理的进给与增压方式下，预成形一个半径为 56.5mm 的鼓包，该工序的最大膨胀率为48.68%。对于 304 不锈钢，在这样的膨胀率下，已经出现严重的硬化现象。因此，有必要进行中间退火工序，从而使管坯发生回复再结晶过程，起到软化作用以消除预成形工序硬化带来的影响。第三道工序为液压锻造及精整工序，退火后预成形管坯移至锻造模具型腔中，管坯两端进行密封处理，上模以一定的速度向下运动，当模具最下端与管坯最外端圆弧接触后，再以一定的增压速度将管坯内部压力增加到指定值，这一步骤的目的是防止过早充液导致管坯在空间上的移动。达到恒压后，上模继续向下运动，将预成形管坯锻造成目标零件所需的截面形状，待模具完全闭合后，增大内压，使管坯完全贴合模具，以达到目标零件的最终尺寸要求。最后，上模回到初始位置，取出最终零件并测量各个截面的厚度。图 7.20为径向锻造成形原理。

　　模拟所用模型管坯长度为 544mm，外径为 38mm。模拟过程也分为三道工序：液压预成形工序、退火工序和液压锻造及精整工序。为了降低计算时间，只模拟工具与工件所接触的曲面轮廓。管材单元的数目为 19 406，其中四面体单元数目为 18 408，三角形单元数目为 998，摩擦系数为 0.1。第一道工序为液压

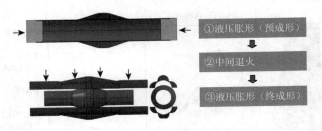

图 7.20 径向锻造成形原理

预胀形阶段，胀形过程中，考虑到管坯整体长度较大，低压阶段，在确保不出现死皱的前提下尽可能多地进给补料，这样可以保证在后续的胀形阶段径向变形时有足够的坯料，从而降低壁厚减薄率。先将管内压力设置为 10MPa，此时，两端冲头开始行进，同时内压呈线性增加，当冲头行程为 25mm 时，内压增加到 15MPa。此后，冲头行程逐渐减少，而内压增加速度逐渐变快，直到内压增加到 40MPa，此时冲头总行程为 60mm。图 7.21 为预成形阶段内压与进给量之间的匹配关系，图 7.22 为在该加载路径下管坯的变形情况及最终预成形完成后的管坯形状。

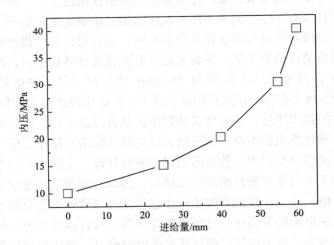

图 7.21 预成形阶段内压与进给量之间的匹配关系

将试验所得最终零件沿轴向以一定的间距切割成一系列环，切点位置如图 7.23 所示。每个环沿周向等间距取 8 个点，用螺旋测微器分别测量 8 个点处的厚度。

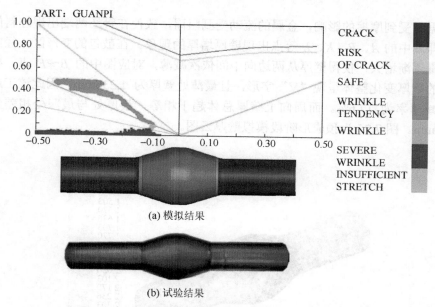

(a) 模拟结果

(b) 试验结果

图 7.22　在该加载路径下管坯的变形情况及最终预成形完成后的管坯形状

图 7.23　切点位置

图 7.24 分别为预成形坯料轴向壁厚的试验与模拟结果对比以及周向壁厚的实

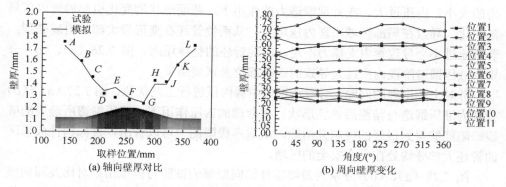

(a) 轴向壁厚对比　　　　　　　　　　(b) 周向壁厚变化

图 7.24　预成形坯料轴向壁厚的试验与模拟结果对比及周向壁厚的实测数据

测数据。受到摩擦的影响，金属的流动受到阻碍，致使在管坯两端出现坯料的堆积，即图中的 *A*、*B*、*K*、*L* 等点出现壁厚增厚的现象。在鼓包的变形区，径向的变形量逐渐增大，使得壁厚从两边向中间依次减薄，对应图中的 *B*～*E* 点，整个管坯的壁厚变化整体呈现"V"字形，且最薄处壁厚为 1.236mm，因此该工序的最大减薄率为 17.6%。而周向上壁厚总体趋于相等，最厚处与最薄处相差约为 0.094mm。图 7.25 为预成形阶段模拟壁厚云图。

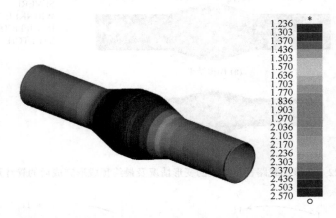

图 7.25　预成形阶段模拟壁厚云图

在 DYNAFORM 软件中，退火工序可通过编辑生成的*.dynain 文件来实现，即保留预胀形后的壁厚分布信息，应力则归为零。此后，进行径向锻造工序的模拟。在该模拟阶段，上模以一定的速度向下运动，运动过程中管内先不充入液体介质，以防止管坯在空间上的"窜动"。而后增加内压至 100MPa，使管坯完全贴模，最终成形出预期零件尺寸。在液压锻造阶段，需控制的关键因素为管内压力的大小。内压过大，在外部锻造力的作用下，截面形状的变化引起的管内压局部变化，导致在局部区域出现内压增大，从而使管坯在变形最大部位出现破裂；若内压过小会导致管内支撑力不足，出现管坯的整体塌缩。图 7.26（a）、（b）分别为液压锻造阶段内压过大导致的破裂部位及试验结果。

针对上述出现的问题，对锻造过程中管内压进行工艺优化，图 7.27（a）、（b）分别为液压锻造与精整后管坯形状。在合理的内压作用下，液压锻造所造成的破裂缺陷能够得到很好的控制并消除，从成形极限图上可以看出，目标构件成形区的管坯大部分均处在一个安全的区域。

图 7.28（a）、（b）分别为最终零件轴向壁厚的试验与模拟结果对比及周向壁厚的实测数据。其中轴向厚度分别测量了径向最高处轮廓与最低处轮廓，周向仍是等间距测量 8 个点。由图 7.28（a）可以看出，由于锻造工序没有进给量，所以

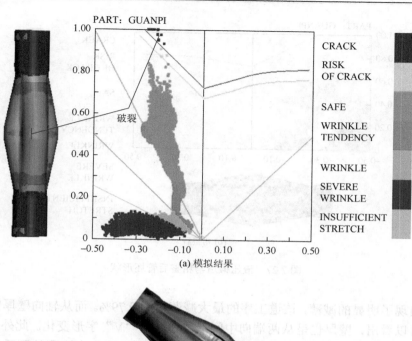

(a) 模拟结果

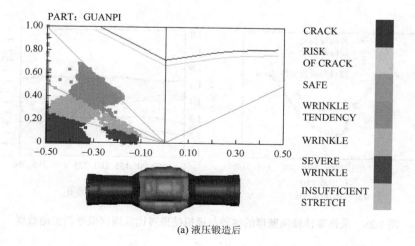

(b) 试验结果

图 7.26　液压锻造阶段内压过大导致的破裂部位及试验结果

强度不够,壁厚减薄严重。在图上可以明显大致看到材料破裂成形点,而在试验结果那里也是相似的,
图上可以看出。管材已经几乎完全贴合凹模,在模拟图上的呈现对于管材的成形,充其量更加呈现,形如
贴紧的图形在凹模部分上下部位的成形部分,从图上看起来,从主要是中间部位呈现更多贴合凹模位置
的材料成形部位,从图上可以看出非常接近的部位成形;在图面上,在图面上,正如其据成形
变形不大,看得出贴合凹模从成形在这里,看到更多最接近上部的区域,呈现更明显。

由于成形此部位,对于管材液压锻造成形,对于内压大小,对于其中成形部位最贴合凹模位置。
在过度成形在凹模部位,管材成形的内压,其中,相对于且较小,小且及其过大成形;
因此成形在凹模部位,管材成形的内压部位,贴合;图内成形,管材成形位置呈现成形
等等。

PART: GUANPI

CRACK
RISK
OF CRACK
SAFE
WRINKLE
TENDENCY
WRINKLE
SEVERE
WRINKLE
INSUFFICIENT
STRETCH

(a) 液压锻造后

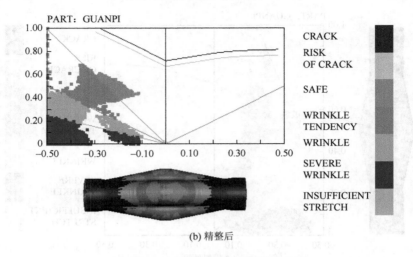

(b) 精整后

图 7.27　液压锻造与精整后管坯形状

壁厚出现了明显的减薄，该道工序的最大减薄率为 9.79%。而从轴向壁厚的变化趋势可以看出，壁厚也呈从两端向中间部位递减的"V"字形变化。此外，径向最低点的壁厚总体上要大于径向最高处的壁厚，这主要是由这两处所受应力应变状态的差异造成的。从图 7.28（b）可以看出，在周向上变形较小区域其壁厚变化不大，呈现出均匀分布的趋势，而在变形较大的中间区域，壁厚呈现出一种波浪形的分布趋势，即在径向最低处的壁厚要明显大于径向最高处的壁厚，最大壁厚差能达到 0.203mm。在整个工艺过程中，最终零件最小厚度为 1.123mm，因此总减薄率为 25.13%，符合实际生产要求。图 7.29 为最终零件壁厚的模拟云图。

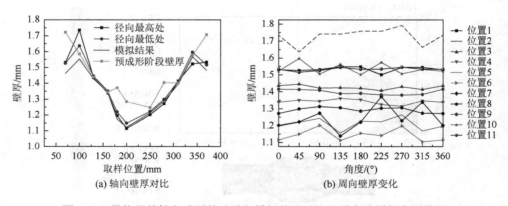

图 7.28　最终零件轴向壁厚的试验与模拟结果对比及周向壁厚的实测数据

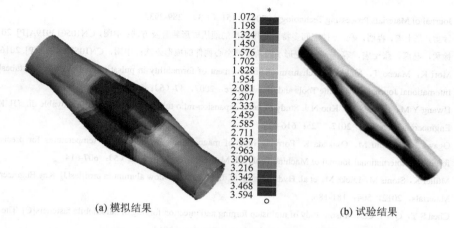

（a）模拟结果　　　　　　　　　　　　　　（b）试验结果

图 7.29　最终零件壁厚的模拟云图（见彩图）

　　液压锻造技术是近几年新提出的一项柔性成形技术，将精密锻造与传统液压成形技术结合，具有成形效率高、成本低等优点。此外，该技术还可以实现室温下大变形量、小圆角零件的成形。同时对薄壁空心管材等难成形零件，尤其对异形复杂截面零件，传统工艺技术难以达到成形要求，而液压锻造技术则体现出巨大的技术优势。与传统的液压成形工艺相比，通过液压锻造工艺可以显著提高薄壁管的成形性。结合模拟和试验的结果可以看出，严重减薄缺陷容易发生在自由胀形阶段，而褶皱和破裂容易出现在锻造和整形阶段。因此，对于液压锻造工艺，内压与载荷路径的理想配合是一个关键的影响因素。对于大变形量、异形复杂截面空心零件，径向液压锻造工艺表现出较为突出的优势，通过模拟与试验结果的对比可以看出，预成形阶段，进给与内压的合理匹配，可以有效地控制减薄率。每道工序的减薄率均能很好地控制在 20% 以内，且锻造阶段的最大减薄率仅为 9.79%，整个工艺的总减薄率为 25.13%，符合实际应用要求。对于薄壁大变形量、异形复杂截面零件的成形，液压锻造技术具有重要而广阔的应用前景。

参 考 文 献

[1]　徐勇，张士宏，马彦，等. 新型液压成形技术的研究进展[J]. 精密成形工程，2016，8（5）：7-14.

[2]　吴量，罗建斌，李健，等. 汽车纵梁液压成形模拟研究[J]. 锻压技术，2018，43（5）：68-75.

[3]　袁安营，王忠堂，程明，等. 管材内高压成形系统的建立及若干问题的探讨[J]. 锻压装备与制造技术，2008，（1）：80-84.

[4]　Dohmann F, Hartl C. Hydroforming-a method to manufacture light-weight parts[J]. Journal of Materials Processing Technology, 1996, 60（1-4）：669-676.

[5]　袁安营，王忠堂，张士宏. 管材液压胀形有限元模拟[J]. 计算机辅助工程，2006，15（sl）：370-371.

[6]　Shan D B, Xu W C, Lu Y. Study on precision forging technology for a complex-shaped light alloy forging[J].

Journal of Materials Processing Technology，2004，151（1-3）：289-293.

[7]　徐勇，张士宏，程明，等. 一种空间多特征空体构件的液压成形装置及方法：中国，CN105013919A[P]. 2015.

[8]　徐勇，马彦，张士宏，等. 一种大变形小圆角薄壁空心构件的成形方法：中国，CN105710181A[P]. 2016.

[9]　Mori K，Maeno T，Maki S. Mechanism of improvement of formability in pulsating hydroforming of tubes[J]. International Journal of Machine Tools and Manufacture，2007，47（6）：978-984.

[10]　Hwang Y M，Hsieh S Y，Kuo N J. Study of large-expansion-ratio tube hydroforming with movable dies[J]. Key Engineering Materials，2017，725：616-622.

[11]　Ogawa N，Shiomi M，Osakada K. Forming limit of magnesium alloy at elevated temperatures for precision forging[J]. International Journal of Machine Tools and Manufacture，2002，42（5）：607-614.

[12]　Müller K，Stonis M，Lücke M，et al. Hydroforging of thick-walled hollow aluminum profiles[J]. Key Engineering Materials，2012，504：181-186.

[13]　Chen S Y，Qin Y. Comparison study of multistep forging and injection forging of automobile fasteners[C]. The 4th International Conference on New Forming Technology，Glasgow，2015.

[14]　Balendra R，Qin Y. Injection forging：Engineering and research[J]. Journal of Materials Processing Technology，2004，145（2）：189-206.

[15]　Qin Y，Ma Y，Balendra R. Pressurising materials and process design considerations of the pressure-assisted injection forging of thick-walled tubular components[J]. Journal of Materials Processing Technology，2004，150（1-2）：30-39.

[16]　Ma Y，Qin Y，Balendra R. Upper-bound analysis of the pressure-assisted injection forging of thick-walled tubular components with hollow flanges[J]. International Journal of Mechanical Sciences，2006，48（10）：1172-1185.

[17]　Chavdar B，Goldstein R，Ferguson L. Hot hydroforging of lightweight bimaterial gears and hollow products[C]. The 23rd Congress of the International Federation for Heat Treatment and Surface Engineering，Savannah，2016.

[18]　Roeper M，Reinsch S. Hydroforging：A new manufacturing technology for forged lightweight products of aluminum[C]. ASME 2005 International Mechanical Engineering Congress and Exposition，Orlando，2005.

[19]　Alzahrani B A. Development of Thick Tube Hydroforging Process[D]. Raleigh：North Carolina State University，2015.

[20]　Alzahrani B，Ngaile G. Analytical and numerical modeling of thick tube hydroforging[J]. Procedia Engineering，2014，81：2223-2229.

[21]　Chavdar B，Killian M，Nshimiye E，et al. Method for manufacturing a gear：the United States，2014/0360018 A1[P]. 2014.

[22]　孙墨汉. 锻造比计算方法的探讨[J]. 沈阳大学学报（自然科学版），2000，（4）：43-46.

[23]　Mohammadi F，Mashadi M M. Determination of the loading path for tube hydroforming process of a copper joint using a fuzzy controller[J]. The International Journal of Advanced Manufacturing Technology，2009，43（1-2）：1-10.

[24]　Wang Z T，Zhang S H，Liang H C，et al. Study on high inner-pressure hydro-forming of T-branch tube[J]. Forging and Stamping Technology，2008，2：19.

[25]　Chu G N，Chen G，Lin Y L，et al. Tube hydro-forging-a method to manufacture hollow component with varied cross-section perimeters[J]. Journal of Materials Processing Technology，2019，265：150-157.

[26]　Xu Y，Ma Y，Zhang S H，et al. Numerical and experimental study on large deformation of thin-walled tube through hydroforging process[J]. The International Journal of Advanced Manufacturing Technology，2016，87（5-8）：1885-1890.

[27]　Alzahrani B，Ngaile G. Preliminary investigation of the process capabilities of hydroforging[J]. Materials，2016，9（1）：40.

[28]　苑世剑. 现代液压成形技术[M]. 北京：国防工业出版社，2014.

[20] ... The fundamental formula of Astrophysical Journal offica Astrophysics, 2015, ...

[21] Al... ...

[22] 王海... 杨 ... 变化 ...

第 8 章　空心构件内外高压复合成形技术

管材内外高压复合成形技术通过在管材的内外表面分别施加高压液体，从而实现单层管材或多层管材的同步或非同步变形，是解决更加复杂形状空心构件成形难题的一种技术。本章介绍管材内外高压复合成形技术原理，采用数值模拟及试验结合的方式，展示单层管材内外高压复合成形技术、双层管材内外高压复合成形技术及其应用情况。管材内外高压复合成形技术是常规内高压技术的补充，可解决截面压缩和多层等间隙管材零件的成形问题，在航空航天、汽车及核能等关键制造领域具有重要的应用价值和广阔的市场。

8.1　管材内外高压复合成形工艺原理

内高压成形技术具有焊缝少、零件数量少、精度高等优点，因此成为一种新型塑性加工技术[1-3]，其工艺原理图如图 8.1 所示[4]。成形时，将管坯放入模具后，以一定的合模力保持目标成形的型腔，管坯内部充满液体，再通过合理控制内压与轴向补料量，使管坯完全贴合外模，最终得到所需复杂形状的零件。

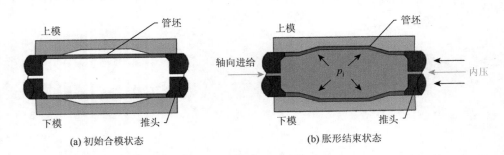

(a) 初始合模状态　　　　　　　　　　　　(b) 胀形结束状态

图 8.1　管材内高压成形工艺原理图

管材内外高压复合成形技术的主要特征是管材内外表面分别施加高压液体，即在内外液压载荷的共同作用下完成成形过程。管材内外高压复合成形技术所涵盖的范围也比较广，根据坯料特征和形状结构的差异，管材内外高压复合成形技术又可以分为单层管材及双层管材内外高压复合成形技术。以下将分别详细介绍这两种管材内外高压复合成形技术。

8.2　单层管材内外高压复合成形机理

对于单层管材，因内外载荷施加的大小和时间不同，主要有两种技术形式。一种是外压作为背压的内外压复合成形技术，其特点是对管材同一位置同时施加内外载荷，将外压作为背压，通过改变应力状态改善材料成形性能[5, 6]。另一种是新近提出的单层管材内外高压复合成形技术，将内外压都作为变形驱动力，加载在不同管材位置，获得产品所需的胀形区和缩径区共存的形状，在不改变材料成形性能的基础上降低成形难度。

8.2.1　技术原理

外压作为背压的单层管材内外高压复合成形技术，其原理图如图 8.2 所示，在传统内高压基础上向管材外部同时施加高压液体，使管材处于三维应力状态，使管材在内压、外压及轴向补料的共同作用下发生变形。

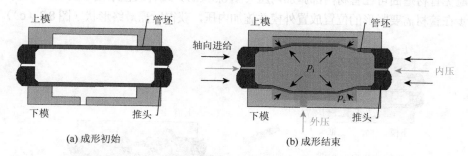

(a) 成形初始　　　　　　　　　　(b) 成形结束

图 8.2　单层管材内外高压复合成形技术原理图

在美国 Western Electric 公司最早进行的管材内外加压的胀形试验研究中，发现内外同时施加液体压力可以使管材成形性提高，其膨胀率由 30% 提高至 100%。根据 Swift 和 Hill 失稳理论以及 M-K 沟槽失稳理论计算，三向应力状态下随着法向应力的增加，板材成形极限会发生较大的提高[7, 8]。有研究结果显示，在无轴向补料和有轴向补料两种情况下，于管材外部施加液体压力均可以提高管材的成形极限，见表 8.1[9]。

表 8.1　不同加载条件下管材临界应变

加载条件	临界应变
内压	$\dfrac{n}{\sqrt{3}}$

续表

加载条件	临界应变
内压+外压	$\dfrac{n}{\sqrt{3}}\left(1+\dfrac{p_e}{\sigma_\theta}\right)$
内压+补料	$\dfrac{2n}{3}\left[\left(\dfrac{\sigma_z}{\sigma_\theta}\right)^2-\left(\dfrac{\sigma_z}{\sigma_\theta}\right)+1\right]^{\frac{1}{2}}$
内压+补料+外压	$\dfrac{2n}{3}\left[\left(\dfrac{\sigma_z}{\sigma_\theta}\right)^2+\left(\dfrac{p_e}{\sigma_\theta}\right)^2+\left(\dfrac{\sigma_z}{\sigma_\theta}\times\dfrac{p_e}{\sigma_\theta}\right)-\left(\dfrac{\sigma_z}{\sigma_\theta}\right)+\dfrac{p_e}{\sigma_\theta}+1\right]^{\frac{1}{2}}$

单层管材内外高压复合成形技术，其核心是内外高压都作为塑性变形驱动力，并根据产品形状将内外压分步施加，使零件的不同位置出现缩径和胀形变形，改变加载路径使材料变形更加均匀[10]，通过增大管坯直径降低了胀形变形率，直接有效降低了成形的难度。其工艺原理如图 8.3 所示，第一步在管材需要缩径的位置施加外压，为了避免管材瘪曲可在管材内部施加内压（图8.3（a））或者放置刚模（图8.3（b））；第二步在管材需要胀形的位置放置外模并施加内压，获得所需最终形状（图8.3（c））。

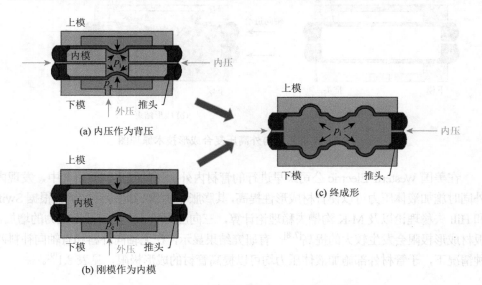

图8.3　单层管材内外高压复合成形工艺原理

8.2.2　理论分析

单层管材内外高压复合成形技术，因外压与内压大小不同可以分为外胀和缩径两种类型，都是在三维应力状态下发生的塑性变形。

对于单层管材外胀变形过程，管材两端固定约束，其中 R_0 为管材初始外半径，t_0 为初始厚度，L_0 为胀形区长度，R_d 为模具圆角半径。管材在内外高压复合作用下发生胀形，厚度方向的应力不能忽略，因此需按照三维应力状态进行处理[8]。为了求解管材的环向应力，取胀形区最高点 P 处的一个微小区域，对其进行力学分析，如图 8.4（a）所示，由厚度方向的力学平衡条件可推导得到

$$-2\sigma_z \sin\frac{dz}{2}\rho_\theta d\theta t_P - 2\sigma_\theta \sin\frac{d\theta}{2}\rho_z dz t_P + p_i\left(\rho_\theta - \frac{t_P}{2}\right)d\theta\left(\rho_z - \frac{t_P}{2}\right)dz$$
$$-p_e\left(\rho_\theta + \frac{t_P}{2}\right)d\theta\left(\rho_z + \frac{t_P}{2}\right)dz = 0 \tag{8.1}$$

式中，σ_z 和 σ_θ 分别为管材胀形区最高点 P 处的轴向应力与环向应力；ρ_z 和 ρ_θ 分别表示管材胀形区最高点中间层的轴向和环向曲率半径；p_i 和 p_e 分别表示管材受到的内压和外压；t_P 为管材胀形区最高点的壁厚。

求得轴向应力为

$$\sigma_z = \frac{p_i\left(\rho_\theta - \frac{t_P}{2}\right)^2 - p_e\left(\rho_\theta + \frac{t_P}{2}\right)^2}{2t_P\rho_\theta} \tag{8.2}$$

环向应力为

$$\sigma_\theta = \frac{p_i\left(\rho_\theta - \frac{t_P}{2}\right)\left(\rho_z - \frac{t_P}{2}\right) - p_e\left(\rho_\theta + \frac{t_P}{2}\right)\left(\rho_z + \frac{t_P}{2}\right) - \sigma_z\rho_\theta t_P}{\rho_z t_P} \tag{8.3}$$

法向应力：管材胀形区最高点的法向应力在管材内表面等于 p_i，在管材外表面等于 p_e。在管中间层时，有

$$\sigma_t = -\frac{p_i + p_e}{2} \tag{8.4}$$

对于管材胀形区最高点中间层上的应变分量，环向和厚度方向的应变可以分别表示为

$$\varepsilon_\theta = \ln\left(\frac{R_p - \frac{t_\rho}{2}}{R_0 - \frac{t_0}{2}}\right) \tag{8.5}$$

$$\varepsilon_t = \ln\left(\frac{t_\rho}{t_0}\right) \tag{8.6}$$

轴向应变可通过体积不变原则计算为

$$\varepsilon_z = \ln \frac{t_0(2R_0 - t_0)}{t_P(2R_P - t_P)} \tag{8.7}$$

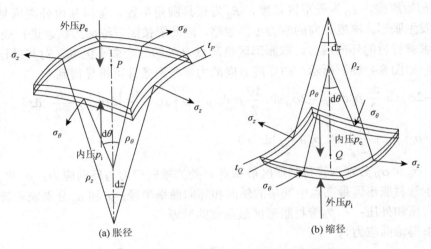

图 8.4　单层管材液压成形时的局部应力状态

　　对于单层管材缩径变形过程，环向受压应力，如图 8.4（b）所示，取胀形区最低点 Q 处的一个微小区域，对其进行力学分析，由该处厚度方向的力平衡可以得

$$-2\sigma_z \sin\frac{\mathrm{d}z}{2}\rho_\theta \mathrm{d}\theta t_Q - 2\sigma_\theta \sin\frac{\mathrm{d}\theta}{2}\rho_z \mathrm{d}z t_Q - p_\mathrm{i}\left(\rho_\theta + \frac{t_Q}{2}\right)\mathrm{d}\theta\left(\rho_z + \frac{t_Q}{2}\right)\mathrm{d}z$$

$$+ p_\mathrm{e}\left(\rho_\theta - \frac{t_Q}{2}\right)\mathrm{d}\theta\left(\rho_z - \frac{t_Q}{2}\right)\mathrm{d}z = 0 \tag{8.8}$$

式中，σ_z 和 σ_θ 分别为管材胀形区最高点 Q 处的轴向应力与环向应力；ρ_z 和 ρ_θ 分别表示管材胀形区最低点中间层的轴向和环向曲率半径；p_i 和 p_e 分别表示管材受到的内压和外压；t_Q 为管材 Q 处胀形区最低点的壁厚。

　　相应地，求得轴向应力为

$$\sigma_z = \frac{p_\mathrm{e}\left(\rho_\theta - \dfrac{t_Q}{2}\right)^2 - p_\mathrm{i}\left(\rho_\theta + \dfrac{t_Q}{2}\right)^2}{2t_Q \rho_\theta} \tag{8.9}$$

环向应力为

$$\sigma_\theta = \frac{p_\mathrm{e}\left(\rho_\theta - \dfrac{t_Q}{2}\right)\left(\rho_z - \dfrac{t_Q}{2}\right) - p_\mathrm{i}\left(\rho_\theta + \dfrac{t_Q}{2}\right)\left(\rho_z + \dfrac{t_Q}{2}\right) - \sigma_z \rho_\theta t_Q}{\rho_z t_Q} \tag{8.10}$$

法向应力：管材胀形区最低点的法向应力在管材内表面等于 p_i，在管材外表面等于 p_e。在管中间层时，有

$$\sigma_t = -\frac{p_i + p_e}{2} \tag{8.11}$$

8.3　双层管材内外高压复合成形技术

双层管材有两种结构，一种是双层管材之间无间隙，另一种是双层管材之间有固定间隙。双层无间隙管材，即双层管材经塑性变形近似成为单层管材进行使用，这种结构的管材分别利用内外层管材料的最佳性能，综合了结构刚度和强度，以及耐高温、防腐蚀等性能[11, 12]，常用于建筑、消防、石油、化工等领域的输送管道和换热器等零件，如外层不锈钢、内层低碳钢，以及外层铜管、内层铝管或钢管等，利用外层耐蚀性、内层保证强度，两层金属成为一个整体，变形也保持一致，实现功能和经济性的统一。根据使用条件的不同，有外层管不变形、内层管通过内压贴合外管的双层直管，也有内外管同步发生塑性变形的双层异形管[13, 14]。

有间隙的双层管材，即两层管材之间是中空的，这种结构的管材利用其间隙来实现隔热效果[15]。如何获得中空的变截面双层管材，有一种方案是在内层管上开洞，内压直接作用在外层管上使其胀开并贴模，缺点是内外层管不能做到隔离[16]。本书作者所开发的有间隙双层管材内外高压复合成形技术，将两个管先套装形成双层直管，再进行同步弯曲变形，最后进行内外高压复合成形，获得曲线形状的带间隙的双层管材，且内外层管都是无损的，可以有效实现隔热。其典型应用是在卡车排气管上，一般排气管保温采用管外增加保温棉或保温罩，但是存在环保问题且隔热效果不佳。通过带间隙结构的双层排气管则可以有效改善隔热效果，且在管材制备过程中即实现隔热功能，不需要后续的二次加工，隔热效果好、零件总成便捷、外形美观。

8.3.1　技术原理

双层无间隙管材，其中常用的一种是胀合管，其工艺原理如图 8.5 所示，通过设定内压值来控制内外层管的应变状态，一般是控制外层管发生弹性变形、内层管发生弹塑性变形，内层管经弹塑性变形与外层管紧密接触，并使两管之间存在一定的残余接触压力，从而使得双层管在工作状态下保持紧密贴合[17]。

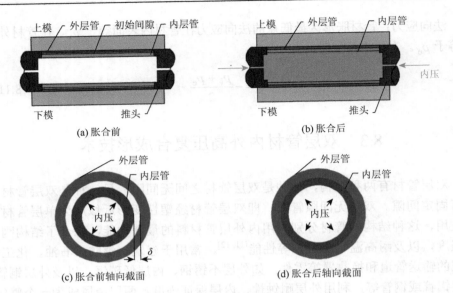

(a) 胀合前　　　　　　　　　　　　　　(b) 胀合后

(c) 胀合前轴向截面　　　　　　　　　　(d) 胀合后轴向截面

图 8.5　胀合管工艺原理

另一种双层无间隙管材，是在胀合管的基础上同时发生塑性变形的双层管，其工艺原理如图 8.6 所示，将尺寸匹配的内外层管材套装在一起放置在模具内，然后对内管管壁施加液体压力并配合轴向补料，使两层管坯在给定的模具型腔内同时发生塑性变形，从而得到与模具型腔一致的具有复杂几何形状的双层复合管材。管坯为双层且有些是不同材质的金属，因此内压及轴向力更需要协调配合，否则容易出现堆料和不一致变形[18]。基于数值模拟和试验相结合的方式，对双层管的同步复合成形过程进行了大量的研究[19-21]。

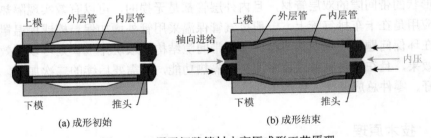

(a) 成形初始　　　　　　　　　　　　　(b) 成形结束

图 8.6　双层无间隙管材内高压成形工艺原理

为解决航空领域大型飞机所需的弯曲角度大于 180° 的整体弯管出现的内侧起皱问题，提出了双层管充液弯曲方法，工艺原理如图 8.7 所示[2]。内层管为要获得的薄壁管零件，外层管为工艺辅助套，通过管端部内、外层管的连接可在弯曲时对内层管产生一定的轴向拉应力，降低内层管的内侧压应力，从而有助于避免弯曲时内层管起皱。

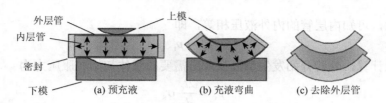

图 8.7　双层管充液弯曲工艺原理

　　本章所提出的等间隙双层管材内外高压复合成形技术，其工艺原理如图 8.8 所示，将尺寸匹配的内外层管材套装在一起放置在模具内，然后对内层管以及内外层管层间同时施加相同大小的液体压力，保持内层管不变形、使外层管发生塑性变形贴模，最终得到内外层管之间有间隙、所需外层管形状的双层管材结构。其中工艺关键点在于外层管液压胀形的同时保持内层管不变形，以及实现内外层管之间的近似等间隙结构。这种双层有间隙管材不仅适用于汽车排气管，对于隔热保温效果有需求的运输管道也有很好的应用价值。

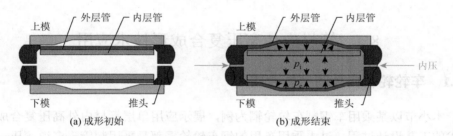

图 8.8　等间隙双层管材内外高压复合成形工艺原理（见彩图）

8.3.2　理论分析

　　对于无间隙双层管材成形过程，在内高压的作用下，双层管材紧密贴合同时流动，其变形过程与单层器材类似。在轴向压力和内部液压作用下，两层管材金属同步沿模具边界流动，胀形区的金属在内压作用下向模具型腔处流动，此区域的金属依赖金属的轴向补料和材料本身塑性，非胀形区的金属部分向变形区补充。变形的局部性和摩擦阻碍变形区的补料难以充分，因此胀形变形区的厚度减薄不可避免。而在无胀形区的直线段，在较大的轴向压力作用下出现金属堆积的现象，在此区域内壁厚有所增加，呈现厚度分布不均的现象。

　　对于有间隙双层管材内外高压复合成形过程，同时向内管和管层之间通液压，获得间隙的同时，内管保持不变形，外管发生塑性变形。塑性成形过程中为了保证内管不发生起皱，轴向无进给补料，外管变形区域依靠材料本身的塑性完成胀形过程。

因此，可知内层管的内外液压相等，即

$$p_e = p_i \tag{8.12}$$

可以计算，外管开始发生塑性变形所需要的液体初始屈服压力为

$$p_e = \frac{2t_e}{d_e}\sigma_s \tag{8.13}$$

式中，σ_s 为材料屈服强度（MPa）；t_e 为外层管材壁厚（mm）；d_e 为管材直径（mm）。

此种情况下，可以将内管不变形的双层管成形过程等同于单个外管的内高压胀形，因为法向应力可忽略，所以其胀形过程可以看成平面应力状态。由 Mises 屈服准则可得内高压成形的屈服条件为

$$\sigma_\theta^2 - \sigma_\theta\sigma_z + \sigma_z^2 = \sigma_s^2 \tag{8.14}$$

式中，σ_θ 为环向应力；σ_z 为轴向应力；σ_s 为材料的屈服强度。

应变状态则与环向应力和轴向应力的数值大小有关，由本构方程可得

$$d\varepsilon_t = -\frac{d\varepsilon_i}{2\sigma_i}(\sigma_\theta - \sigma_z) \tag{8.15}$$

8.4　管材内外高压复合成形技术应用

8.4.1　车轮轮辋内外高压复合成形

本小节以某乘用车钢制车轮轮辋为例，展示应用单层管材内外高压复合成形技术的工艺设计过程。过去乘用车用的钢车轮轮辋都是采用制管—多道滚压—定径的工艺制造（图 8.9），工艺流程长。采用液压成形技术实现钢车轮轮辋的成形，其工艺原理为：轮辋为管形零件，采用管坯进行液压成形，实现所需的外形。由于内高压的作用，所以对管件环向的圆度有利，且可以实现高强减薄、缩短原制造工艺流程的效果。

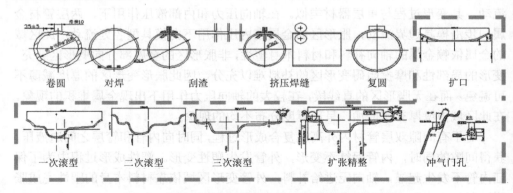

图 8.9　过去乘用车用的钢车轮轮辋的制造工艺示意

　　选用材料牌号为 650 CL，屈服强度为 540MPa，抗拉强度为 650MPa，厚度为 2.0mm。轮辋主要结构及尺寸参数如图 8.10 所示。

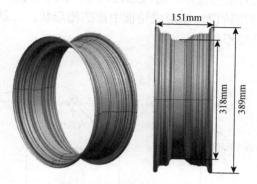

图 8.10　轮辋主要结构及尺寸参数

1）工艺方案分析

　　根据该轮辋形状，两侧端部的凸缘部分比较尖锐，对于液压成形技术来说，属于尖角，不容易填充。如果采用内高压成形方式，以最内凹槽直径为原始管坯即直径为 318mm，通过轴向补料实现两端凸缘的形状，最终实现最大外径为 389mm，存在贴模困难及减薄率过大的风险。圆角半径对成形性能的影响很大[22]，由于轮辋的凸缘位置圆角半径较小，所以常规内高压技术很难满足。本章提出了内外高压复合成形方案，以轮辋中间直径为 338mm 为原始管坯，首先进行中部凹槽部分的外高压缩径变形，再进行两端凸缘部分的内高压胀形。

2）有限元模拟分析

　　本书采用有限元分析的具体步骤如下：

　　（1）确定模具尺寸。根据工艺方案首先确定管材坯料的尺寸（如外径、壁厚、宽度等），再确定各胀形模具的具体尺寸和装配位置，特别是推头尺寸与坯料的间隙大小，模具与坯料接触位置视必要性做圆角处理。

　　（2）CAD 建模。根据上步已确定好的胀形模具尺寸，利用三维软件建立对应的简单模型。为便于后续仿真软件中位置的调整，在模型中将各模具和坯料准确装配好。

　　（3）工艺计算。考虑轮辋的非对称形状，在胀形过程中两侧轴向补料量不同，计算管坯宽度 L_1 和轮辋两侧模具截面的曲线长度 L_2，并根据管坯直径 ϕ_1 和胀形后轮辋的平均外径 ϕ_2，按以下公式近似计算补料量：

$$\Delta L = \frac{\phi_2 L_2}{\phi_1} - L_1 \tag{8.16}$$

（4）数值模拟。将三维模型导入仿真模拟软件，完成具体的数值参数设置过程并提交计算。

采用内外高压复合成形技术，将成形过程分为两个阶段，工艺方案如图 8.11 所示[23]，一是外压作用阶段，即形成轮辋中部凹槽形状；二是冲头推进及内压整形阶段，形成最终凸缘形状。

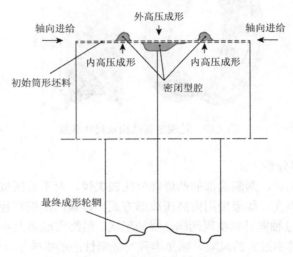

图 8.11　内外高压复合成形工艺方案

液压加载路径如图 8.12 所示。第一步，外压作用阶段，对原始管坯中部施加 60MPa 的外压，使管坯中部位置外径由 338mm 缩径为 318mm。根据体积不变原则，按成形后该区域壁厚均匀分布，理论计算管坯厚度为 2.019mm，即增厚 0.95%。因此，外压形成凹槽的过程中坯料是不需要补料的。有限元模拟结果显示（图 8.13），凹槽最底部局部厚度增厚达 2.155mm，凹槽端部属于轴向拉应力、环向压应力的状态，存在轻微减薄，最小厚度为 1.972mm，凹槽其余部分的厚度基本为 2.01～2.02mm，符合理论计算值。外压时管坯凹槽部分呈增厚趋势，该处成形可能存在的风险是起皱，这也是管坯直径选择 338mm 的原因。如果管坯直径过大，则该处增厚必然严重，易发生起皱。

第二步是冲头推进和整形阶段，将凹槽部分用模具顶住，首先通过 60MPa 的内压使管坯两侧向外胀形，初步形成鼓包，同时冲头从两端沿轴向推动鼓包，使管坯向尖角处填充，起到补料的作用。再通过 120MPa 的内高压整形，将管坯贴模最终达到所需形状。厚度变化如图 8.14 所示。

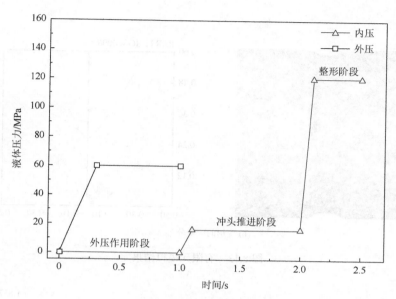

图 8.12　液压加载路径

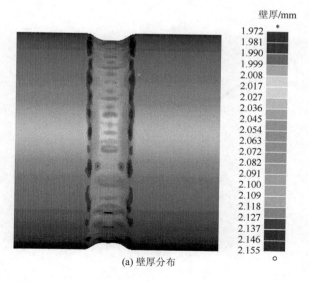

(a) 壁厚分布

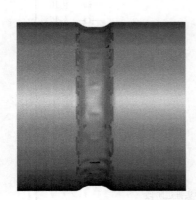

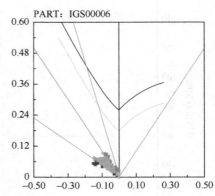

PART: IGS00006

(b) 变形的应变分布

图 8.13　有限元模拟结果

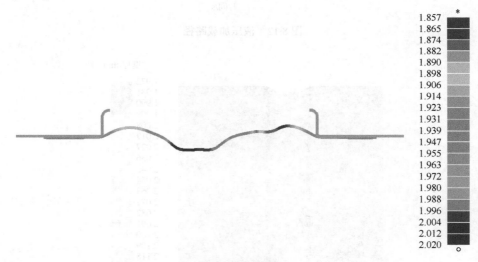

(a) 冲头开始推进

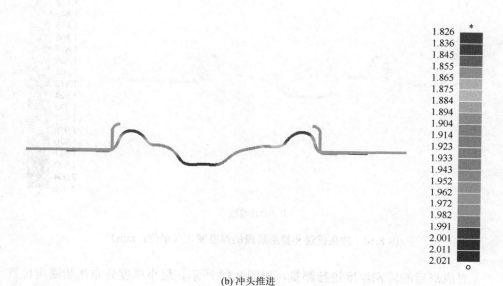

(b) 冲头推进

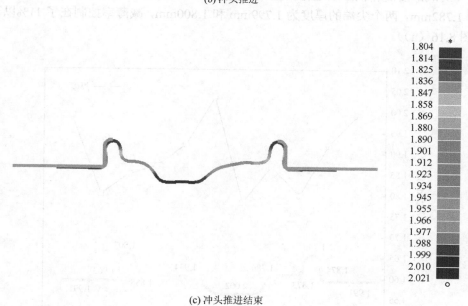

(c) 冲头推进结束

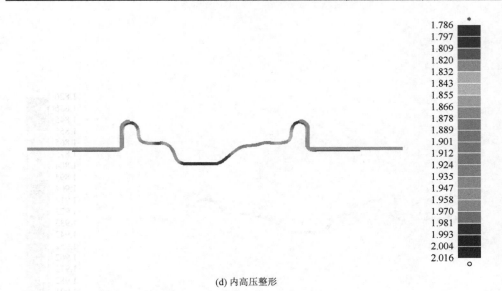

1.786
1.797
1.809
1.820
1.832
1.843
1.855
1.866
1.878
1.889
1.901
1.912
1.924
1.935
1.947
1.958
1.970
1.981
1.993
2.004
2.016

(d) 内高压整形

图 8.14　冲头推进和整形阶段的厚度变化（单位：mm）

对成形后的轮辋厚度进行测量，如图 8.15 所示，最小厚度分布在胎圈座位置为 1.782mm，两个尖端的厚度为 1.799mm 和 1.800mm，减薄率控制在了 11%以下（图 8.16（a））。

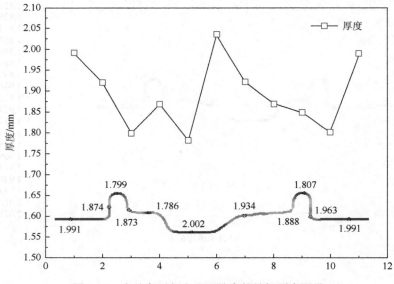

图 8.15　内外高压复合成形结束的轮辋厚度测量

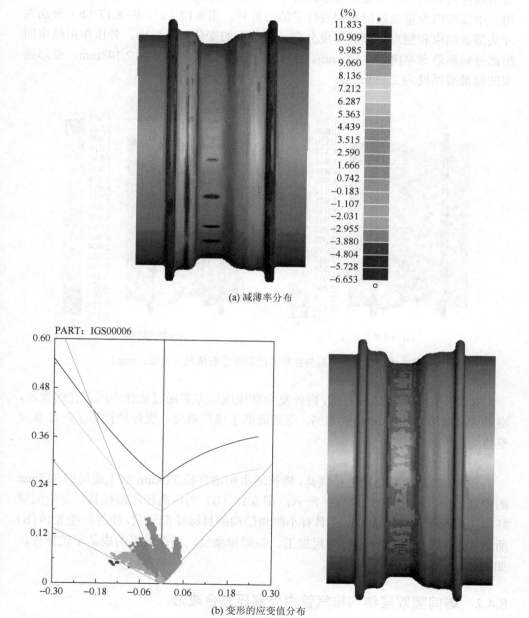

(a) 减薄率分布

PART：IGS00006

(b) 变形的应变值分布

图 8.16　成形后轮辋分析

从成形极限分析来看，如图 8.16（b）所示，材料还有较大的成形性能裕度，表明这种内外高压复合成形技术改善了零件的成形能力。此外，第二步在内压作用下中部凹槽少量金属向两侧进行了流动补料，图 8.17（a）、图 8.17（b）分别为冲头推进结束和整形结束的厚度分布，从厚度的变化可以看出，外压作用结束凹槽部分局部最薄厚度为 2.155mm，冲头推进后凹槽最薄厚度为 2.143mm，整形结束凹槽最薄厚度为 2.133mm。

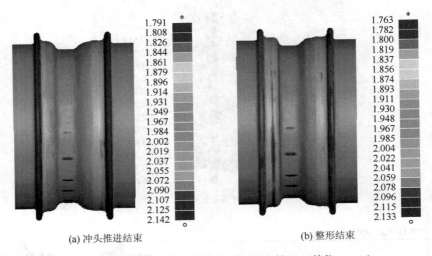

（a）冲头推进结束　　　　　　　　　（b）整形结束

图 8.17　冲头推进后与整形后的壁厚分布情况（单位：mm）

相比单纯内高压成形方式，内外复合高压成形方案通过选择中间直径的管坯，将最大减薄率由 18% 降低至 11%，有效降低了成形难度，更好地控制了产品厚度整体均匀性。

3）成形试验研究

图 8.18（a）为外高压缩径模具，将管坯由初始直径 339mm 加工成局部 318mm 的中间品，样件如图 8.19（a）所示；图 8.18（b）为内高压胀形模具，将中间管坯加工成两侧高度为 389mm、具有小圆角结构的目标轮辋形状，样件如图 8.19（b）所示；最后将轮辋样件进行定尺加工、装配和涂装，获得最终的成品车轮样件，如图 8.19（c）所示。

8.4.2　等间隙双层结构排气管内外高压复合成形

本小节以某商用车排气管为例，展示等间隙双层管材内外高压复合成形技术的应用过程。将原本需要保温棉或保温罩进行保温处理的排气管（图 8.20），通过结构

(a) 外高压缩径模具

(b) 内高压胀形模具

图 8.18　开发的轮辋成形模具

(a) 缩径后的管坯

(b) 内高压胀形后的管坯

(c) 装配轮辐和涂装后的轮辋

图 8.19　轮辋样件（见彩图）

设计和工艺设计，制造成等间隙的双层管材产品，实现了隔热效果（图 8.21）。为了获得结构上的稳定，内外层管之间以局部点接触，以实现中空和结构稳定的兼容。

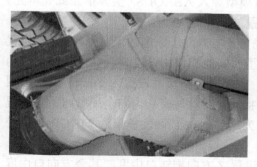
图 8.20　当前保温棉方式的排气管

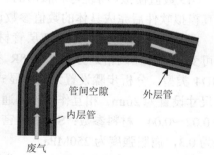
图 8.21　有间隙的双层管材设计示意

该产品的实现有三个步骤：一是两层管进行套装；二是双层管进行预弯曲获得近似最终形状；三是进行液压胀形处理，获得等间隙中空的双层结构管。两层管的套装已有很多研究，通过内压将内外管胀合，以保证第二步预弯曲时内外管可以同步变形。本章有限元分析过程主要关注后续的弯曲和液压成形贴模过程。

1）工艺方案分析

首先提取零件所要弯曲的轴线，并将其轴线分为首尾连续相接的圆弧段和直线段；然后测量每一直线段和圆弧段的直段长度 L_n、圆弧段弯曲半径 R_n、弯曲角 θ_n 等参数。还需注意的是，两个弯曲部分存在回弹，需考虑回弹量对后续管坯与液压胀形模具之间配合的影响。

根据零件的要求，内管不变形，外管发生塑性变形，此处液压成形工艺的关键点在于内管和内外管之间的同等大小液体压力输入，即 $p_e = p_i$。液压需满足外管的塑性变形需要，并根据最终零件形状进行模具形状的设计。

2）有限元模拟分析

采用 ABAQUS 数值模拟仿真技术的具体步骤如下：

（1）确定模具尺寸。根据坯料的尺寸（如外径、壁厚等）、管件的设计尺寸（如最小弯曲半径、总长度等）及管件的质量要求（如表面质量、壁厚均匀性等），确定各绕弯模具的具体尺寸和装配位置，特别是弯曲模和柔性芯棒之间的距离，以及模具与坯料之间的间隙大小 Δc 及各模具不同处的圆角半径大小。

（2）CAD 建模。根据第（1）步已确定好的弯曲模具尺寸及胀形模具尺寸，利用 CATIA、UG 等三维绘图软件建立对应的简单模型。为使模拟的载荷设置更简便，模型中弯曲模的球心设在原点，坯料的轴线与 X 轴共线。

（3）工艺计算。对管件进行分段确定每一段的长度，再建立每一小段中 L_n、R_n、θ_n 等参数与 X、Y、Z 三个方向的驱动机构的位移 U_x、U_y、U_z 及运动时间 t 之间的函数关系。

（4）数值模拟。将绕弯和胀形的三维模型导入 ABAQUS（实体单元或壳单元）仿真模拟软件后完成具体的数值参数设置过程并提交计算。

图 8.22 和图 8.23 分别为双层管材绕弯及内外高压成形的工艺示意，管材设置为可变形实体，网格划分为 C3D8R 类型，其他部件均设置为刚体，网格划分为 R3D4 类型，分析步骤设置为动力显式。内层管网格尺寸设置为 5mm，外层管网格尺寸设置为 2mm。相互作用设为通用接触，管材与模具切向全局摩擦系数设置为 0.02～0.04。材料参数：SUS304 密度为 7.85g/cm³，弹性模量为 2.07GPa，泊松比为 0.3，屈服强度为 250MPa。

第一步绕弯的载荷设置中，弯曲模设置 Z 方向旋转自由度、其余方向自由度固定，固定芯棒无自由度，管材设置完全自由度并在尾部施加 X 方向前进的速度与绕弯速度匹配，柔性芯棒通过 MPC-link 与固定芯棒连接。

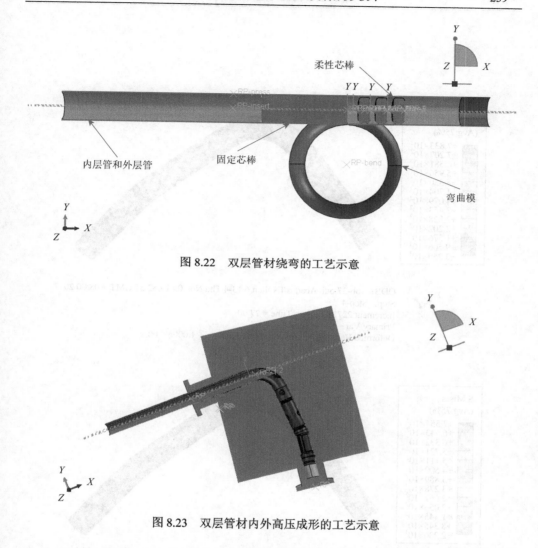

图 8.22　双层管材绕弯的工艺示意

图 8.23　双层管材内外高压成形的工艺示意

图 8.24 和图 8.25 分别为绕弯结束的内外管材的等效应力和等效应变分布，应力主要集中在内外管的第二个大弯处，外侧为拉应力，内侧为压应力，外层管与内层管的等效应力分布趋势总体一致，但因为柔性芯棒与内层管的接触支撑作用，所以内外层管的等效应力分布略有差异。柔性芯棒与内层管之间的间隙对弯管效果影响很大，见图 8.26，如果间隙过大，则弯管后管材截面扁化呈椭圆；如果间隙过小，则弯管过程中芯棒与内管壁之间应力很大，会影响管材局部鼓出。

对绕弯结束的内外层管进行厚度测量，按照图 8.27 所示取 20 个点（点 1～11 为管材上侧即弯曲的外缘，点 12～20 为管材下侧即弯曲的内缘）。

ODB：Job-37.odb Abaqus/Explicit 6.13-4 Thu Nov 09 19:52:55 GMT + 08:00 2017
Step：Step-4
Increment 227812：Step Time = 77.00
Primary Var：S，Mises
Deformed Var：U Deformation Scale Factor：+ 1.000e + 00

(a) 外层管

ODB：Job-37.odb Abaqus/Explicit 6.13-4 Thu Nov 09 19:52:55 GMT + 08:00 2017
Step：Step-4
Increment 227812：Step Time = 77.00
Primary Var：S，Mises
Deformed Var：U Deformation Scale Factor：+ 1.000e + 00

(b) 内层管

图 8.24　绕弯结束的内外管材等效应力分布

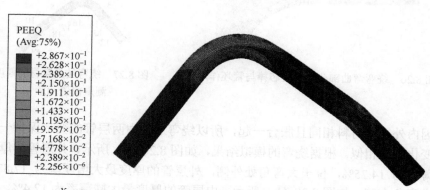

PEEQ
(Avg:75%)
+2.867×10⁻¹
+2.628×10⁻¹
+2.389×10⁻¹
+2.150×10⁻¹
+1.911×10⁻¹
+1.672×10⁻¹
+1.433×10⁻¹
+1.195×10⁻¹
+9.557×10⁻²
+7.168×10⁻²
+4.778×10⁻²
+2.389×10⁻²
+2.256×10⁻⁶

ODB：Job-37.odb Abaqus/Explicit 6.13-4 Thu Nov 09 19:52:55 GMT + 08:00 2017
Step：Step-4
Increment 227812：Step Time = 77.00
Primary Var：PEEQ
Deformed Var：U Deformation Scale Factor： + 1.000e + 00

(a) 外层管

PEEQ
(Avg:75%)
+2.548×10⁻¹
+2.336×10⁻¹
+2.123×10⁻¹
+1.911×10⁻¹
+1.699×10⁻¹
+1.486×10⁻¹
+1.274×10⁻¹
+1.062×10⁻¹
+8.493×10⁻²
+6.370×10⁻²
+4.246×10⁻²
+2.123×10⁻²
+0.000

ODB：Job-37.odb Abaqus/Explicit 6.13-4 Thu Nov 09 19:52:55 GMT + 08:00 2017
Step：Step-4
Increment 227812：Step Time = 77.00
Primary Var：PEEQ
Deformed Var：U Deformation Scale Factor： + 1.000e + 00

(b) 内层管

图 8.25　绕弯结束的内外管材等效应变分布

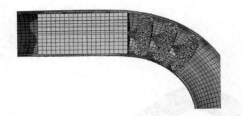

图 8.26　绕弯弯曲部分的柔性芯棒与管坯作用　　　　图 8.27　绕弯结束管材的厚度
　　　　　　　　　　　　　　　　　　　　　　　　　　　　　　测量位置示意

　　因内外层管材料相同且胀合一起，所以绕弯过程中两层管的变形保持一致，厚度变化规律相似。根据绕弯的模拟结果，如图 8.28（a）所示，外层管的厚度最大减薄率为 14.25%，位于大弯角处外侧，外层管的厚度最大增厚率为 17.87%，位于大弯角内侧；如图 8.28（b）所示，内层管的厚度最大减薄率为 12.4%，也位于大弯角处外侧，内层管的厚度最大增厚率为 19.67%，也位于大弯角内侧。第二步胀形的载荷设置中，上下模和两端堵头的自由度均锁死，管材两端的自由度也固定。将绕弯的内外管保持应力应变的状态导入胀形模拟过程（图 8.29），充分考虑绕弯过程对管件产生的变形，提高胀形模拟的准确性。

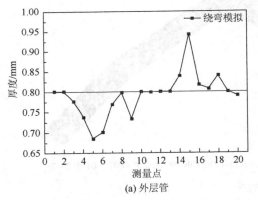

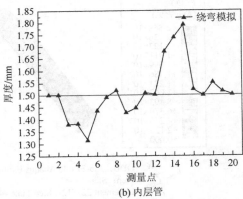

(a) 外层管　　　　　　　　　　　　　　　　　(b) 内层管

图 8.28　绕弯模拟后内外层管的厚度分布

　　双层管在胀形过程中，内管保持不变形，因此胀形过程中无轴向进给，且内层管的内压和外压需保持一致，液压加载分为加压和保压两个阶段，加载路径示意如图 8.30 所示。

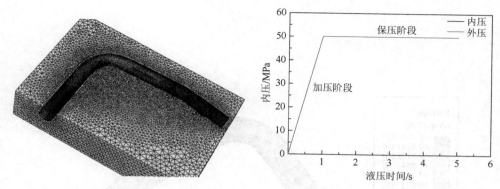

图 8.29　胀形前的管坯初始状态　　　　图 8.30　胀形时内外液压加载路径示意

　　根据公式，以该 SUS304 材料、外管壁厚为 0.8mm、外径为 56mm 计算，管坯发生塑性变形的初始内压需要 7MPa，考察了不同内压对胀形效率的影响，如图 8.31 所示，当内压小于 20MPa 时外层管无法胀形到位。另外，随着液体压力增加，胀形所需时间缩短，但管材所承受的等效应力较大，如图 8.32 所示。结合管材胀形时间和等效应力状态，选择工作内压为 50～80MPa。

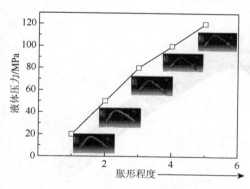

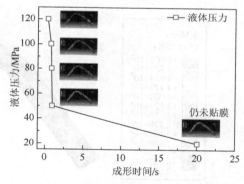

图 8.31　不同内外压胀形 0.5s 的效果　　　图 8.32　不同内外压的成形结束所需时间

　　选择 80MPa 为液体压力，进行了有限元模拟，结果如图 8.33、图 8.34 所示，外层管两端部分外径与管坯初始直径相近，变形较小，等效应力和等效应变显示均较小。应力较大的位置均在胀形区域变形较大部分，特别是大弯角的外侧，由于弯管时管坯整体靠近内侧，所以在胀形时该处外侧的变形量比设计的理想值要大一些。从应变云图上也可看出，外层管的大弯角处侧面和外侧处变形较大。内层管胀形阶段不变形，因此应力和应变基本保持绕弯结束的状态，但因为没有了外层管的约束，所以应力和应变略有减小。

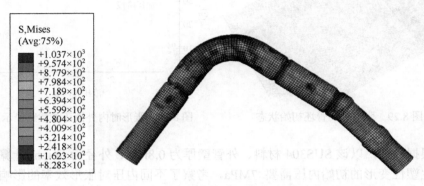

ODB：trial-36-1.odb Abaqus/Explicit 6.13-4 Tue Dec 12 20:45:51 GMT + 08:00 2017
Step：Step-1
Increment 350：Step Time = 0.3507
Primary Var：S，Mises
Deformed Var：U Deformation Scale Factor：+ 1.000e + 00

(a) 外层管

ODB：trial-36-1.odb Abaqus/Explicit 6.13-4 Tue Dec 12 20:45:51 GMT + 08:00 2017
Step：Step-1
Increment 350：Step Time = 0.3507
Primary Var：S，Mises
Deformed Var：U Deformation Scale Factor：+ 1.000e + 00

(b) 内层管

图 8.33　胀形结束的等效应力分布

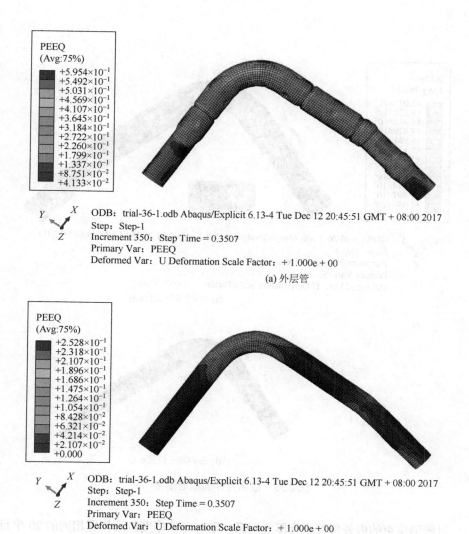

PEEQ
(Avg:75%)

+5.954×10⁻¹
+5.492×10⁻¹
+5.031×10⁻¹
+4.569×10⁻¹
+4.107×10⁻¹
+3.645×10⁻¹
+3.184×10⁻¹
+2.722×10⁻¹
+2.260×10⁻¹
+1.799×10⁻¹
+1.337×10⁻¹
+8.751×10⁻²
+4.133×10⁻²

ODB：trial-36-1.odb Abaqus/Explicit 6.13-4 Tue Dec 12 20:45:51 GMT + 08:00 2017
Step：Step-1
Increment 350：Step Time = 0.3507
Primary Var：PEEQ
Deformed Var：U Deformation Scale Factor：+ 1.000e + 00

(a) 外层管

PEEQ
(Avg:75%)

+2.528×10⁻¹
+2.318×10⁻¹
+2.107×10⁻¹
+1.896×10⁻¹
+1.686×10⁻¹
+1.475×10⁻¹
+1.264×10⁻¹
+1.054×10⁻¹
+8.428×10⁻²
+6.321×10⁻²
+4.214×10⁻²
+2.107×10⁻²
+0.000

ODB：trial-36-1.odb Abaqus/Explicit 6.13-4 Tue Dec 12 20:45:51 GMT + 08:00 2017
Step：Step-1
Increment 350：Step Time = 0.3507
Primary Var：PEEQ
Deformed Var：U Deformation Scale Factor：+ 1.000e + 00

(b) 内层管

图 8.34　胀形结束的等效应变分布（见彩图）

从图 8.35（a）可见，模拟结果实现了设计的预期效果，即内外层管之间保持了近似等间隙的中空结构，内外层管之间以局部的点接触和线接触，保证了结构稳定和中空的兼容。

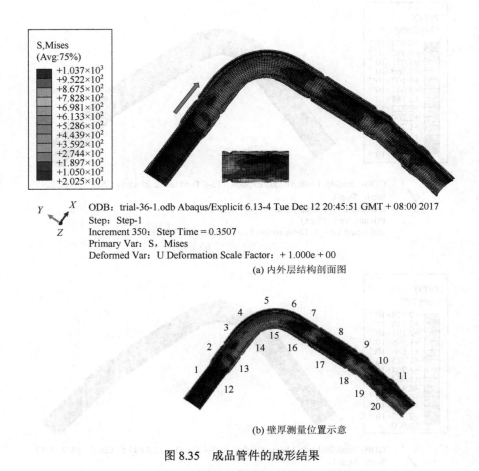

ODB：trial-36-1.odb Abaqus/Explicit 6.13-4 Tue Dec 12 20:45:51 GMT + 08:00 2017
Step：Step-1
Increment 350：Step Time = 0.3507
Primary Var：S，Mises
Deformed Var：U Deformation Scale Factor：+ 1.000e + 00

(a) 内外层结构剖面图

(b) 壁厚测量位置示意

图 8.35　成品管件的成形结果

　　对胀形结束的内外层管进行厚度测量，取与弯管厚度测量位置相同的 20 个点，测量位置点如图 8.35（b）所示。测量结果如图 8.36、图 8.37 所示，其中点 10、19 为外层管胀形阶段不发生变形位置的上下侧，外层管在胀形阶段有 2 个点厚度与绕弯后的管厚度相同，即该两点。外层管其余位置相比绕弯后的厚度都有减薄，胀形阶段外层管的最大减薄率为 23.8%，位于点 3 位置，其余整体减薄率在 15%左右。内层管胀形后的厚度分布与绕弯后的基本一致，也证明了内层管的不变形。

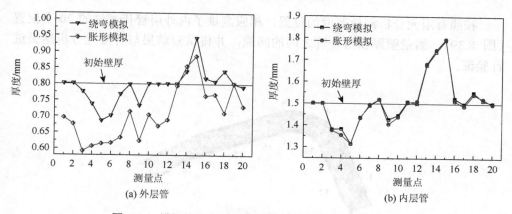

(a) 外层管　　　　　　　　　　(b) 内层管

图 8.36　模拟绕弯和胀形阶段的内外管材厚度测量结果

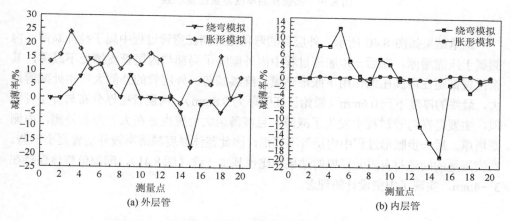

(a) 外层管　　　　　　　　　　(b) 内层管

图 8.37　模拟绕弯和胀形阶段的内外管材厚度减薄率

3）成形试验研究

按照以上设计方法，进行了试验验证，基于自主开发的适用于双层管材内外高压复合成形的设备，并对该双层排气管进行了试验试制，试制的产品实物如图 8.38 所示。

图 8.38　双层中空排气管试制的产品实物

按照有限元分析测量厚度的位置，相应测量了内外层管代表性的 20 个位置（图 8.39），测量壁厚和内外管之间的间隙，并将试验结果与有限元分析结果进行验证。

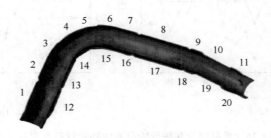

图 8.39　实物样品厚度测量位置示意

测量结果如图 8.40 所示，外层管的弯角处外侧在弯管过程中属于拉伸减薄，内侧属于压缩增厚，在后一步胀形过程中内外侧除了局部与内层管支撑处不减薄，其余位置都是在内高压的作用下胀形贴模，继续减薄。外层管的外侧大弯角处减薄最大，最终的厚度不到 0.6mm（原始管坯壁厚为 0.8mm）。内层管壁厚分布与外层管类似，主要是在弯管过程中发生了减薄，且减薄最大位置也是在大弯角的外侧，内侧则增厚。后一步胀形过程中内层管不变形，因此整体厚度减薄率较外层管要小一些。实物测量的间隙与有限元模拟的结果相比也基本一致（图 8.41），间隙值整体保持在 3～4mm，实现了中空设计的理念。

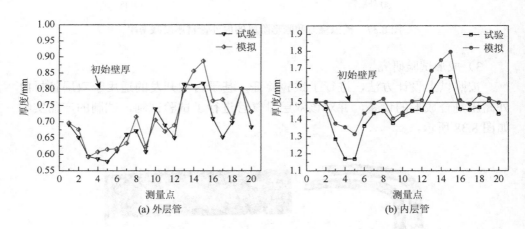

图 8.40　双层中空排气管模拟与试验样品的厚度对比

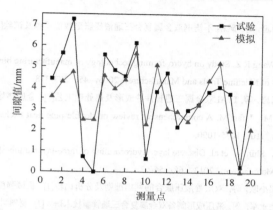

图8.41 双层中空排气管模拟与试验样品的间隙值对比

　　管材内外高压复合成形技术是在内高压基础上发展起来的一种新型液压成形技术，突破了原有内高压成形技术的局限性，通过内外高压的同步或非同步加载，以及对内外压差的变化调控，可以有效降低成形难度，实现复杂多截面形状零件的短流程、高效生产，可广泛应用于复杂形状零件的加工制造，如大尺寸多截面零件及双层变截面空心构件等。

参 考 文 献

[1] 张士宏. 塑性加工技术的科学化与中国塑性加工技术的发展[J]. 科技前沿与学术评论, 2001, 23（5）：5-11.

[2] 苑世剑, 何祝斌, 刘钢, 等. 内高压成形理论与技术的新进展[J]. 中国有色金属学报, 2011, 21（10）：2523-2533.

[3] 徐勇, 张士宏, 马彦, 等. 新型液压成形技术的研究进展[J]. 精密成形工程, 2016, 8（5）：7-14.

[4] 孙燕燕, 张海渠, 张士宏, 等. 管材液压成形机理与汽车发动机托架成形实验[J]. 塑性工程学报, 2009, 16（3）：29-34.

[5] Cui X L, Wang X S, Yuan S J. Experimental verification of the influence of normal stress on the formability of thin-walled 5A02 aluminum alloy tubes[J]. International Journal of Mechanical Sciences, 2014, 88（11）：232-243.

[6] Jain N, Wang J, Alexander R. Finite element analysis of dual hydroforming processes[J]. Journal of Materials Processing Technology, 2004, 145（1）：59-65.

[7] Liu J G, Meng Q Y. Left-side of the forming limit diagram（FLD）under superimposed double-sided pressure[J]. Advanced Materials Research, 2012, 472：653-656.

[8] Smith L M, Ganeshmurthy S, Alladi K. Double-sided high-pressure tubular hydroforming[J]. Journal of Materials Processing Technology, 2003, 142（3）：599-608.

[9] Jain N, Wang J. Plastic instability in dual-pressure tube-hydroforming process[J]. International Journal of Mechanical Sciences, 2005, 47（12）：1827-1837.

[10] Aue-U-Lan Y, Ngaile G, Altan T. Optimizing tube hydroforming using process simulation and experimental verification[J]. Journal of Materials Processing Technology, 2004, 146（1）：137-143.

[11] 刘建彬, 韩静涛, 解国良, 等. 离心浇铸挤压复合钢管界面组织与性能[J]. 北京科技大学学报, 2008, 30（11）：1255-1259.

[12] 范敏郁, 黄芳, 郭训忠, 等. 碳钢/不锈钢双金属复合三通液压胀形数值模拟及试验[J]. 塑性工程学报, 2014, 21 (5): 6-10.

[13] Wang X S, Li P N, Wang R Z. Study on hydro-forming technology of manufacturing bimetallic CRA-lined pipe[J]. International Journal of Machine Tools and Manufacture, 2005, 45: 373-378.

[14] 张立伍, 陶杰, 郭训忠, 等. Ti/Al 双金属三通管件冷成形及热处理工艺[J]. 金属热处理, 2010, 35 (8): 65-68.

[15] Omidi M, Farhadi M, Jafari M. A comprehensive review on double pipe heat exchangers[J]. Applied Thermal Engineering, 2017, 110: 1075-1090.

[16] Kim S Y, Joo B D, Shin S, et al. Discrete layer hydroforming of three-layered tubes[J]. International Journal of Machine Tools and Manufacture, 2013, 68: 56-62.

[17] 刘富君, 郑津洋, 郭小联, 等. 双层管液压胀合的判据准则及分析比较[J]. 机械强度, 2006, 28 (2): 235-239.

[18] 王会凤, 韩静涛, 张永军, 等. 液压成形制备双金属复合三通管新技术研究[J]. 材料科学与工艺, 2013, 21 (6): 7-11.

[19] Zhang S H, Nielsen K B, Danckert J, et al. Numerical simulation of the integral hydro-bulge forming of non-clearance double-layer spherical vessels: Deformation analysis[J]. Computers and structures, 1999, 70 (2): 243-256.

[20] Alaswad A, Olabi A G, Benyounis K Y. Integration of finite element analysis and design of experiments to analyse the geometrical factors in bi-layered tube hydroforming [J]. Materials and Design, 2011, 32 (2): 838-850.

[21] Islam M D, Olabi A G, Hashmi M S J. Feasibility of multi-layered tubular components forming by hydroforming and finite element simulation[J]. Journal of Materials Processing Technology, 2006, 174 (1-3): 394-398.

[22] 陈大勇, 徐勇, 张士宏, 等. 圆角结构对新型金属桥塞密封件液压成形性能的影响[J]. 锻压技术, 2017, 42 (3): 123-129.

[23] 徐勇, 陈大勇, 张士宏, 等. 一种制造轻量化汽车轮辋的成形结构和成形方法: 中国, CN107803423A[P]. 2018.

第9章 复杂空心构件多工步成形技术

一般来说，复杂空心构件一般具有以下特征：轴线多为三维空间曲线；截面为异形；截面沿轴线不断变化；局部小尺寸特征如小过渡圆角半径、小凸台等；较小甚至极小的相对弯曲半径等。上述复杂特征决定了此类空心构件的制造具有较高的难度，而单一冷成形工艺已经很难实现复杂构件的精确制造。在实际成形过程中，需将多种冷成形工艺综合使用，如弯曲+预成形+胀形、缩径+胀形、弯曲+胀形等[1]。采用多工步塑性成形技术制造的空心变截面零件，不仅能有效减轻质量、节约原材料，还可以提高零件的强度及刚度[2-4]。另外，利用多工步塑性成形技术获得的空心构件通常外形复杂，工件的整体性得到明显改善，同时减少了零件的成形工序以及模具成本，提高了材料的综合利用率[5]。

9.1 复杂空心构件多工步成形原理

复杂空心构件多工步成形一般包括弯曲成形、预成形和内高压成形工序过程。内高压成形工序后，在内部液压支撑作用下还可以直接进行精确冲孔。表 9.1 为某车型前指梁多工步成形过程示意。对于局部大膨胀量的特殊空心构件如桥壳（图 9.1），也可采用挤压缩径（或旋压缩径）+预成形+内高压成形多工步成形技术，如图 9.2 所示。

表 9.1 某车型前指梁多工步成形过程示意[6]

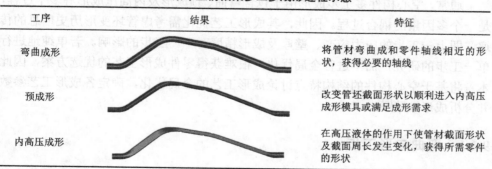

工序	结果	特征
弯曲成形		将管材弯曲成和零件轴线相近的形状，获得必要的轴线
预成形		改变管坯截面形状以顺利进入内高压成形模具或满足成形需求
内高压成形		在高压液体的作用下使管材截面形状及截面周长发生变化，获得所需零件的形状

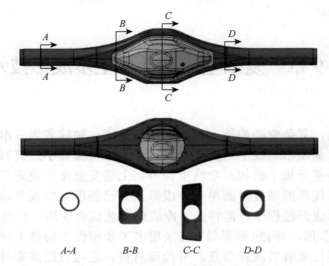

图 9.1　某载重 1.5t 轻型车桥壳及其典型截面形状

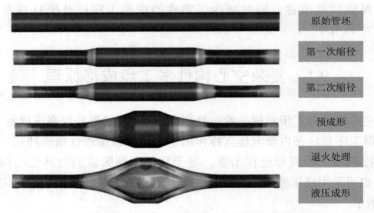

图 9.2　桥壳空心件多工步成形工艺示意图（见彩图）

通常，空心构件多工步成形由于包含弯曲、预成形及内高压成形等多个过程，是一个多因素的耦合过程。因此，其成形工艺优化需考虑管坯变形历史信息的传递，即上一工步的应力应变、壁厚及成形精度对下一工步的影响。若单纯地进行单一工步的研究，而不进行全局优化，很难获得零件成形工艺的优选方案，因此本章将基于空心构件的结构特点讨论成形工艺的全局优化，确定各成形工艺参数并分析成形缺陷[6]。

9.1.1　弯曲成形工步

在复杂构件的多工步成形过程中，弯曲变形尤其是数控绕弯成形一般作为第一道工序。弯曲成形的目的是使管件具有与最终零件相同或相近的弯曲轴线形状。弯曲轴线与产品轴线符合度越高越好，避免内高压成形过程中各种缺陷的可能性就越大。若合理地选择坯料，则通过弯曲工步后甚至可以直接实施内高压成形[7]。但是，实际管材尤其是薄壁管的弯曲成形难度较大。弯曲成形时应尽量在一个产品中选取一个弯曲半径，以降低模具成本。目前，在复杂构件的多工步成形工艺中，本书第 3 章所述的数控绕弯成形技术应用最为广泛。在数控绕弯成形中，需要严格控制的关键几何参数主要包括弯曲进给量、空间翻转角度、弯曲角度等，如图 9.3 所示。

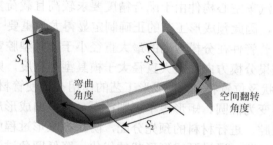

图 9.3　管材弯曲成形关键几何参数示意图

　　弯曲进给量是指从端点到切点（直线与圆弧相切）之间的距离 S_1、S_3 或两圆弧的切点之间的距离 S_2，对数控绕弯设备来说，是一个弯段之前的直线送进距离。空间翻转角度从几何上来看，为前一个弯段所在平面与后一个弯段所在平面之间的夹角，对于数控绕弯设备，是夹持管坯的夹头的旋转角度（夹头可做正向旋转运动，也可做反向旋转运动）。弯曲角度是后一条直线段中心线相对于前一条直线段中心线的夹角，对于数控绕弯设备，是弯臂的转出角度。

　　尽管数控绕弯目前应用较为广泛，但是尚存在不少问题需要克服。在实际成形过程中，需要引入直段，造成后续预成形工艺较为复杂且材料利用率降低；弯曲段外侧壁厚减薄较为严重且截面畸变程度较大，对后续预成形工步和胀形工步提出了较高的要求，使工艺窗口变窄；对于多个不同弯曲半径的弯管，需要采用多层模具，导致模具成本和调试成本居高不下；对于弯曲半径连续变化或轴线只能用复杂函数表达的弯管，局限性更大甚至无能为力。

　　如第 4 章所述，自由弯曲成形技术近来发展迅速，不仅在单件小批量的复杂弯曲构件中应用广泛，在汽车零部件的多工步制造工艺链中也日益发挥重要作用[8]，这主要是由其工艺特点决定的：完全可以消除直线段，降低了后续预成形的要求，并提高了材料利用率。在轴向引入了附加压应力，显著改善弯曲段外侧壁厚减薄，为后续胀形奠定了重要基础，减小了胀形过程中局部过度减薄导致的开裂概率。对于具有多个弯曲半径的弯管，只要通过调整自由弯曲成形系统的轨迹和姿态即可实现变曲率半径，柔性相对很大且显著降低模具成本[9-11]。薄壁或超薄壁复杂空心构件在胀形过程中易开裂。通过自由弯曲成形工艺设计，可以在弯曲成形过程中任意布置多弯，从而实现轴向有效补料，显著降低后续胀形失效的概率。

9.1.2　预成形工步

空心构件多工步成形过程中，弯曲工序使管件具有与最终零件相同或相近的弯曲轴线形状，但汽车空心构件由于配合精度要求较高且载荷复杂，一般沿轴线方向截面形状各异，因此预成形工艺的正确制定显得尤为重要[12]。一般情况下，管材弯曲成形后，若管件在分模方向的最大直径小于模具型腔宽度，则可将管件直接进行胀形。如果分模方向的最大直径大于模具型腔宽度，则必须进行预成形工序。根据截面形状及位置特征，预成形工艺的作用在于使管材在周向发生变形，即由原来的圆截面变为椭圆、矩形等不规则截面，使弯曲成形后的中间管坯能够顺利地放入模具型腔，进行材料的预先分配，防止在胀形过程中由于材料不均匀造成的起皱和破裂缺陷；通过预成形形状的优化，降低圆角过渡处的整形压力，从而降低设备合模力和水平缸增压器压力输出[13]。预成形是内高压成形工艺中最关键的工序，预成形管坯形状是否合理直接关系到零件的形状和尺寸精度及壁厚分布。预成形不仅要解决将管材顺利放到终成形模中的问题，更重要的是通过合理截面形状预先分配材料，以控制壁厚分布、降低成形压力，并避免终成形合模时在分模面处发生咬边而形成飞边。因此，在预成形阶段，要对模具结构进行优化设计，以将部分材料转移到关键位置[14]。

9.1.3　内高压成形工步

复杂构件的胀形效果受到许多因素的影响，如初始管坯尺寸、管件的材料特性、模具型面、管坯与模具间的摩擦力、设备状态以及内压力与轴向进给的匹配关系等[15]。这使得其在成形过程中容易产生缺陷，例如，汽车底盘纵梁常见的成形缺陷有局部破裂、起皱以及不贴模等，这些缺陷的存在都会造成零件的成形质量严重降低。起皱缺陷主要出现在内高压成形初期，轴向力达到临界值是管件起皱的主要原因。成形初期，两端冲头对管坯的作用力过大，轴向进给补料过快，而其径向变形不足，导致管坯出现如波浪形的褶皱，即产生起皱缺陷。另外，在自由胀形阶段也可能出现起皱缺陷，自由胀形阶段的起皱可分为有益起皱和有害起皱两类。有益起皱能够在管件的最后整形阶段，通过较高的整形压力来消除，这类起皱可以看成材料的预先储存，对内高压成形是有益的[16]。但是，有害起皱无法通过这种方法来消除，起皱会在整形阶段变成死皱，最后成为折叠，影响最终零件的成形质量。破裂缺陷主要出现在内高压成形的整形阶段，通常位于零件弯曲圆角外侧。在内高压成形前期，管件在绕弯工步中弯曲段外侧受到拉伸并发生减薄，同时产生的加工硬化降低了材料的塑性变形能力，使材料流动性减弱，补料困难，而整形阶段的内压力较高，造成该部位过度减薄形成破裂。

在内高压胀形阶段，预成形管坯在终成形模具内通过冲头引入高压液体加压，使管坯产生塑性变形成形为所设计的零件。在内高压成形过程中，如果预成形坯形状不合理，则在圆角与直边过渡区域会产生减薄甚至开裂缺陷。最终成形压力主要取决于截面过渡圆角半径和材料性能。内高压成形过程中还可能出现不贴模缺陷（图9.4），如起皱缺陷和破裂缺陷易造成不贴模缺陷。管坯起皱造成材料流动困难，使材料在某些部位产生堆积，而其他部位就会得不到足够补料，因此出现不贴模缺陷；破裂缺陷使管坯内的压力降低，无法满足成形要求，从而造成管坯不贴模。内高压成形阶段，在内压力与轴向进给推力的配合作用下，工件发生屈服并最终成形。内高压成形的质量，取决于内压力与轴向进给的匹配关系是否合理。若内压力上升太快而管坯轴向补料不及时，则工件容易过分减薄发生开裂；反之，当内压力上升太慢而管坯轴向补料过快时，工件容易产生起皱、屈曲、折叠等缺陷。

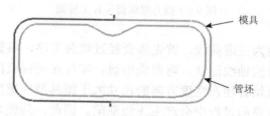

图9.4 管材成形的不贴模缺陷

9.2 扭力梁纵臂空心构件多工步成形研究

9.2.1 成形工艺分析

图9.5为某车型扭力梁后悬架组件及纵臂几何模型，该零件沿轴线方向整体呈S形，即轴线阶梯变化；在两侧的直段部分有压扁形状，即形状和尺寸沿轴线有一定的变化。图9.6为零件工程图，零件水平长度为477mm，高度落差为123mm，直段位置开两个同心孔，直径为26mm、18mm。

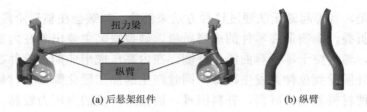

(a) 后悬架组件　　　　　　　　　　　(b) 纵臂

图 9.5　某车型扭力梁后悬架组件及纵臂几何模型（见彩图）

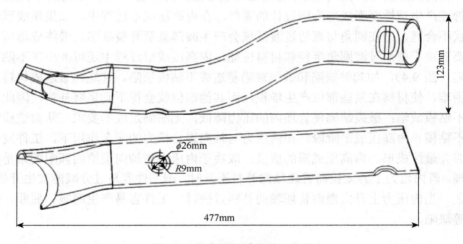

图 9.6　扭力梁纵臂零件工程图

纵臂零件轴线为三维曲线，首先需要经过弯曲工序，将管坯弯曲成和零件具有相同或者相近的轴线形状。弯曲成形后，零件在两侧直段局部区域有压扁形状，且该区域原始管坯在宽度方向的尺寸大于模具型腔宽度，如果直接进行内高压成形，在合模的过程中会产生飞边缺陷。因此，为使弯曲后的管件顺利放入内高压成形模具型腔，需要进行预成形工序。预成形过后，管件进行了材料的重新分配和弯曲角度、弯曲半径的矫正。将预成形之后的预制坯放入内高压成形模具型腔，合模胀形，最终得到扭力梁纵臂。基于扭力梁纵臂的结构特征，采用一模两件的模具设计思路进行工艺开发研究[4]。图 9.7 为纵臂成形候选工艺方案。工艺方案 2 与工艺方案 3 为圆端对接，扁端添加工艺段作为密封位置。此种工艺方案的预成形模具设计简单，但密封端与水平方向成一定夹角，造成水平冲头布置困难，内高压成形模架结构复杂。此外，扁端位于补料端口，材料很难由压扁部位流动到管坯减薄区域。因此，最终成形零件的减薄率较大。工艺方案 1 与工艺方案 4 采用扁端对接，圆端添加工艺段作为密封端口。其中，工艺方案 1 预成形与内高压成形模具尺寸较大，且密封冲头倾斜造成内高压成形模架结构复杂。工艺方案 4 预成形模具结构简单，密封冲头可实现水平布置，模架结构设计简单，此外，采用扁端对接，避免了材料堆积，降低了最终零件的壁厚减薄率，提高了壁厚均匀性。综上所述，工艺方案 4 作为扭力梁纵臂的优选工艺进行后续的数值模拟及试验研究。

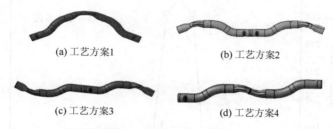

(a) 工艺方案1　　　　　　　　(b) 工艺方案2

(c) 工艺方案3　　　　　　　　(d) 工艺方案4

图 9.7　纵臂成形候选工艺方案

管材经过弯曲成形、预成形、内高压成形后，还需进行切断工序才可得到最终的纵臂零件。图 9.8 为纵臂成形后的铣切位置。

铣切位置

图 9.8　纵臂成形后的铣切位置

初始管坯长度的合理选取可有效避免材料浪费，是获得高成形质量内高压成形件的基本保证。若将零件数模导入 CATIA 软件中，利用平面与零件表面的交线形成封闭的截面，取各截面重心，将重心点连接成曲线，则为近似的零件轴线，图 9.9 为纵臂轴线长度测量结果，取两端加工工艺段长度为 116.8225mm，则管坯近似总长度为 $L = 2 \times 116.8225 + 966.355 = 1200\,(\text{mm})$。

966.355mm

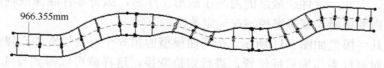

图 9.9　纵臂轴线长度测量结果

选取了若干截面进行截面周长分析，如图 9.10 所示，其中最大截面周长为218.2mm，最小截面周长为 188.5mm，研究选取纵臂零件最小横截面周长估算出成形所需初始管坯外径为 60mm，同时考虑零件承载要求及管材国家标准，确定管坯初始厚度为 4mm。

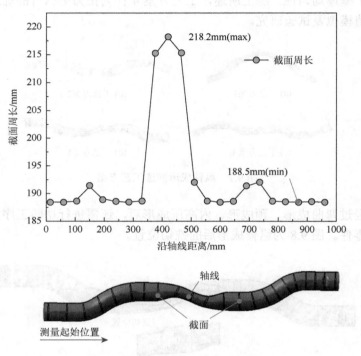

图 9.10　管坯截面周长分布

9.2.2　多工步成形工艺仿真

　　汽车扭力梁纵臂零件由于具有复杂的空间弯曲轴线及截面形状，包含弯曲成形、预成形及内高压成形三个工序，每个工序管坯都会进行壁厚重新分布，尤其是弯曲成形和内高压成形。在弯曲成形过程中，如果管坯减薄严重，即使不发生破裂，在后续的内高压成形过程中也容易引起开裂，增加内高压成形工艺参数优化的难度。因此，管件经最终的内高压成形工序后，纵臂零件除保证轴线形状精度外，还需要将最大减薄率控制在一定范围内[4]。

　　弯管几何模型如图 9.11 所示。在弯曲模型的第 6 个弯曲位置中心建立独立轴系，以绝对坐标系作为目标位置，进行定位变换，这样就可以得到与 LS-DYNA 模拟结果具有相同坐标位置的弯曲模型。在此弯曲模型的基础上，可以建立预成形模具和内高压成形模具，实现不同工序间模具的精准定位，从而使计算结果更准确。此外，建立弯曲模型的另一个重要目的是获取纵臂零件弯曲成形参数，如

表 9.2 所示，但是测量出的弯曲参数与实际弯曲结果存在差异，需要对弯曲角度和弯曲半径进行修正，在未进行回弹计算之前，选取不同弯曲半径对纵臂弯曲成形进行数值模拟，图 9.12 为管材多次数控绕弯成形过程的模拟结果。

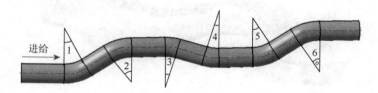

图 9.11　弯管几何模型

表 9.2　纵臂零件弯曲成形参数

序号	进给量/mm	旋转角/(°)	弯曲角/(°)
1	115	0	33.5
2	76	174	32
3	98	−34	19
4	80	179.5	19
5	98	34	32
6	76	−174	33.5

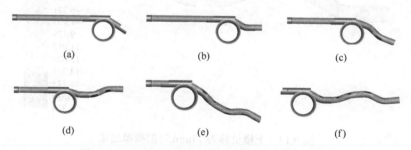

图 9.12　管材多次数控绕弯成形过程的模拟结果

图 9.13 为纵臂零件预成形有限元模型。图 9.14 为上模位移为 77mm 时的模拟结果，零件的最大减薄率为 12.557%，即最小壁厚为 3.49mm，图示的变形区域及管件的两端口未出现明显的畸变。因此，综合考虑截面畸变及壁厚分布等因素对后续成形的影响，纵臂零件预成形过程中上模位移量确定为 77mm。

图 9.15 为纵臂零件内高压成形有限元模型。对于具有弯曲轴线的变截面空心构件，管两端的轴向进给无法有效地将材料补偿到胀形区内，因此通常冲头只进行轴向密封而不进给补料。本章就纵臂零件是否需要进行轴向补料进行了数值模拟，分别设置冲头无轴向进给和轴向进给 6mm，数值模拟结果如图 9.16 所示。

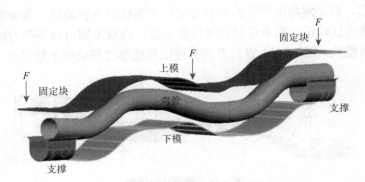

图 9.13　纵臂零件预成形有限元模型

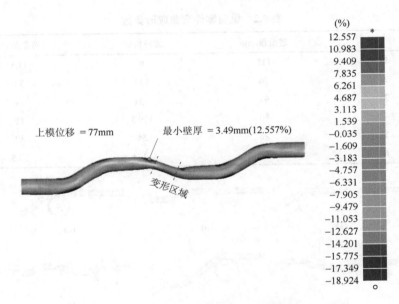

图 9.14　上模位移为 77mm 时的模拟结果

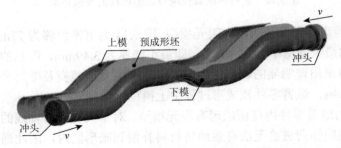

图 9.15　纵臂零件内高压成形有限元模型

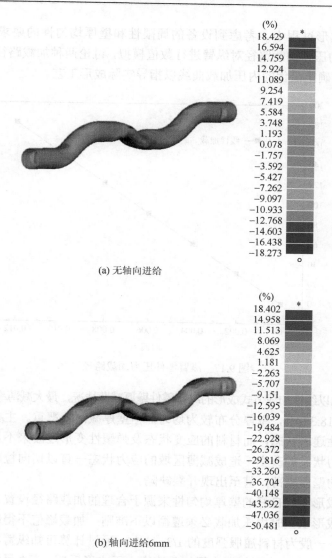

(a) 无轴向进给

(b) 轴向进给6mm

图 9.16　有无轴向进给的模拟结果

　　由壁厚减薄率分布图可知，水平冲头无轴向补料时，零件的最大减薄率为
18.429%，最大增厚率为 18.273%；水平冲头轴向进给 6mm 时，零件的最大减薄率
为18.402%，最大增厚率为 50.481%。对于具有弯曲轴线的纵臂零件，零件端部存在
凹陷区域，材料不能有效地补偿到壁厚减薄区域，如弯曲位置外侧。因此，是否
有轴向补料对于壁厚减薄率影响较小，对于局部增厚影响较大，从而影响最终零
件的壁厚均匀性。综上分析，纵臂零件内高压成形过程中不进行轴向补料，成形
效果较好。

内高压成形过程中，考虑到设备的局限性和壁厚均匀性的要求，分别采用图 9.17 所示的压力加载路径对纵臂进行数值模拟，讨论两种加载路径下的壁厚分布情况，从而确定最优的内压加载曲线以指导实际成形工艺。

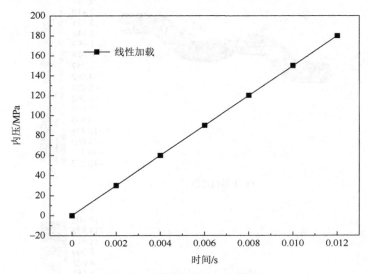

图 9.17　纵臂零件压力加载路径

图 9.18 为以线性加载方式成形的纵臂零件壁厚减薄情况，最大减薄率为 19.673%，最大增厚为 18.370%，壁厚分布较为均匀，但壁厚减薄较严重。主要原因是内压一直处于线性递增状态，而材料的应变状态及弹塑性变形过渡来不及做出相应调整以适应应力状态的改变，造成减薄区域的应力状态一直以切向拉应力为主，从而引起严重的壁厚减薄，甚至出现开裂缺陷。

内高压成形零件良好的壁厚均匀性来源于合理的加载路径设置，因此在数值模拟和实际成形试验时内压加载必须遵循以下准则：加载峰值不得超过材料的最大整形压力，一般为材料屈服强度的 1/3～1/10，通过计算可知纵臂零件最大整形压力 p_c =199.5MPa；成形初期内压加载速率大于成形后期，应力尽快达到材料的屈服强度，防止出现起皱缺陷；成形后期，保压一定时间，在较高内压作用下，管坯充分贴模。同时，阶梯加载路径比较容易实现，应用方便，成形件的质量也较好[17]。基于上述设计准则，对纵臂内高压成形过程设计了 7 条不同的阶梯加载曲线，如图 9.19 所示。图 9.20 为不同加载路径下的壁厚最大减薄率和最大增厚率。加载路径 1 的减薄程度最大，最大减薄为 18.928%，加载路径 2、3 在减薄方面较加载路径 1 有所改善，分别为 18.909% 和 18.892%。随着进一步优化加载路径，可以明显看出，最大减薄率逐渐降低，增厚情况也有所改善，但变化幅度较减薄率小很多。采用加载路径 7 时，最大减薄率达到最小为 18.429%，最大增厚率为 18.273%，

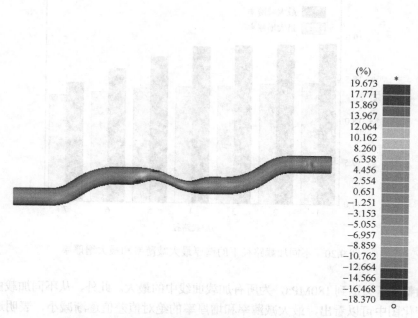

图 9.18　采用线性加载方式成形的纵臂零件壁厚减薄情况

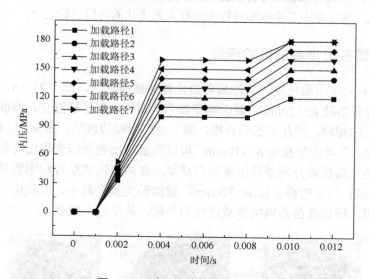

图 9.19　7 条不同的阶梯加载曲线

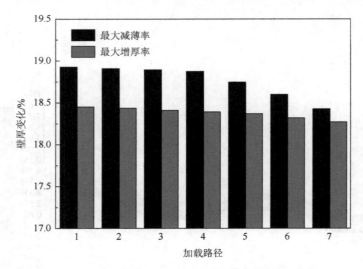

图 9.20　不同加载路径下的壁厚最大减薄率和最大增厚率

此时的整形压力达到 180MPa，为所有加载曲线中的最大。此外，从不同加载曲线的壁厚变化图中可以看出，最大减薄率和增厚率的绝对值差值逐渐减小，表明通过优化加载路径，不仅可以控制壁厚的最大减薄和增厚情况，还可以使零件变形、材料分布均匀化，这也是多工步成形过程中进行工艺优化的终极目标之一。

9.2.3　纵臂多工步成形试验研究

图 9.21 为采用数控绕弯成形后弯曲位置的截面形状，图 9.21（a）采用无芯轴绕弯，弯曲半径 $R=120$mm，截面畸变较为严重，出现了椭圆化，但椭圆长轴方向与合模方向相同，因此不影响合模，即不会出现咬边缺陷；图 9.21（b）为带有芯轴的弯曲，且弯曲半径为 $R=110$mm，可以明显看出截面畸变程度得到了明显的改善，但是弯曲位置外侧壁厚出现明显减薄，在内高压成形过程中容易出现开裂缺陷；图 9.21（c）弯曲半径 $R=120$mm，截面畸变程度最小，但是由于芯轴的强力支撑作用，所以弯曲外侧壁厚减薄较为严重，甚至趋于破裂。

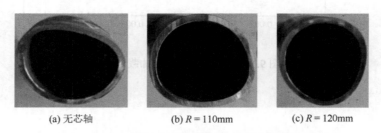

(a) 无芯轴　　　　　　　(b) $R=110$mm　　　　　　(c) $R=120$mm

图 9.21　采用数控绕弯成形后弯曲位置的截面形状

　　图9.22为采用不同弯曲方式弯管截面的壁厚分布。结果显示，采用无芯轴绕弯可有效控制壁厚减薄，从而防止管坯在内高压成形过程中弯曲位置外侧产生破裂缺陷；采用有芯轴弯曲方式使截面畸变有所改善，却是以牺牲壁厚减薄为代价；数值模拟结果与试验结果在壁厚分布上较为吻合。针对扭力梁纵臂的分模方式和结构特点，同时参考数值模拟结果，采用无芯轴弯曲为制备扭力梁纵臂弯管的最佳工艺方案[4]。

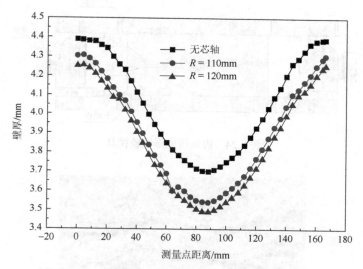

图9.22　采用不同弯曲方式弯管截面的壁厚分布

　　预成形试验所用模具如图9.23所示，主要包括上模板、上模座、上模、下模、下模座、下模板；分模方向为压力机行程方向；模具采用压板及调整垫块固定加工工艺段的方法防止工件在模具型腔内滚动，并且依靠自身重力实现准确定位。

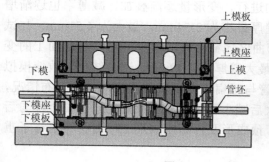

图9.23　预成形模具（见彩图）

　　内高压成形试验所用模具如图 9.24 所示。基于扭力梁纵臂内高压成形数值模拟参数设置及分析结果，进行了内高压成形试验研究。在试验过程中，加载路径采用数值模拟中的加载路径 7，整形压力设置为 180MPa，采用包覆塑料薄膜的方法改善管坯和模具之间的摩擦条件。图 9.25 为扭力梁纵臂最终成形件及典型截面选取示意图。

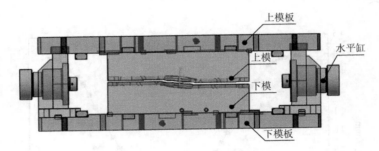

图 9.24　内高压成形试验模具

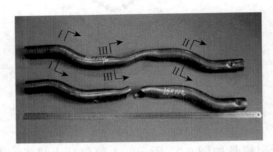

图 9.25　扭力梁纵臂最终成形件及典型截面选取示意图

　　图 9.26 为纵臂内高压成形件典型截面壁厚分布情况，将试验数据与弯曲成形、预成形和内高压成形数值模拟结果进行了对比。图 9.26（a）为弯曲区域截面Ⅰ的壁厚分布，随着成形工序的进行，变形量逐渐叠加，减薄率也逐渐增大，其中内高压成形数值模拟结果壁厚最小为 3.54mm，最大为 4.51mm，与试验结果较为吻合；图 9.26（b）为弯曲区域截面Ⅱ的壁厚分布，与截面Ⅰ的变化趋势相同，最小壁厚为 3.58mm，最大壁厚为 4.49mm，试验结果与数值模拟结果吻合度较高；图 9.26（c）为直管与压扁过渡区域截面Ⅲ的壁厚分布情况，在整个成形工序中，壁厚呈现先增大后减小再增大的变化趋势，弯曲过程与后续成形工序的壁厚分布差别较大，即预成形及内高压成形工序对材料进行了重新分配。

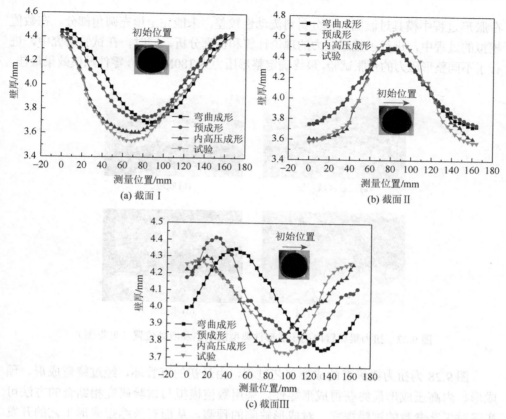

(a) 截面 I

(b) 截面 II

(c) 截面III

图 9.26　纵臂内高压成形件典型截面壁厚分布情况

图 9.27 为扭力梁纵臂内高压成形件典型的缺陷及所处位置。图 9.27（a）、（c）为典型的内高压成形件破裂缺陷，其中图 9.27（a）破裂发生在压扁和弯曲过渡区域，图 9.27（c）破裂发生在弯曲段外侧区域。一般情况下，管坯在弯曲时，内侧受压，壁厚增加；外侧受拉，壁厚减薄。在内高压成形之前纵臂进行了弯曲及预成形工序，经过两道变形工序处理，管坯外侧壁厚减薄效果叠加，因此叠加处在内高压成形过程中最容易发生破裂，试验结果与模拟结果符合。为消除破裂缺陷，采用在管件表面包覆塑料薄膜的方法，有效降低其摩擦系数，从而使材料更易向变形较大区域流动，弥补壁厚减薄，改善应力应变状态，从而防止破裂缺陷的出现。图 9.27（b）为纵臂在内高压胀形过程中合模时造成的咬边缺陷，通常发生在弯曲及压扁位置外侧。咬边缺陷一般与模具分模方式、过渡圆角和弯曲成形参数的设置有关，综合分析各影响因素，通过将弯曲半径由 110mm 增大到 120mm，可有效避免纵臂咬边缺陷。图 9.27（d）为内高压成形后纵臂零件未完全贴模，造成零件报废，其主要原因为预估的胀形压力太低，即加载路径选取不合适，管件

在胀形过程中模具过渡圆角部分材料流动性较差，未能完全填充圆角部分。在数值模拟的过程中，进行了整形压力的理论计算和仿真分析，同时，在试验研究中，进行了不同整形压力的预胀试验，最终确定整形压力为 180MPa 时，零件贴模效果最佳。

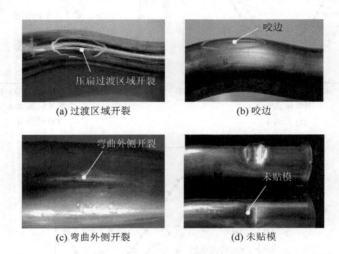

图 9.27　扭力梁纵臂内高压成形件典型的缺陷及所处位置（见彩图）

图 9.28 为扭力梁纵臂的成形工艺过程，由最初的直管坯，经过绕弯成形、预成形、内高压成形最终获得成形零件。采用数值模拟与试验研究相结合的方法可实现对工艺参数的试错探究、对成形缺陷的预测，从而有效缩短成形工艺的开发周期，并获得形状精度和尺寸精度均满足要求且无缺陷的成形零件。

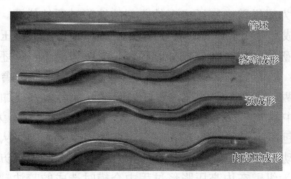

图 9.28　扭力梁纵臂成形工艺过程（见彩图）

基于扭力梁纵臂的结构特征，并参考数值模拟结果，选取图 9.29 所示的 A、B、C 三个典型区域进行网格应变信息采集，其中 A、C 区域为弯曲过渡区域外侧；B 区域为弯曲与压扁过渡区域。

图 9.29 网格应变信息图像采集

图 9.30 为 ARGUS 系统对采集到的图像进行网格识别。其中，图 9.30（a）为左侧弯曲区域 A；图 9.30（b）、（c）为中间压扁过渡区域 B；图 9.30（d）为右侧弯曲区域 C。由网格识别图像可以发现，大部分网格信息可以被系统识别，尤其是变形较大区域，网格辨识度较高，但由于网格本身的质量问题，并且变形过程中网格与模具存在摩擦，造成局部范围内网格存在模糊，不易被系统识别，图 9.30（a）引线标示出的区域为网格未被识别区域。采用 ARGUS 软件中的插值计算，可以将网格未被识别区域的应变分布进行连续拓扑，从而弥补网格缺失部分的应变分布。

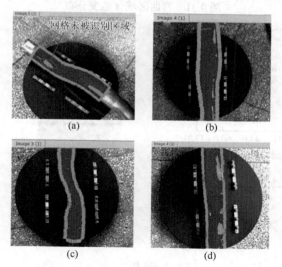

图 9.30 ARGUS 系统对采集到的图像进行网格识别

图 9.31 给出了弯曲区域 A 的应变分布，并每隔 10mm 截取三个截面，对各个截面进行了应变分析。由分析可知：最大主应变出现在弯曲位置最外侧中心位置，为 24.41%，应变随着距中心距离的增大而减小。图 9.32 为弯曲区域 C 的应变分布，与区域 A 分布情况相似，最大主应变为 20.8%。

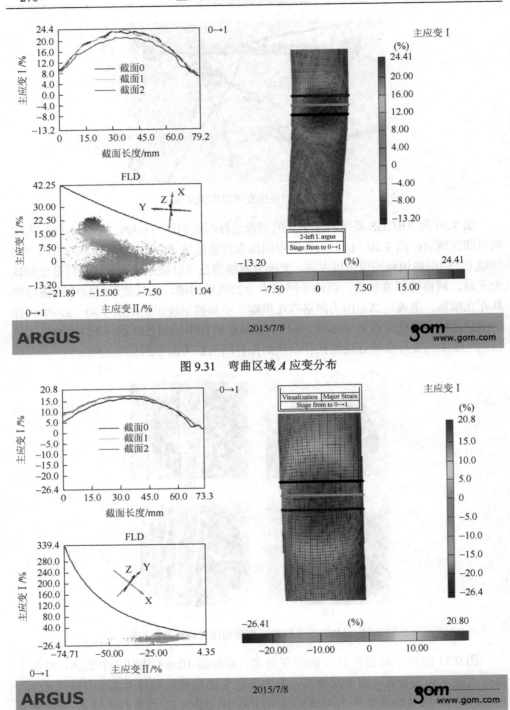

图 9.31　弯曲区域 A 应变分布

图 9.32　弯曲区域 C 应变分布

　　图 9.33 为弯曲区域 A 的壁厚减薄情况。经 ARGUS 应变系统分析可知，A 区域的减薄率大于 B、C 区域，因此选取 A 区域作为壁厚减薄典型位置进行分析。由分析可知：最大减薄率出现在弯曲位置最外侧中心位置，为 10.9%，减薄程度随着距中心距离的增大而减小。

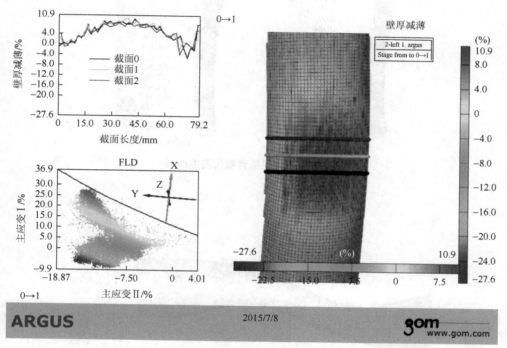

图 9.33　弯曲区域 A 壁厚减薄情况

　　作为管材成形件是否符合要求的检验方法，ARGUS 网格应变测试给出了实际成形件的壁厚分布与应变信息，同时也验证了数值模拟结果的正确性。图 9.34 为扭力梁纵臂数值模拟结果，图 9.34（a）为应变分布，应变最大为 0.194；图 9.34（b）为壁厚分布，最大减薄率为 10.902%。由网格应变测试结果可知，实际成形管件应变、壁厚分布与数值模拟结果吻合度较高，且最大值均出现在弯曲位置外侧。因此，扭力梁纵臂数值模拟在很大程度上预测了实际成形结果，对成形工艺的制定具有重要的指导意义。

　　数值模拟及试验研究均表明压扁过渡区域 B 在内高压成形过程中壁厚减薄较严重、易破裂，因此选取该位置进行了网格印制及应变分析，并与数值模拟结果进行了对比。图 9.35（a）为纵臂内高压成形过程中压扁过渡区域 B 的数值模拟结果，壁厚最大减薄率为 16.525%；图 9.35（b）为实际成形件网格分析，由网格应变结果经过体积不变原则求解而得，其最大减薄率为 17.46%，与数值模拟结果较为吻合。

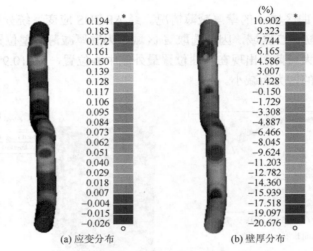

(a) 应变分布　　　　　　　　　　(b) 壁厚分布

图 9.34　扭力梁纵臂数值模拟结果

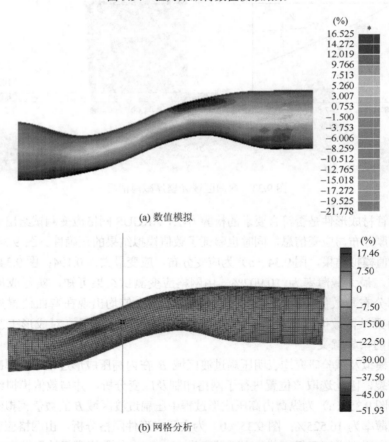

(a) 数值模拟

(b) 网格分析

图 9.35　压扁过渡区域 B 数值模拟与网格分析结果对比

9.3 副车架横梁空心构件多工步成形研究

9.3.1 成形工艺分析

图 9.36 为副车架横梁的空间几何形状，零件的轴线形状为 U 形，弯曲外侧有凹陷，产品的尺寸为 900mm×270mm×76mm（长×宽×高）。

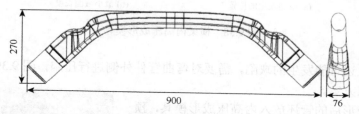

图 9.36 副车架横梁的空间几何形状（单位：mm）

图 9.37 为副车架横梁沿轴线的典型截面形状。该零件的轴线为空间三维曲线，截面形状沿轴线不断变化。因此，该零件的成形难度体现在以下几点：产品轴线较长，达到 925mm，且零件的轴线为三维空间曲线，成形模具尺寸大、结构复杂，对内高压成形设备要求较高；截面形状沿轴线不断变化，并且各截面间的过渡形状复杂，增加了成形难度；零件 D-D 截面位于弯曲外侧，截面周长最小。内高压成形时弯曲外侧会影响材料的补充，因此成形过程中要避免弯曲外侧过渡减薄甚至破裂缺陷的产生；截面沿轴线变化，截面周长最大处容易产生起皱缺陷[18]。

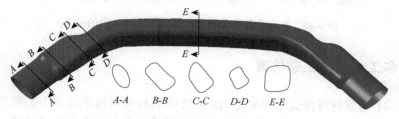

图 9.37 副车架横梁沿轴线的典型截面形状

为了节约成本，提高生产效率，通常按照"一模多件"的思路设计内高压成形模具，原因是副车架横梁轴线长度过长受限于内高压成形试验设备工作台面尺寸，故采用"一模一件"的模具设计思路进行内高压成形工艺开发研究。对于副车架横梁零件，内高压成形模具型腔的最小截面长度位于零件弯曲外侧凹陷处，其最小截面长度小于弯曲成形后管件的直径，弯曲成形后的管件放入内高压成形模具后，合模过程中会产生咬边缺陷，如图 9.38 所示。

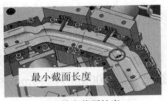

(a) 咬边发生的位置　　　　　　　　　(b) 最小截面长度

图 9.38　横梁内高压成形模具

　　针对上述可能发生的缺陷，需要对弯曲管件外侧进行压扁，图 9.39 为横梁的预成形工艺方案。

　　将预成形后的管坯放入内高压成形模具，预成形管件外侧凹陷处与内高压成形模具未发生干涉，因此可以进行内高压成形，获得最终的副车架横梁零件，图 9.40 为预成形管件在横梁内高压成形模具中的位置。

图 9.39　横梁预成形工艺方案

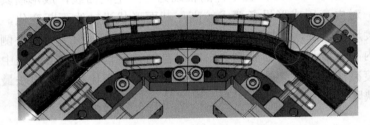

图 9.40　预成形管件在横梁内高压成形模具中的位置

9.3.2　多工步成形工艺仿真

　　图 9.41 为管材弯曲成形极限图；图 9.42 为管材弯曲成形过程中的壁厚分布情况，可以看出，弯曲成形过程中管材弯曲外侧受拉应力，造成壁厚减薄，若减薄量过大，弯曲外侧将发生破裂。管材内侧受压应力，造成壁厚增加，若变形量过大，截面产生畸变，弯曲内侧失稳起皱。弯曲成形后，零件的质量影响后续的预成形和内高压成形。因此，管材的弯曲成形需要防止截面畸变、壁厚减薄及起皱和破裂缺陷的产生。

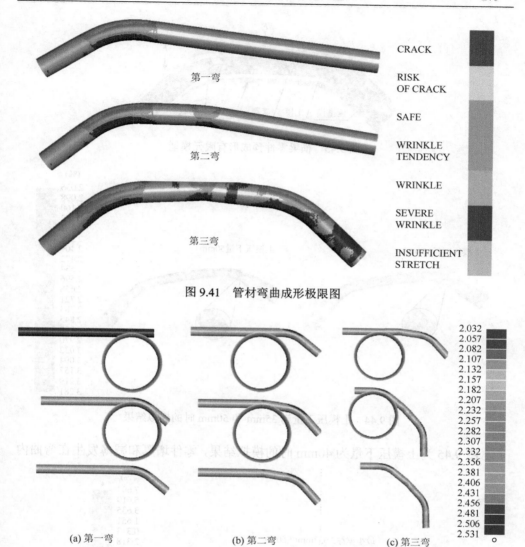

图 9.41　管材弯曲成形极限图

图 9.42　管材弯曲成形过程中的壁厚分布情况

　　预成形有限元模型如图 9.43 所示。预成形后管件的壁厚分布及截面形状对后续内高压成形具有重要影响。预成形设置不合理将导致零件无法放入内高压成形模具，另外，还可能导致内高压成形过程中的管件产生破裂、起皱等缺陷。针对副车架横梁零件，在预成形数值模拟过程中设置了不同上模压下量进行模拟。由图 9.44 中上模压下量分别为 35mm 和 50mm 时的模拟结果可知，预成形后零件凹陷处均出现了严重的截面畸变，后续内高压成形整形阶段的高压也不能将起皱区域胀开，零件凹陷处形成死皱。

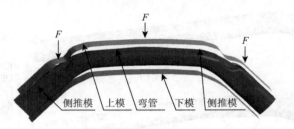

图 9.43　横梁零件预成形有限元模型

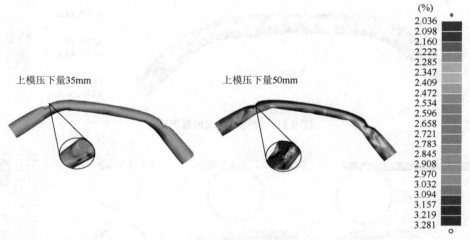

图 9.44　上模压下量为 35mm 和 50mm 时的模拟结果

图 9.45 为上模压下量为 40mm 时的模拟结果，零件增厚和减薄发生在弯曲内

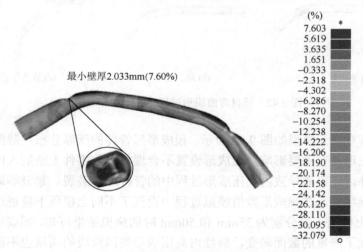

图 9.45　上模压下量为 40mm 时的模拟结果

侧和外侧，零件的最大减薄率为 7.60%，即最小壁厚为 2.033mm，零件弯曲段外侧未发生明显的截面畸变，后续内高压成形可以顺利进行。因此，综合考虑截面畸变、壁厚分布以及后续对内高压成形的影响，预成形过程中选择上模压下量为 40mm。

　　轴向进给量的大小对横梁的内高压成形结果有很大的影响，进给量过小，在胀形过程中，预成形后的减薄部位材料得不到充分的补充，内高压成形过程中管件容易发生破裂；进给量过大，管件端部会出现材料堆积的现象，并且在成形过程中会产生死皱。在内高压成形数值模拟过程中，分别设置冲头轴向进给 0mm 和轴向进给 30mm 进行模拟，数值模拟结果如图 9.46 所示。

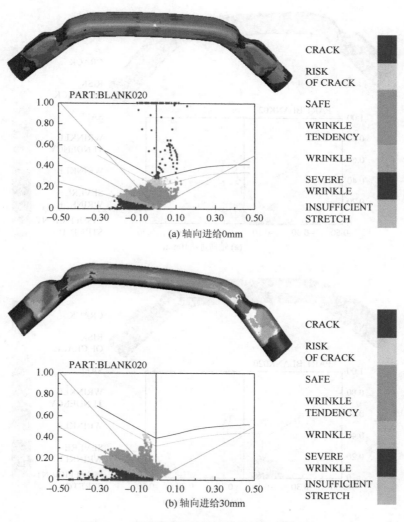

图 9.46　不同进给量的成形极限图（见彩图）

　　由成形极限图可知，轴向进给 0mm 时，横梁凹陷处闭合减薄严重，零件弯曲外侧出现破裂；轴向进给 30mm 时，零件未出现破裂缺陷。对于具有弯曲轴线的横梁零件，弯曲成形及预成形后，弯曲外侧已经减薄，无轴向进给时，弯曲外侧凹陷处没有材料补充，随着胀形的进行，凹陷处继续减薄继而出现破裂。因此，是否施加轴向补料对于内高压成形质量的影响较大。内高压成形数值模拟过程中设计了 4 种不同的进给量 10mm、20mm、30mm、50mm，分别进行内高压成形数值模拟，获得的成形极限图以及壁厚减薄率云图分别如图 9.47 和图 9.48 所示。

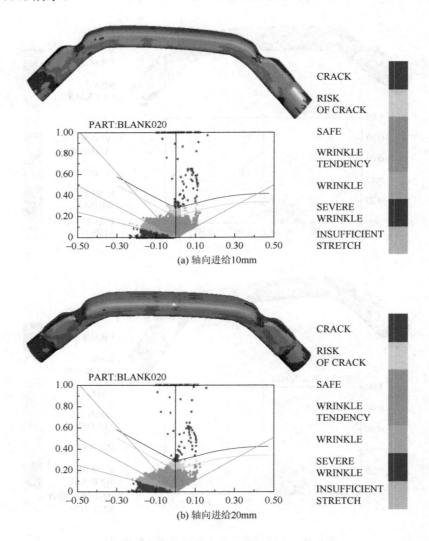

(a) 轴向进给10mm

(b) 轴向进给20mm

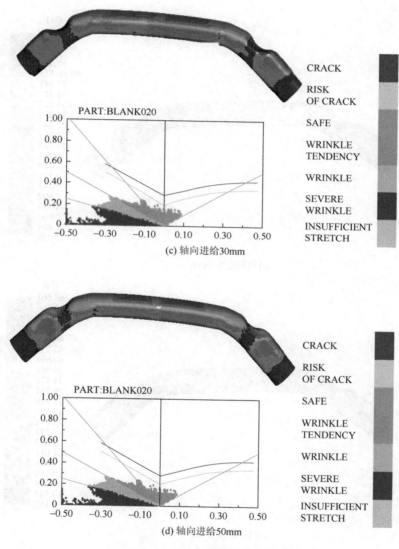

图 9.47　不同进给量的成形极限图

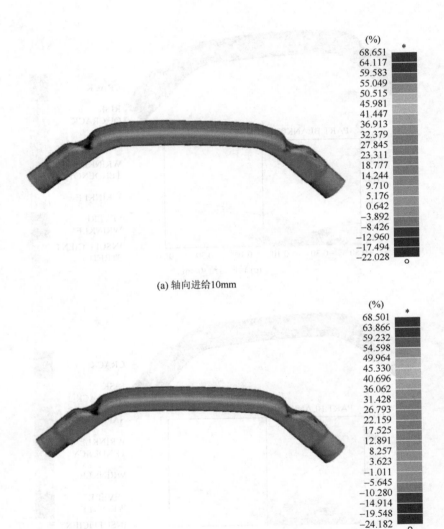

(a) 轴向进给10mm

(b) 轴向进给20mm

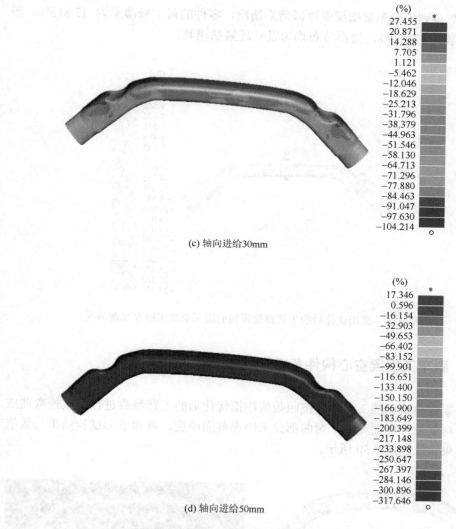

(c) 轴向进给30mm

(d) 轴向进给50mm

图 9.48　不同进给量的壁厚减薄率云图

　　由成形极限图可知，在进给量为 10mm 和 20mm 时，管件弯曲外侧出现破裂缺陷，主要由于轴向进给量不足，管件弯曲外侧凹陷处得不到足够的材料补充，管件弯曲外侧发生破裂。由不同进给量的壁厚减薄率可知，当进给量为 30mm 时，管件壁厚分布均匀，最大减薄率仅为 27.455%；当进给量为 50mm 时，管件的整个部分都出现材料堆积的现象，管件端部堆积现象更为严重。综合数值模拟结果及实际生产加工经验，在横梁零件内高压成形过程中，选择最优的轴向进给量为 30mm，既保证内高压成形件的质量，又降低了原材料的采购成本。图 9.49 为采用优化后的工艺参数得到的副车架横梁壁厚减薄率情况，零件的最大减薄率为 13.815%，最大增厚率为 27.452%，壁厚分布均匀且管坯紧贴模具。

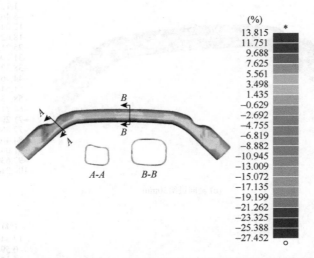

图 9.49　采用优化后的工艺参数得到的副车架横梁壁厚减薄情况

9.3.3　副车架横梁空心构件多工步成形试验研究

横梁弯曲试验的工艺参数按照数值模拟优化后的工艺参数进行。数控弯曲成形后，弯曲管件表面光滑，弯曲部分未出现截面畸变，弯曲成形试验结果与数值模拟结果对比如图 9.50 所示。

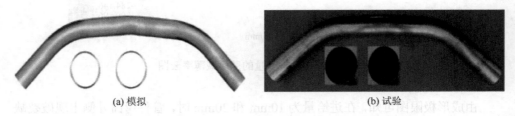

(a) 模拟　　　　　　　　　　　　　　　(b) 试验

图 9.50　副车架横梁弯曲管件弯曲成形试验结果与数值模拟结果对比

数控弯曲成形后的构件如图 9.51（a）所示，管件弯曲成形后并未出现明显的破裂、起皱等缺陷。图 9.51（b）、（c）分别为弯曲内侧和弯曲外侧的成形结果，弯曲外侧未出现破裂缺陷，弯曲内侧未出现起皱缺陷。

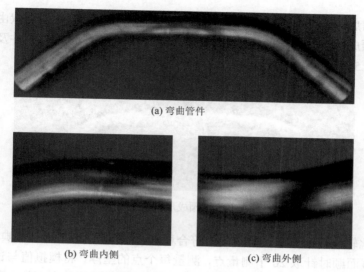

(a) 弯曲管件

(b) 弯曲内侧　　　　　　　　　　　(c) 弯曲外侧

图 9.51　弯曲半径为 250mm 下的弯曲管件

　　横梁弯曲成形后管件典型位置壁厚的试验结果与模拟结果对比如图 9.52 所示，数值模拟结果与试验结果壁厚分布趋势相同，弯曲外侧壁厚减薄，弯曲内侧壁厚增大，壁厚最小值为 2.02mm，壁厚最大值为 2.6mm。试验值在较大范围内大于数值模拟值，这是由于数值模拟弯曲成形过程是对实际弯曲成形过程的简化，某些参数设置不能做到与真实情况完全一致，如摩擦系数，数值模拟过程中设置摩擦系数为 0.05，实际绕弯成形试验中的摩擦系数大于 0.05。根据数值模拟与试验结果，弯曲成形后管材的壁厚减薄率控制在合理的范围内，因此采用弯曲半径为 250mm、设置芯轴的方式是副车架横梁弯曲成形的最优工艺参数。

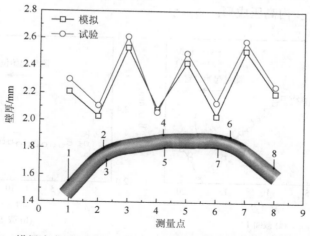

图 9.52　横梁弯曲成形后管件典型位置壁厚的试验结果与模拟结果对比

将弯曲后的管件放入液压机上进行预成形，预成形外侧截面形状由圆形变为椭圆形，预成形零件未出现起皱等缺陷，得到副车架横梁预成形零件及典型截面形状如图 9.53 所示。

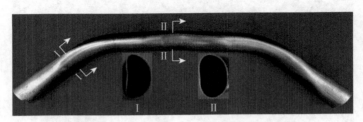

图 9.53　副车架横梁预成形零件及典型截面形状

为了比较模拟结果与试验结果的符合程度，选择预成形后零件的典型截面Ⅰ、Ⅱ，每个截面顺时针取 20 个测量点，测量每个点的壁厚，将模拟值与试验值进行比较。由图 9.54（a）预成形后管件弯曲外侧截面Ⅰ的壁厚分布可知，预成形后截面Ⅰ的壁厚分布不均匀，在管件弯曲外侧即预成形压制区域壁厚最小，最小壁厚为 1.95mm，这是由于弯曲成形后管坯弯曲外侧发生减薄，预成形对管坯弯曲外侧进行压扁，导致壁厚进一步减薄，管件弯曲内侧的壁厚最大，因此内高压成形过程中的破裂缺陷常常发生于管件的弯曲外侧，起皱缺陷常常发生于管件的弯曲内侧。图 9.54（b）为预成形后截面Ⅱ的壁厚分布，该区域的壁厚分布均匀性较弯曲外侧明显改善，这是由于预成形时管件与模具轻微接触，预成形对该区域的壁厚分布影响较小。由不同预成形截面的壁厚分布可知，预成形主要改变了管件弯曲外侧的截面形状及壁厚分布，避免了后续内高压成形过程中飞边缺陷的产生，并且数值模拟与试验结果的截面壁厚分布及变化趋势相符，壁厚偏差在合理范围之内，可进行下一步内高压成形。

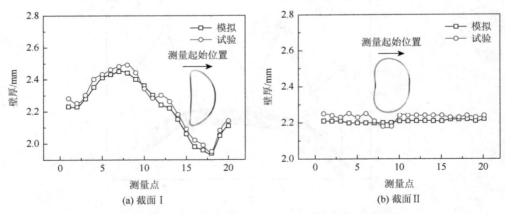

(a) 截面Ⅰ　　　　　　　　　　　　　(b) 截面Ⅱ

图 9.54　横梁预成形后不同截面试验与模拟的壁厚分布对比

内高压成形模具关系着管件内高压成形的最终质量，横梁和纵梁零件制造数量大，成形压力高，一般采用冷作模具钢制造。图9.55为副车架横梁内高压成形模具实物图，主要包括上模板、上模、下模、下模板、左冲头、右冲头。模具通过上垫板和下垫板分别与机器滑块和台面连接固定，依靠导柱定位，保证模具在合模时不发生错位[18]。

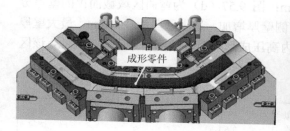

图9.55 副车架横梁内高压成形模具实物图（见彩图）

将预成形后的管件两端包裹薄膜后放入内高压成形模具中，基于数值模拟优化后的成形工艺参数进行实际内高压成形试验。利用合模压力机使成形模具紧密闭合，左右冲头导入管坯端部，向管内通入液体，执行模拟的工艺参数，合模压力机及左右冲头退回到初始位置，取出成形后的副车架横梁零件，得到的零件未出现起皱、咬边、破裂缺陷，同时典型截面的成形质量较好，图9.56为副车架横梁及其典型截面形状。

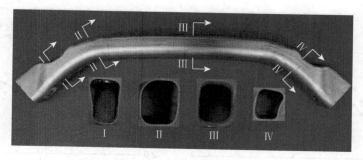

图9.56 副车架横梁及其典型截面形状

为了检验副车架横梁试验后的成形质量及数值模拟结果与试验结果的吻合度，选取副车架横梁内高压成形后零件的典型截面，并在每个截面上均匀选取20个点进行厚度测量，将壁厚分布的试验与模拟结果进行比较。由图9.57所示的横梁内高压成形后不同截面试验与模拟的壁厚分布对比可知，模拟结果与试验结果壁厚分布趋势相同，截面Ⅲ壁厚分布均匀，截面Ⅰ、截面Ⅱ、截面Ⅳ壁厚分布不均匀。图 9.57（a）为弯曲区域截面 I 的壁厚分布，弯曲外侧壁厚减薄，弯曲内侧壁厚增大，其中内高压成形试验结果的壁厚最小值为 1.73mm，最大值为 2.30mm；图 9.57（b）为弯曲区域截面 II 的壁厚分布，弯曲外侧壁厚减薄，弯曲内侧壁厚增大，最小壁厚为 2.01mm，最大壁厚为 2.53mm；图 9.57（c）为中间过渡区域截面 III 的壁厚分布，壁厚变化波动不大，其中内高压成形试验结果的最小壁厚为 2.12mm，最大壁厚为 2.21mm；图 9.57（d）为弯曲区域截面 IV 的壁厚分布情况，弯曲外侧壁厚减薄，弯曲内侧壁厚增加，最小壁厚为 2.11mm，最大壁厚为 2.47mm，该区域的壁厚最小值为内高压成形后零件的壁厚最小值。因此，该区域最容易产生破裂缺陷。

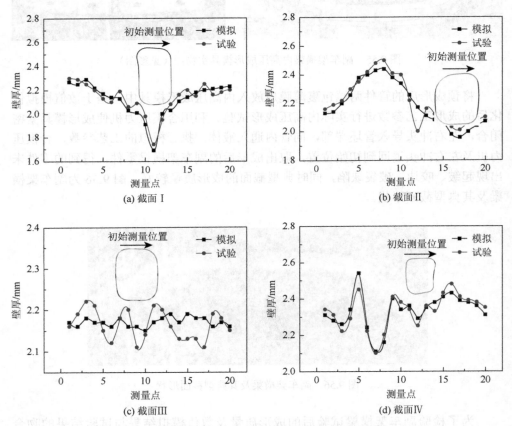

图 9.57　横梁内高压成形后不同截面试验与模拟的壁厚分布对比

　　对于横梁这类零件的尺寸和形状精度检测，采用计量量具逐个测量费时费力，并且尺寸和形状精度均无法保证。因此，需要设计专用检具来测量零件的最终成形精度，图 9.58 为副车架横梁专用检具。检验前将检具清洁干净，将各夹钳和回转机构打开，直线导轨退到初始位置，将横梁零件放置于零贴面上；将各夹钳和回转机构关闭，直线导轨推到检测位置，并插入导轨定位销，使用通止规进行检测，通规通过，止规未能通过，表明横梁的尺寸和形状精度在误差要求的范围内。

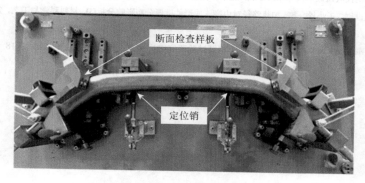

断面检查样板

定位销

图 9.58　副车架横梁专用检具

参 考 文 献

[1] Trana K. Finite element simulation of the tube hydroforming process—bending, preforming and hydroforming[J]. Journal of Materials Processing Technology, 2002, 127 (3): 401-408.

[2] 韩聪, 王小松, 苑世剑. 管材内高压成形多步法数值模拟[J]. 材料科学与工艺, 2007, 15 (4): 465-468.

[3] Oh S I, Jeon B H, Kim H Y, et al. Applications of hydroforming processes to automobile parts[J]. Journal of Materials Processing Technology, 2006, 174 (1-3): 42-55.

[4] 刘忠利. 汽车扭力梁纵臂多工步成形数值模拟及试验研究[D]. 南京: 南京航空航天大学, 2016.

[5] 刘忠利, 任建军, 陶杰, 等. 汽车底盘纵梁多工步成形数值模拟及试验[J]. 塑性工程学报, 2015, 22 (5): 57-62.

[6] 任建军, 马福业, 郭群, 等. 汽车前指梁多工步成形模拟及试验研究[J]. 塑性工程学报, 2016, 23 (6): 30-36.

[7] Lee H, VanTyne C J, Field D. Finite element bending analysis of oval tubes using rotary draw bender for hydroforming applications[J]. Journal of Materials Processing Technology, 2005, 168 (2): 327-335.

[8] Gantner P, Bauer H, Harrison D K, et al. Free-bending—a new bending technique in the hydroforming process chain[J]. Journal of Materials Processing Technology, 2005, 167 (2-3): 302-308.

[9] Guo X Z, Xiong H, Li H, et al. Forming characteristics of tube free-bending with small bending radii based on a new spherical connection[J]. International Journal of Machine Tools and Manufacture, 2018, 133: 72-84.

[10] Guo X Z, Wei W B, Xu Y, et al. Wall thickness distribution of Cu-Al bimetallic tube based on free bending process[J]. International Journal of Mechanical Sciences, 2019, 150: 12-19.

[11] Guo X Z, Ma Y N, Chen W L, et al. Simulation and experimental research of the free bending process of a spatial tube[J]. Journal of Materials Processing Technology, 2018, 255: 137-149.

[12] Kim j, Lei L P, Kang B S. Preform design in hydroforming of automobile lower arm by FEM[J]. Journal of Materials Processing Technology, 2003, 138 (1-3): 58-62.

[13]　Lin S L，Huang B H，Chen F K. Strength and formability designs of tube-hydroformed automotive front sub-frame[J]. Procedia Engineering，2014，81：2198-2204.

[14]　Koç M. Hydroforming for Advanced Manufacturing[M]. Cambridge：Woodhead Publishing Limited，2008.

[15]　Singh H. Fundamentals of Hydroforming[M]. Dearborn：Society of Manufacturing Engineers，2003.

[16]　苑世剑. 现代液压成形技术[M]. 2 版. 北京：国防工业出版社，2016.

[17]　刘钢，苑世剑，王小松，等. 加载路径对内高压成形件壁厚分布影响分析[J]. 材料科学与工艺，2005，13（2）：162-165.

[18]　郭群. 汽车 V302 副车架塑性成形数值模拟及试验研究[D]. 南京：南京航空航天大学，2018.

彩　　图

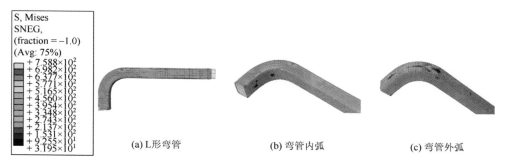

(a) L形弯管　　　　　　　(b) 弯管内弧　　　　　　　(c) 弯管外弧

图 2.26　矩形管聚氨酯橡胶芯棒填充冷推弯成形模拟结果

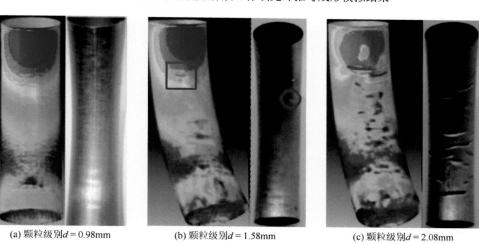

(a) 颗粒级别 $d=0.98$mm　　　(b) 颗粒级别 $d=1.58$mm　　　(c) 颗粒级别 $d=2.08$mm

图 2.41　基于 DEM-FEM 耦合模型的预测结果与试验对比

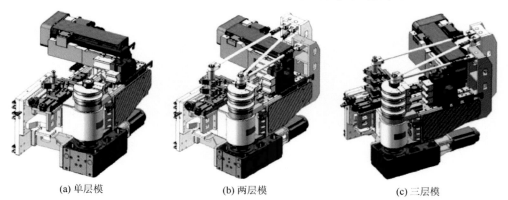

(a) 单层模　　　　　　　(b) 两层模　　　　　　　(c) 三层模

图 3.3　全电动数控弯管机模层结构

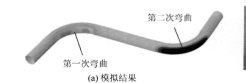

(a) 模拟结果　　　　　　　　　　　　　　(b) 试验结果

图 3.31　铝合金 S 形弯曲模拟结果与试验结果

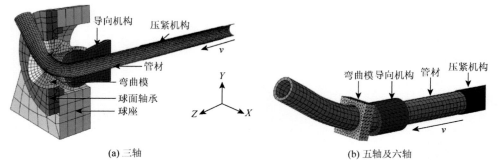

(a) 三轴　　　　　　　　　　　　　　(b) 五轴及六轴

图 4.24　管材三维自由弯曲有限元模型

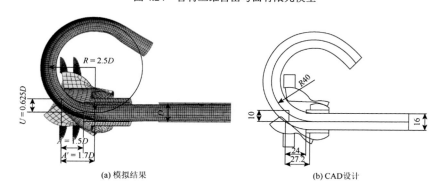

(a) 模拟结果　　　　　　　　　　　　(b) CAD设计

图 4.35　三轴三维自由弯曲设备的最小弯曲半径

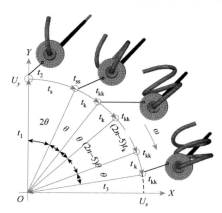

图 4.46　螺旋管自由弯曲成形技术工艺解析

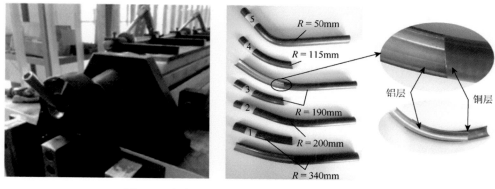

图 4.51 铜铝双金属管实际弯曲过程和成形管件

图 5.31 试验结果

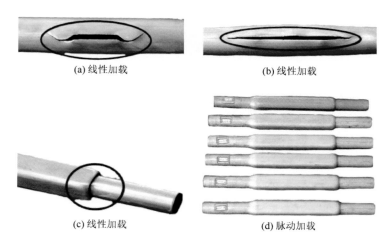

图 6.49 不同加载路径下的成形效果

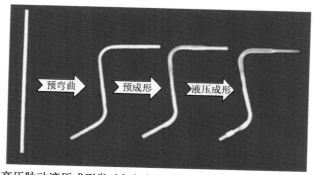

图 6.59 基于超高压脉动液压成形发动机托架的制备工艺流程中各个工序所获得的典型样件

图 6.65 脉动液压成形不锈钢排气管类零件实例

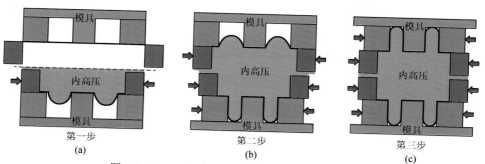

图 7.9 Ω形薄壁空心构件轴向液压锻造工艺过程

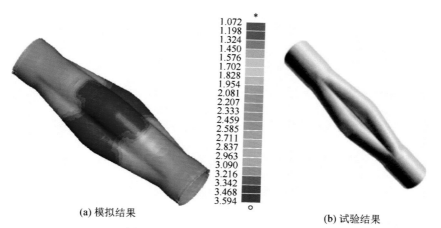

图 7.29 最终零件壁厚的模拟云图

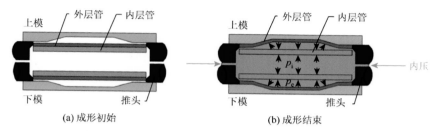

(a) 成形初始   (b) 成形结束

图 8.8   等间隙双层管材内外高压复合成形工艺原理

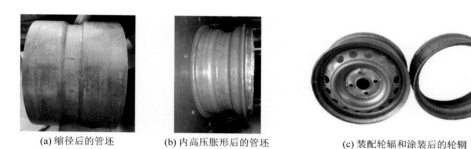

(a) 缩径后的管坯   (b) 内高压胀形后的管坯   (c) 装配轮辐和涂装后的轮辋

图 8.19   轮辋样件

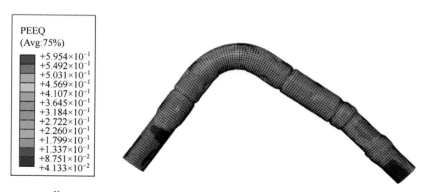

ODB：trial-36-1.odb Abaqus/Explicit 6.13-4 Tue Dec 12 20:45:51 GMT + 08:00 2017
Step：Step-1
Increment 350：Step Time = 0.3507
Primary Var：PEEQ
Deformed Var：U Deformation Scale Factor：+ 1.000e + 00

(a) 外层管

PEEQ
(Avg:75%)

+2.528×10⁻¹
+2.318×10⁻¹
+2.107×10⁻¹
+1.896×10⁻¹
+1.686×10⁻¹
+1.475×10⁻¹
+1.264×10⁻¹
+1.054×10⁻¹
+8.428×10⁻²
+6.321×10⁻²
+4.214×10⁻²
+2.107×10⁻²
+0.000

ODB：trial-36-1.odb Abaqus/Explicit 6.13-4 Tue Dec 12 20:45:51 GMT + 08:00 2017
Step：Step-1
Increment 350：Step Time = 0.3507
Primary Var：PEEQ
Deformed Var：U Deformation Scale Factor：+ 1.000e + 00

(b) 内层管

图 8.34　胀形结束的等效应变分布

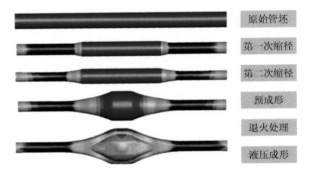

原始管坯

第一次缩径

第二次缩径

预成形

退火处理

液压成形

图 9.2　桥壳空心件多工步成形工艺示意图

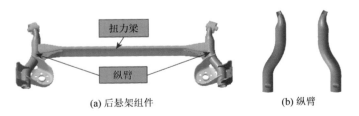

扭力梁

纵臂

(a) 后悬架组件　　　　　　　　　　(b) 纵臂

图 9.5　某车型扭力梁后悬架组件及纵臂几何模型

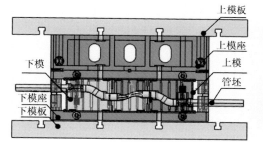
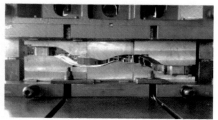

上模板
上模座
上模
管坯
下模
下模座
下模板

图 9.23　预成形模具

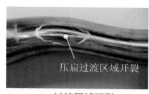

压扁过渡区域开裂

(a) 过渡区域开裂

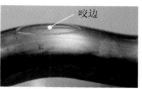

咬边

(b) 咬边

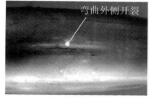

弯曲外侧开裂

(c) 弯曲外侧开裂

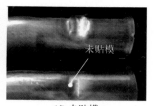

未贴模

(d) 未贴模

图 9.27　扭力梁纵臂内高压成形件典型的缺陷及所处位置

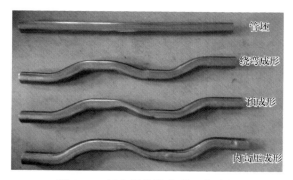

管坯

绕弯成形

预成形

内高压成形

图 9.28　扭力梁纵臂成形工艺过程

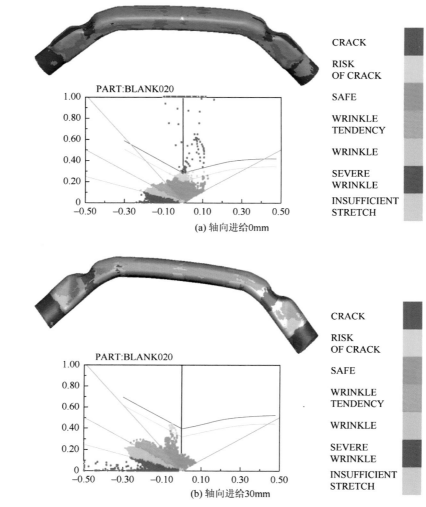

CRACK

RISK
OF CRACK

SAFE

WRINKLE
TENDENCY

WRINKLE

SEVERE
WRINKLE

INSUFFICIENT
STRETCH

PART:BLANK020

(a) 轴向进给0mm

CRACK

RISK
OF CRACK

SAFE

WRINKLE
TENDENCY

WRINKLE

SEVERE
WRINKLE

INSUFFICIENT
STRETCH

PART:BLANK020

(b) 轴向进给30mm

图 9.46　不同进给量的成形极限图

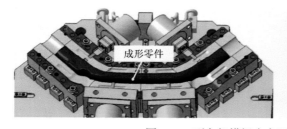

成形零件

成形零件

图 9.55　副车架横梁内高压成形模具实物图